烟台耕地地力评价与应用

张培苹　孙强生　姜振萃　主编

中国农业出版社

北　京

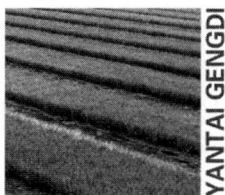

前言

万物土中生，有土斯有粮。

耕地是人类生存的基础、发展的载体。耕地质量的优劣关系到粮食安全、农产品质量安全以及农业可持续发展，党中央、国务院历来十分重视耕地保护工作，多次强调耕地是我国宝贵的资源，是关系十几亿人吃饭的大事，绝不能有闪失。国家先后制定了一系列重大方针、政策，以加强土地管理，切实保护耕地。

烟台市历来重视耕地资源的保护和有效利用，在提升耕地质量和生产力方面做过大量有益探索，从测土配方施肥、秸秆还田到水肥一体化、有机肥部分替代化肥等，使得烟台市耕地土壤肥力得到明显提升。烟台市地少人多，耕地资源十分宝贵，既需要依靠耕地资源的高强度利用、农业的高度集约化生产和农用化学品的大量投入来保证农产品总量的增长，又需要防止耕地高强度利用过程中可能产生的生态环境问题。

《烟台耕地地力评价与应用》不仅对烟台市的自然与经济社会条件、耕地资源条件、耕地质量调查评价方法等进行了系统而全面的介绍，还利用评价结果开展了系列应用研究。书中涵盖了烟台市土壤理化性质和相关市、县两级耕地质量等级分布，因地制宜提出了耕地改良与培肥技术，可为烟台市耕地保护和可持续利用提供借鉴。

本书由烟台市、县、镇各级农业技术推广人员精诚合作、共同努力完成，其间得到了山东省农业技术推广中心、山东农业大学等有关专家及烟台市财政局、农业农村局的大力支持和帮助，在此一并表示衷心的感谢。由于编者学识水平有限，如有不当之处敬请批评指正。

编　者

2023 年 11 月

目　录

前言

第一章　自然与经济社会条件 ·· 1

　第一节　自然条件 ··· 1

　第二节　经济社会条件 ·· 12

第二章　耕地资源条件 ··· 15

　第一节　耕地资源 ·· 15

　第二节　成土母质 ·· 16

　第三节　土壤类型与分布 ·· 18

第三章　耕地质量等级调查的内容与方法 ······································ 24

　第一节　资料收集 ·· 24

　第二节　样品采集 ·· 25

　第三节　土壤样品的制备 ·· 27

　第四节　样品分析与质量控制 ··· 28

第四章　耕地质量等级评价方法 ··· 31

　第一节　评价的依据、原则 ··· 31

　第二节　耕地质量等级评价方法与步骤 ·· 32

第五章　耕地土壤理化性质 ·· 42

　第一节　物理性质 ·· 42

　第二节　化学性质 ·· 42

第六章　耕地质量等级评价 ·· 52

　第一节　烟台市耕地质量等级评价 ·· 52

　第二节　芝罘区耕地质量等级评价 ·· 60

第三节　福山区耕地质量等级评价 …………………………………… 66
第四节　莱山区耕地质量等级评价 …………………………………… 76
第五节　牟平区耕地质量等级评价 …………………………………… 83
第六节　蓬莱区耕地质量等级评价 …………………………………… 95
第七节　龙口市耕地质量等级评价 …………………………………… 103
第八节　莱阳市耕地质量等级评价 …………………………………… 114
第九节　莱州市耕地质量等级评价 …………………………………… 124
第十节　招远市耕地质量等级评价 …………………………………… 137
第十一节　栖霞市耕地质量等级评价 ………………………………… 147
第十二节　海阳市耕地质量等级评价 ………………………………… 156

第七章　烟台市耕地质量等级评价成果数据库 …………………… 167
第一节　耕地质量等级评价成果数据库建设方法和依据 …………… 167
第二节　耕地质量调查属性数据库成果 ……………………………… 169
第三节　空间数据库分层及属性 ……………………………………… 170
第四节　耕地质量等级评价成果验证及其与高标准农田项目区衔接 … 174

第八章　耕地改良与培肥技术 ……………………………………… 177
第一节　土壤酸化改良技术 …………………………………………… 177
第二节　设施蔬菜地土壤退化改良技术 ……………………………… 181
第三节　土壤耕层变浅改良技术 ……………………………………… 185
第四节　耕地地力培肥技术 …………………………………………… 187
第五节　果园生草覆盖技术 …………………………………………… 192
第六节　苹果自然上色替代反光膜技术 ……………………………… 195

附录 ……………………………………………………………………… 197
附录1　烟台市主要农作物科学施肥指导意见 ……………………… 197
附录2　胶东丘陵区水肥一体化技术及灌溉施肥方案 ……………… 201

第一章　自然与经济社会条件

第一节　自然条件

一、地理位置

烟台市地处山东半岛东北部，位于东经 119°34′~121°57′、北纬 36°16′~38°23′，东连威海市，西接潍坊市，西南与青岛市毗邻，北濒渤海、黄海，与辽东半岛对峙，与大连市隔海相望。烟台市陆域面积约 13 930.11 千米^2，海域面积约 11 616.78 千米^2。

二、地质概况

（一）地质

按照板块构造学说，烟台市的地质构造格架是早前寒武纪陆块拼贴、新元古代—三叠纪海陆"开""合"，与侏罗纪以来现代板块活动的综合结果，可划分为前寒武纪基地构造单元和古生代—新生代上叠构造单元。根据区域构造划分，烟台市所在的大地构造位置属于中朝陆块和中央造山带一级分区，胶辽微陆块、苏鲁碰撞造山带二级分区。

1. 胶辽微陆块

烟台胶辽微陆块分布在胶莱盆地，新太古代 TTG 岩系（即英云闪长岩-奥长花岗岩-花岗闪长岩岩系）沿栖霞市桃村镇至莱阳市一带分布，构成胶辽微陆块的核心，古元古代地层大致环绕着这一古陆核分布。其上的沉积盖层以晚元古代震旦纪地层为最早，大面积分布着中生代白垩纪陆相火山-沉积岩系，它们主要分布在胶莱盆地中。

中新生代胶辽微陆块发生了大规模的岩浆活动，从晚三叠世至白垩纪形成了大量的花岗质侵入岩类，白垩纪出现中基性火山岩，新生代有玄武岩喷发。

2. 苏鲁碰撞造山带

该带可分为 3 段，基底岩系主要由新元古代花岗质片麻岩-片麻状花岗岩类、元古宙基性-超基性岩片及新太古代-古元古代表壳岩系组合组成，韧性变形构造复杂，榴辉岩广泛发育，经受了高温高压变质改造；沉积盖层为白垩纪地层。

中新生代的岩浆活动特点与胶辽微陆块相同。

烟台地区虽然面积不大，但地质构造复杂、演化历史漫长，既有太古代的稳定古老板块，又有现在仍在活动的断裂构造带；既有元古代的活动带，又有大范围的超高压变质带；既有大量的火山-沉积岩系，又有范围广泛的岩浆岩系。它们的共同作用造就了该区独特的地质景观和非凡的成矿作用，成为国内研究区域地质、构造成矿活动（尤其是金矿）的重点所在，因此广为人知，且成果斐然。

烟台地区位于北北东向的沂沭断裂带以东，区内北东向、北东东向断裂构造极为发育，影响范围极广。受此影响，该地区的莱州—蓬莱一带花岗岩体的分布，中生代莱阳—海阳—牟平沉积盆地展布，昆嵛山体的延伸及水系的流向等都与此相关。其他方向的断裂构造不发育，影响较小。

（二）地层岩石

烟台地区地层隶属华北地层大区、鲁东地层分区，包括胶北地层小区和莱阳—海阳地层小区，出露地层有前寒武纪变质岩系和中新生代陆相沉积-火山地层。

1. 太古宙地层

自 20 世纪 80 年代以来，通过对太古宙变质岩中变质变形的 TTG 花岗岩系列和基性-超基性变质火山岩或侵入岩的剔除，变质地层进一步净化，其分布范围极小，主要包括中太古代唐家庄岩群和新太古代胶东岩群。地层呈包体分布，范围甚小，主要出露在莱州—莱阳—栖霞一带，呈近东西向分布，代表古老的东西向基底分布区。

（1）中太古代唐家庄岩群　分布在莱阳市谭格庄—栖霞市鸡冠山一带，是胶东地区最古老的变质基底岩系，为暗灰色含铁麻粒岩相岩石组合，岩性为磁铁紫苏斜长麻粒岩、石榴二辉麻粒岩、磁铁二辉麻粒岩、磁铁石英岩，其原岩以中基性-中酸性火山岩为主夹硅铁建造，经受了高级变质的麻粒岩相的改造。

（2）新太古代胶东岩群　分布在莱州—栖霞一带，岩性为黑云变粒岩、斜长角闪岩、角闪变粒岩夹磁铁变粒岩、磁铁石英岩，原岩为基性-中酸性火山岩-沉积岩建造，变质程度为角闪岩相。

2. 古元古代地层

古元古代地层环绕着太古宙地层分布，岩性稳定，连续性好，沉积特征极为明显，且出现了碳酸盐建造。根据岩石组合和变质改造的不同，主要分为荆山群、粉子山群、芝罘群。

（1）古元古代荆山群　分布在莱州—莱阳—栖霞一带，岩性为石榴矽线黑云片岩、大理岩、透辉岩、长石石英岩、黑云变粒岩、斜长角闪岩、石墨片麻岩、石墨变粒岩等，其原岩为基性-中酸性火山岩-碎屑岩-碳酸盐海相沉积建造，具有孔兹岩系的特点，变质程度为角闪岩相-麻粒岩相。

（2）古元古代粉子山群　分布在莱州—栖霞—莱山一带，岩性为黑云变粒岩、大理岩、透闪岩、浅粒岩、斜长角闪岩、矽线黑云片岩、微晶石墨变粒岩等，其原岩为基性-中酸性火山岩-碎屑岩-碳酸盐海相沉积建造，变质程度为高绿片岩相-低角闪岩相。

（3）古元古代芝罘群　局限分布在烟台芝罘—崆峒岛及其附近岛屿，岩性为石英岩、钾长石英岩夹镜铁矿层，少量钾长片麻岩、蛇纹大理岩、黑云片岩等，其原岩为高成熟度的石英砂岩、长石石英砂岩夹碳酸盐沉积，为一种滨海相沉积建造，变质程度为低角闪岩相。

3. 新元古代地层

新元古代地层主要分布在栖霞市的亭口镇—福山区的高疃镇、洪钧山一带，蓬莱市的长山列岛、龙口市的凤凰山一带，主要岩石类型有千枚岩、石英岩、板岩、大理岩、结晶灰岩等浅变质岩，为滨浅海相沉积物，岩相厚度稳定，富含微古植物化石。

4. 中生代白垩纪地层

中生代白垩纪地层主要分布在胶莱盆地，自下而上分为莱阳群、青山群、王氏群。

（1）莱阳群 分布于莱阳市山前店镇、龙旺庄街道、大齐、姜疃镇，海阳市朱吴镇、郭城镇，栖霞市蛇窝泊镇以及莱山区孔辛头村等地，主要沿胶莱盆地的边缘分布。岩性主要为灰白色、灰绿色的砾岩、砂砾岩、砂岩、粉砂岩、砂页岩、黑灰色页岩，含鱼类、叶肢介、植物等化石，是早白垩世生物组合。

（2）青山群 分布范围较广，在莱阳市白藤口村、栖霞市桃村、龙口市凤凰山都有分布，岩性主要为安山岩、安山质火山角砾岩、流纹岩、玄武岩、凝灰质火山角砾岩等，为一套中性-酸性火山岩、火山碎屑岩，局部夹有砂岩，代表火山活动的产物，属早白垩世中晚期。

（3）王氏群 分布于莱阳市、栖霞市等地，主要沿胶莱盆地的中心分布。岩性主要为紫红色砾岩、砂砾岩、砂岩、粉砂岩、砂页岩，含鸭嘴龙类、女星介-玻璃介化石组合，是晚白垩世的产物，局部跨古近纪。

5. 新生代地层

（1）古近纪五图群 分布于龙口市、莱州市等地，多被第四系覆盖，岩性主要为含煤、油的页岩断陷盆地碎屑沉积，为河流-浅湖相沉积。

（2）新近纪临朐群 分布于栖霞市方山、唐山硼等地，出露不全，上部为橄榄霞石岩，下部为砾岩、砂岩、泥岩沉积，为火山溢流的产物。

（3）第四纪地层 分布于各水系的河床、河漫滩、阶地、坡缘等地段，组成山区前缘堆积平原、山间冲积平地，为沙砾、沙质黏土、黏土等松散堆积物。

第四系地层组成表现为河流冲积、海积、坡积、洪积、湖积及火山岩，其沉积物多为松散状泥岩。冲积层主要发育在平原、河流两岸，海积层发育在沿海一带，湖积层发育在莱阳市的冯格庄街道、龙口市的龙港街道和徐福街道、莱州市的沙河镇一带，火山岩主要分布在蓬莱区沿海的积福山、马山。蓬莱区、龙口市、莱州市和长岛海洋生态文明综合试验区（简称"长岛区"）还有厚层黄土及黄土状堆积物。

（三）侵入岩

烟台地区在漫长的地质历史中经历了古扬子板块与华北板块挤压拼接和太平洋板块向欧亚板块俯冲的多重改造，形成了多期多次的岩浆活动，其侵入岩的产出面积占到基岩面积的半数有余。岩石类型从超基性岩、基性岩到中、酸性岩都有产出，形成时代从太古代到新生代皆有分布，物质来源既有幔源，又有壳源或混合源，组成了一个混合体。

1. 中太古代侵入岩

中太古代侵入岩分布在莱阳市谭格庄镇一带，为变辉石橄榄岩、橄榄辉石岩、变辉长岩等，呈包体状存在，规模极小。

2. 新太古代侵入岩

新太古代侵入岩广布于烟台地区古老的结晶基地之中，曾被作为地层长期称为"胶东群"，岩性包括超单元的橄榄岩、辉长岩等基性-超基性岩组合和 TTG 片麻岩套，岩性为

3

英云闪长岩、奥长花岗岩、花岗闪长岩等组合，普遍具有片麻状构造，是组成原来所称的"栖霞复背斜"的主体岩性，总体近东西向分布。

3. 古元古代侵入岩

古元古代侵入岩面积较小，分布局限，包括早期的斜长角闪岩和晚期的花岗闪长质或二长花岗质片麻岩，呈小岩株状分布。

4. 中生代侵入岩

受太平洋板块向欧亚板块的俯冲影响，中生代岩体极为发育，期次众多，成矿作用显著，是目前烟台地区山体的主要组成岩性，且越向晚期钾质含量越高，越难以风化剥蚀。主要成岩期为：

（1）三叠纪文登花岗岩　出露在招远市阜山镇、扒山一带，为各种结构的二长花岗岩。

（2）侏罗纪玲珑花岗岩　是烟台地区最为发育的侵入岩，多呈岩基状大面积分布，在莱州市、蓬莱区、栖霞市等地分布，属于二长花岗岩系列，早期粒度细，含石榴石，后期逐渐变粗，甚至呈现出伟晶岩状，属于壳熔型花岗岩，与金矿成矿关系密切。

（3）白垩纪玲珑花岗岩　以郭家岭花岗闪长岩系列为代表，具有似斑状结构，分布在莱州市、栖霞市、蓬莱区等地，与金矿成矿关系密切。

5. 新生代侵入岩

新生代侵入岩极不发育，仅局部为岩浆喷发，包括栖霞市方山一带的橄榄岩和蓬莱区、长岛区一带的玄武岩，显示新生代以来岩浆活动趋于减弱。

综上所述，烟台地区的组成岩石各种各样，其产出具有一定的规律性，其分布受到沉积环境、侵位背景、构造作用等多种因素的控制和制约，各种类型的成土母岩决定了土属性的复杂性。

三、地形地貌

（一）地貌特征

烟台市由于地壳长时期的不等量上升，差别性侵入或岩浆的侵入隆起，形成了断块山、断裂谷、河谷和平原，并由于流水的贯穿分割，沟谷众多，有"破碎丘陵"之称。纵观该区地貌具有以下特征。

1. 低山隆起海拔不高

除罗山、艾山、牙山、昆嵛山等山形峻拔陡峭、海拔较高外，其他山丘多在 500 米以下，地势起伏比较小，相对高度在 200～300 米，坡度在 20°以下。山丘经过长期侵蚀和剥蚀、流水切割，多为浑圆状，岩石裸露，风化壳覆盖比较浅薄。

2. 丘陵和缓逶迤连绵

在山地丘陵中，沟谷数量多，密度大，切割浅，形成宽而浅的沟谷。每平方千米切割密度一般为 2 千米左右，切割深度为 50～100 米，如昆嵛山切割密度为 2.5 千米/千米^2，切割深度 116.4 米。河谷平原和滨海平原多呈条带状或三角形，一直延伸到山地内部。如五龙河谷、夹河谷地，一般宽 1～2 千米，间或有伸入山区达十几千米的，海拔均在 50 米以下，地表覆盖着第四纪沉积物。这些宽谷与低山丘陵共同组成了烟台市"浅丘宽谷"的地貌特征。

3. 水系呈"非"字形排列

由于地势中部隆起，形成了烟台全市长长的东西脊部，受这种地势支配，半岛脊背两侧在气候、生物方面都产生了明显差异。地表水和地下水的分布，从脊部向边缘由少增多；山地南部气温高于北部，半岛南部雨量多于北部，北部降雹量又多于南部。

4. 海岸曲折隈隈多有

北起莱州市胶莱河口，南到莱阳市的五龙河口，1 071千米的海岸线曲折逶迤。岬湾交错，惊涛裂礁，乱石嶙峋，海蚀地形多姿多彩。沙质海岸，质地细软，色彩斑斓。或为黄色，赞为金滩；或为白色，誉为银滩。波浪舒缓，水体碧蓝。岛屿星罗棋布，像一颗颗灿烂的珍珠镶嵌在大海之中。岸滩衬托，岛屿点缀，海光山色，交相辉映。由于沿海断块受海水的冲刷，莱州、龙口、蓬莱、福山、海阳等滨海冲积平原，土层深厚，土壤肥沃，是重要的粮食和经济作物区。

（二）地貌类型

根据与土壤发生发育的关系，以及对农业水、气、热等生产条件的影响，将烟台市地貌划分为中山、低山、丘陵、缓丘、山前平原、滨海平原和岛屿等7种。

1. 中山

海拔高度在700米以上，起始高度在200米以上，相对高度在400米以上，坡度大于20°。中山主要有昆嵛山、艾山、牙山、罗山四大山系，分布于栖霞市、招远市、龙口市、蓬莱区、牟平区和福山区境内。其地质构造大多是由断裂的抬升所形成，但发展到现阶段，构造运动的影响已退居次要地位，主要是靠外营力的挤压切割而成。山体岩石主要为花岗岩。山体表面的岩石由于石英含量高，长期出露地表，经风化侵蚀，多形成浅层松散的粒状物质，发育成的土壤为棕壤性土。这种土壤土层浅薄，黏结性差，肥力低。因此，中山当前多为岩石裸露的荒坡或灌草丛，部分为针叶阔叶林地和疏林地。

2. 低山

海拔高度在300～700米，起始高度大于100米，相对高度在200～400米，坡度大于10°。低山主要有垛山、招虎山、二磁山、玉皇山、磨儿顶、旌旗山、巨山、塔山。这些低山多为断块抬升、挤压褶皱和剥蚀、侵蚀而成，山岭低缓，河谷开敞，呈U形。由于外应力挤压、褶皱作用，山系脉络比较明显，山形多呈穹状，主要由变质岩、花岗岩组成。地表岩石经多年风化侵蚀，形成的土壤多为棕壤性土，较瘠薄，水土易流失。低山除长岛区外，其他市区都有数量不等分布，是烟台市林牧果业的重要基地。

3. 丘陵

在低山周围，海拔高度300米以下，起始高度大于50米，相对高度小于200米，起始坡度大于5°的地形地貌。主要丘陵有臧格庄村、垛山边缘、大泽山边缘、昆嵛山边缘、牙山边缘、莱阳市和艾山边缘等。这些丘陵多由挤压、褶皱、剥蚀和分割而成，形状浑圆，谷地浅平，坡度较缓，坡角线没有明显走向。主要由变质岩、花岗岩组成。长期受外力剥蚀和分割，故比较破碎，风化强烈，风化物多发育成棕壤性土、棕壤，水土流失严重。丘陵中下部多垦为水平梯田，种植甘薯、花生等作物，是油林果牧的主要基地。

4. 缓丘

海拔高度在 100 米以下。缓丘多由褶皱、剥蚀和侵蚀而成。坡度缓,沟谷开阔,没有明显走向。主要由变质岩组成,风化物多发育成棕壤、棕壤性土。目前几乎全部被开垦,种植粮油作物和果树,为烟台市粮油果的主要生产基地。

5. 山前平原

海拔高度小于 50 米,地形平缓开阔,由洪积-冲积物形成。山前平原主要有海阳阳台平原、栖霞桃村平原、龙口平原、莱州平原、莱阳平原。发育成潮棕壤、潮褐土、河潮土等,土层深厚,土质较肥沃,灌排条件好,适合种各种农作物。

6. 滨海平原

在海岸带附近,海拔高度小于 5 米,地形缓平,以海积物为主。滨海平原多发育成滨海沙质、壤质潮土,滨海盐化潮土,滨海潮盐土。滨海壤质潮土一般离海较远,开垦种植的时间较长,适合种多种作物。滨海潮盐土、滨海盐化潮土离海较近,地下水矿化度高,多生长耐盐植物,部分滨海沙质潮土已发展为果园和防风林用地。

7. 岛屿

岛屿指分布在海洋中,被水四面包围着的陆地部分。由于冲刷严重,岛屿的岩石裸露,不适合农作物生长,适合种植黑松、杨柳等抗海风、耐盐的林木。

四、气候

烟台市属于暖温带大陆性季风气候,四季变化分明,季风进退明显。春季降水少,风多,蒸发量大;夏季湿热;秋季凉爽,雨水减少;冬季干冷。四季变化的气候条件直接影响土壤的水热状况,影响土壤中矿物质、有机质转化及其产物迁移与积累,影响土壤形成过程的方向和强度。

(一)温度

烟台市年平均气温 11.6~12.9℃,其分布趋势是西部高于东部,北部高于南部,沿海高于内陆。芝罘区、福山区、莱州市等地,年平均气温 12.5~12.9℃,是烟台市的高温区;莱阳市、栖霞市年平均气温为 11.6℃,是烟台市的相对低温区。其他县(市、区)年平均气温在 12.0~12.2℃之间。

烟台全市稳定在 0℃的日期与土壤冻结的日期基本一致。≥0℃的平均初日一般在 3 月上旬,平均终日一般在 12 月上旬,初终期平均 284 天,冷暖相差 22 天;≥0℃积温为 4 200~4 700℃(80%保证率),≥10℃活动积温为 3 600~4 200℃,分布趋势与年平均温度大致相同,其中莱州市、招远市和芝罘区在 4 000℃以上,其他市区为 3 600~3 900℃。

烟台市各地气温的季节变化明显。冬季最冷月为 1 月,平均气温为 -2.5℃;夏季最热月出现在 7 月,除长岛区外,西半部平均气温 24.5~26℃,东半部最热月出现在 8 月,平均 24~25℃。

地温的变化趋势与气温大体一致,1 月最低,北部和东部沿海地区在 -2~-1℃,其他地区在 -7.2~-4℃。春季逐渐回升,4 月开始普遍回升至 10℃以上,5 月则普遍升至 20℃以上。夏季地温最高月,西部出现在 7 月,东部出现在 8 月,最高月地温一般在 26~30℃。秋冬季地温逐渐下降,10 月普遍降至 15~17℃,11 月降至 6~9℃,12 月内陆降至0℃以下，沿海地区在10℃左右。地表极端最高温度，烟台全市都在60℃以上，西部地区一般在63～66℃，1961年6月11日莱阳市暂达67.2℃；东部一般在61～63℃，大多出现在6月和7月，东端沿海地区可能出现在8月。地表极端最低温度，除长岛区、芝罘区和东端沿海地区在－16℃左右外，其他地区都在－20℃以下，1969年2月2日栖霞市曾出现－26.1℃的低温。

烟台市一般在12月至翌年4月出现冻土，以1—2月最为严重。西部、北部沿海区和东部地区冻结期为100～110天，内陆地区为110～125天。1月和2月平均最大冻土深度表现为：沿海25～30厘米，内陆30～40厘米，极端最大冻土深度50～60厘米，1970年11月25日招远市曾达64厘米，1968年2月12日莱州市曾达60厘米。

气温的年较差为20～30℃，地温的年较差一般在30～33℃。烟台市历年平均无霜期115天，初霜日期一般在11月4日，终霜期在4月2日，但各地差异较大。初霜期一般内陆早于沿海，两地平均相差56天。终霜期一般沿海早于内陆，两地相差32天。

（二）降水

烟台市年平均降水量为627.6毫米。其空间分布自东南向西北递减且极不均匀，海阳市年平均降水量最多，达694.5毫米；长岛区年平均降水量最少，为541.1毫米；其他县（市、区）在581.2～684.9毫米之间。

烟台市由于受季风影响，年际降水丰枯悬殊。1964年大部分地区降水在1 173.7毫米以上，而1968年中部和西部地区降水仅300～400毫米，长岛区只有282.3毫米，仅为其常年平均值的一半。烟台市降水的年变率平均在20%左右，最大的是海阳市，为25%。

烟台市降水的季节分配差异显著，干湿明显。全市春季平均降水量在104毫米左右，约占全年降水量的14%，东南部多于西部；春季降水变率全市平均为42%，加上春季回暖早，西南风多，空气干燥，蒸发量大，降水与蒸发比仅0.2，水分不足，土壤易干旱。夏季是一年中降水变率最小的季节，全市约为27%；东南部多，西北部少。秋季平均降水量103.8毫米，长岛区最少，只有117.8毫米；秋季降水变率全市平均为37%。冬季降水量稀少，平均32毫米左右，东北部降水量最多，为40毫米左右，海阳市最少，平均只有25毫米；冬季降水变率为四季中最大，全市平均为44%。

本市干燥度为0.85～1.32，自西向东递减。根据干燥度分级标准，海阳市、牟平区、莱阳市、栖霞市属于湿润气候区，莱州市、龙口市、招远市、蓬莱区、长岛区、芝罘区、福山区属于半湿润气候区。从时间分布看，7—8月为湿润期，6月、9月、10月为半湿润期。

在以上气象条件下，烟台形成了以棕壤为主的地带性土壤，并由于降水的地域性和季节性差异较大，形成了与生物带相适应的土壤，如东部的白浆化棕壤，西部的石灰性褐土。

（三）蒸发

烟台市年蒸发量的空间分布特点是西北部大于东南部，全市年蒸发量在1 800～2 100毫米，东部和南部一般在1 500～1 800毫米。

各季蒸发量变化明显。冬季各地一般在45～65毫米，沿海稍多于内陆，是蒸发量最小的季节；春季东部地区一般在160～200毫米，西北部地区在200～250毫米，该季风速大，气温高，空气干燥，是全年蒸发量最大季节，特别是 5 月西部和北部的部分地区蒸发量在 300～350 毫米甚至 350 毫米以上；夏季东南部地区一般在 120～190 毫米，西北部地区一般在 190～230 毫米；秋季各地一般在 130～170 毫米。全年除夏季降水量大于蒸发量之外，其余各季均少于蒸发量。由于夏季降雨集中且多暴雨，多形成地面径流，所以高温条件下常常出现伏旱。

（四）日照与太阳辐射

烟台市日照时长平均为 2 656.2 小时，其空间分布是从东向西递增，东西相差近 300 小时，蓬莱区年均日照时数最多为 2 826.6 小时，招远市年均日照时数最少只有 2 545.8 小时。从时间分布看，5 月份日照最多，全市平均为 277.6 小时；12 月最少，只有 169.2 小时，日照最多月比最少月多 108.4 小时。全市年日照百分率平均为 59%，同日照时数一样，蓬莱区最大，年均 65%；招远市最小，年均 48%。时间上以 9 月份最大，全市平均为 64%；7 月份最少，全市平均为 52%。

全市年太阳总辐射量一般在 503～535 千焦/厘米^2。在空间分布上，长岛区最多，为 538 千焦/厘米^2。辐射量从 1 月开始上升，3—5 月增加最快，7 月为全年最高值，7 月后因雨季到来辐射量下降较快，12 月为最低值。因太阳辐射能是土壤能量转换利用的基本能源，也是发展农业生产的基本因素，合理的耕作制度能够提高光能利用率，增加作物产量。

五、水文

（一）地表水

烟台市地表水受地质构造和地形制约比较明显，主要河流发源于莱山山脉，向南、向北分别注入黄海和渤海。境内流域面积大于 50 千米^2 的河流共 96 条，分属 31 个流域。其中，流域面积大于 200 千米^2 的河流共 18 条，分属 13 个流域；流域面积大于 300 千米^2 的河流共 10 条，分属 7 个流域，分别为五龙河（蚬河、富水河）、大沽夹河（清洋河）、黄水河、界河、大沽河、王河、辛安河；流域面积大于 1 000 千米^2 河流共 4 条，分属 3 个流域，分别为五龙河、大沽夹河（清洋河）和黄水河。河流以绵亘东西的"胶东屋脊"为分水岭，南北分流入海。向南流入黄海的主要有五龙河、大沽河；向北流入黄海、渤海的主要有大沽夹河、黄水河、辛安河、界河和王河。烟台市域河流多为山溪性、季节雨源型，其特点为河床比较大，源短流急，涨落急剧。自然降水与地表径流同季发生，具有如下特点：

1. 年降水变率大，径流年际变化显著

烟台市多河川，年平均径流量为 50.169 亿米^3，枯水年为 26.088 亿米^3，特枯年为 11.037 亿米^3，多年平均分别约为枯水年的 1.9 倍、特枯年的 4.5 倍。年径流量的年际变化，还存在着丰、枯年交替出现和连续出现的情况。以门楼水库水文站为例，1962—1965 年为连续丰水年，这 4 年平均年径流量为 4.42 亿米^3，约为其多年平均年径流量的 1.8 倍。而 1966—1969 年为连续枯水年，这 4 年平均年径流量为 1.237 亿米^3，仅约为其多年平均的 1/2。年径流量的年际变化大，丰水、枯水年连续出现，给地表水资源开发利用带来诸多困难。

2. 年降水和河川径流量的季节分配悬殊

径流量随着降水的季节变化十分剧烈，汛期雨水集中，洪水暴涨暴落，春、冬季则径流很少，甚至断流。全市平均来看，6—9月汛期径流量占全年径流总量的84.7%，其中7—8月占60%以上，而冬季仅占4.83%。从多年平均径流量的月分配来看，8月多，1—4月少，地表水的年内分配和温热的分配基本同步。

3. 因降水多寡不同，区内各地径流量差异很大

降水量由东南向西北逐步减少，河川径流量的区域差异程度远大于降水量的区域分布差异。昆嵛山一带年径流深度大于350毫米，而蓬莱区、龙口市、莱州市一带仅100毫米，局部地区不足100毫米，相差2～3倍。按多年平均每平方千米年产水量计算，东区为32.5万米^3，南区为26.2万米^3，北区仅20.74万米^3。山丘地区由于年际间降水和年内降水的不平衡，造成汛期山洪暴发，上游水土流失，表土被剥蚀，形成大面积棕壤性土；下游河道淤塞，地下水位随着洪水涨落而升降，平泊区土壤潮化作用明显。

（二）地下水

烟台市的地下水，按含水层岩性及地下水类型，划分为第四系松散岩类孔隙含水岩组、碎屑岩类孔隙-裂隙含水岩组、岩浆岩类裂隙含水岩组和变质岩类含水岩组等。

（1）第四系松散岩类孔隙含水岩组　这类地下水称作潜水，主要分布于山丘区的山间盆地，堆积物较厚，大多为双层结构，下部为沙、沙砾含水层，上覆一定厚度的壤质土，故地下水埋藏浅、微承压。含水层厚1～20米，顶板埋深小于15米，蓬莱区、龙口市、莱州市平原、胶东电厂附近钻孔揭露较厚的含水层为10～20米，顶板埋深小于20米，水位埋深小于5米。沿海地区分布有海积层，含水层为粉沙、细沙、中沙，水位埋深1～5米，富水性一般小于3米^3/时。

烟台市由于第四系较发育，其含水基本规律是从山前到平原或滨海，由冲、洪积层过渡为冲积层，以至海滨交互沉积或海积，含水层颗粒由粗到细、层次由小到多、富水性由弱到强、水化学类型由简单到复杂、矿化度由低到高，多为浅层潜水，一般涌水量3.6～18米^3/时。地下水位除山前倾斜平原外，水位均较高，埋深一般在1～4米，低洼区浅于1米。潜水位埋深的变化引起不同的土壤类型出现，小于4米的平原区形成潮棕壤、潮土、盐化潮土；大于4米的山麓区主要为典型棕壤。

（2）碎屑岩类孔隙-裂隙含水岩组　该岩组主要由侏罗系莱阳组、白垩系王氏组组成，为砂岩、砂砾岩等风化裂隙水或构造裂隙水，富水性弱，钻孔平均出水量2.04米^3/时，泉流量小于3米^3/时。水位埋深与地形、地质条件构造有关，一般3～10米。该岩组风化壳较浅，且多是铺石板硬石底，是烟台市严重缺水区和易旱易涝区。

（3）岩浆岩类裂隙含水岩组　白垩系青山组安山岩、玄武岩、火山碎屑岩，因具气孔及杏仁状构造，风化后呈蜂窝状，连通性好，成岩裂隙比较发育，有利于地下水运动和储存，钻孔平均出水量3.23米^3/时，水位埋深3～15米。花岗岩类及其他侵入岩大片分布，地下水储存于风化裂隙及构造裂隙中，富水性弱，钻孔平均出水量2.43米^3/时，深部除构造破碎带含水外，一般含水极少。

（4）变质岩类含水岩组　烟台市胶东岩群、粉子山群及蓬莱群地层普遍夹有大理石及大理岩透镜体，平均出水量4.67米^3/时。张格庄组、民山组及香夯组大理岩裂隙，岩溶较发育，富水性中等，钻孔出水量一般小于 10 米³/时。

（三）区域水文地质特征及地下水运动规律

水文地质条件受区域地质构造、地形地貌条件等因素制约。变质岩（大理岩除外）、岩浆岩及碎屑岩类区，因裂隙风化发育的不均匀性，裂隙水连通性差，地下水运动规律总是随变化的地形及裂隙情况，呈断续的散流状态，向低洼处和沟谷汇集，成为山区河流在雨季后地表水的主要补给来源。从大气降水转化为地下水，再转化为泉的形式或排泄补给地表水，这一过程是短暂的，为就地浅部循环。

各类大理岩和灰岩的裂隙岩溶发育比较强，但受岩性、构造等因素控制，发育不均匀，深度小于 100 米，并由于大理岩分布于片麻岩系中，岩溶裂隙水与裂隙水的水力联系微弱，成为一个独立的水运动体系，区别于片麻岩系中裂隙水的运动条件。松散岩类孔隙水，在河流两岸与地表水有关，两者互补关系明显。一般情况下，河流上中游地段，汛期流量增大，河水位抬高，河水暂时补给地下水，汛期以后地下水位高于河水位，受地下水的补给，其总的流向与地表水基本一致，向海排泄。沿海地区受海潮顶托，地下水动态与海潮涨落有一定关系。

烟台市地下水总的运动规律与地表水基本一致，受地质构造和地形制约比较明显。大地构造的隆起区，既是主要地表水的分水岭，又是地下水的分水岭，而凹陷区则是地表水和地下水的汇集区。

（四）地下水化学类型

烟台市天然状态下地表水化学类型较为单一，主要为碳酸盐类水，呈中性至微碱性，pH 7.5～8.0。总硬度 7～10°dH，多数属微硬水，少数属软水；氯离子含量小于 40 毫克/升，矿化度 0.2～0.3 克/升。水质较好，适宜灌溉。

在区域分布上，除酸碱度无规律可循外，矿化度、总碱度、总硬度等，由山区发源地到入海口，均呈渐增趋势，上游水质最好，中游次之，下游较差，但都符合工农业用水要求。

除地表水与地下水外，海水对本区土壤形成发育也有一定作用，主要表现在海退和海潮侵蚀上，上游水土流失，沿海河口泥沙大量淤积和海退，沿海各地增加许多退滩地，在风力作用下形成风沙土，海潮侵蚀又导致沿海平原土壤盐渍化。如 1952 年、1957 年和 1969 年由于海潮的内侵，莱州、海阳等市沿海的部分土地受淹，土壤盐渍化加重。

（五）烟台市灌溉能力

烟台市灌溉能力充分满足的耕地面积约为 122 430.46 亩*，占比为 2.29%；满足的耕地面积约为 1 237 770.49 亩，占比为 23.19%；基本满足的耕地面积约为 759 410.92 亩，占比为 14.23%；不满足的耕地面积约为 3 217 867.08 亩，占比为 60.29%。

---

* 1亩约等于 666.67 米²。——编者注

六、生物植被

(一)森林资源

根据 2020 年烟台市森林资源调查数据统计，全市林地面积为 545 069.66 公顷（见表 1-1），其中，有林地面积为 501 733.13 公顷，占林地面积的 92.05%；疏林地面积为 3 197.51 公顷，占林地面积的 0.59%；灌木林地面积为 11 892.71 公顷，占林地面积的 2.18%，其中国家特别规定灌木林地 838.92 公顷；未成林地面积为 9 844.19 公顷，占林地面积的 1.81%；苗圃地面积为 4 960.41 公顷，占林地面积的 0.91%；无立木林地面积 6 766.36 公顷，占林地面积的 1.24%；林业辅助生产用地 462.39 公顷，占林地面积 0.08%。

按林种统计，经济林面积为 296 507.62 公顷，占有林种林地面积的 57.37%，防护林面积为 173 217.65 公顷，占有林种林地面积的 33.52%，其余林种面积和占比较小。按起源统计，天然林面积为 23 751.81 公顷，占有起源林地面积的 4.51%；人工林面积为 502 915.73 公顷，占有起源林地面积的 95.49%。

表 1-1　烟台市各林地地类统计表

单位：公顷

统计单位	有林地	灌木林地	疏林地	未成林地	苗圃地	无立木林地	宜林地	林业辅助生产用地
烟台市	501 733.13	11 892.71	3 197.51	9 844.19	4 960.41	6 766.36	6 212.96	462.39
芝罘区	5 107.22	3.92	—	0.77		68.82		6.91
福山区	24 278.71	—	30.68	661.22	71.08	165.34	118.75	37.72
莱山区	12 504.58	726.77	4.26	53.67	182.98	41.84		
牟平区	66 019.79	186.82	246.82	1 381.29	253.86	513.72	227.39	90.20
蓬莱区	43 457.50	3 266.40	233.22	759.66	159.06	95.54	—	38.35
海阳市	47 708.57	992.62	913.06	1 553.21	1 367.12	917.05	1 922.02	77.56
莱阳市	32 338.92	472.46	105.24	1 541.15	417.42	349.29	398.66	38.58
栖霞市	137 970.30	676.86	349.26	651.03	102.98	2 658.02	1 843.98	6.29
龙口市	30 034.17	4 364.49	674.94	208.99	323.69	892.49	137.18	42.00
招远市	44 025.05	260.60	352.05	768.52	1 985.18	256.55	1 009.25	37.96
莱州市	33 257.92	76.99	95.79	1 923.51	18.80	714.25	472.37	14.56
黄渤海新区	9 334.38	667.87	78.59	78.94	72.64	76.33	35.18	8.08
高新区	2 007.11	0.81	54.04	61.94	—	12.51	48.18	—
长岛海洋生态文明综合试验区	2 960.25	189.83	59.56	—	—		4.61	9.96
昆嵛山自然保护区	10 728.66	6.27	—	200.29	5.60	—	—	54.22

(二)草地资源

根据第三次全国国土调查（简称为"三调"）数据，全市草地面积共计 28 559.83 公顷。全部为其他草地，主要分布在莱州市和蓬莱区，面积分别为 5 219.95 公顷和 4 368.51 公顷，二者之和占全市草地面积的 33.57%。

（三）生物资源

根据全球生物地理省区划图的划分，烟台市地处古北界东方落叶林生物地理省，动植物区系以温带为主。

植物多样性丰富，温带成分优势明显，热带性质的成分比例较大，具有一定热带和亚热带区系的过渡性。境内现有植物资源 1 349 种，其中，木本和藤本植物 70 科 457 种、草本植物 120 科 742 种，现有栽培植物（不包括观赏植物）41 科 150 种；国家重点保护野生植物 9 种，其中国家一级保护植物 3 种（栽培种）、国家二级保护植物 6 种。

现有野生动物资源里，陆生脊椎动物 431 种，其中兽类 30 种、鸟类 377 种、爬行类 16 种、两栖类 8 种；国家级和省级重点保护陆生野生动物 102 种，其中，国家一级保护动物 9 种、国家二级保护动物 42 种；海洋生物资源主要有鱼类、虾蟹类、头足类、贝类和其他生物资源共 5 大类 504 种。

第二节　经济社会条件

一、人口与区划

（一）人口结构

2023 年年末烟台全市户籍人口 653.45 万人，男性人口 324.67 万人，女性人口 328.78 万人；常住人口 703.22 万人，占常住人口的 69.23%；乡村人口 224.70 万人，占总人口的 34.39%。

（二）行政区划

2023 年烟台市辖芝罘、福山、莱山、牟平、蓬莱 5 个区，龙口、莱阳、莱州、招远、栖霞、海阳 6 个县级市，和国家级经济技术开发区、高新技术产业开发区、招远经济技术开发区、综合保税区、昆嵛山自然保护区以及长岛海洋生态文明综合试验区，共 82 个镇、6 个乡、65 个街道办事处，599 个城市社区，5 386 个行政村。

二、经济社会

2022 年烟台市实现生产总值 9 515.86 亿元，比上年增长 5.1%。生产总值中一、二、三产业比例为 6.9：42.3：50.8，全市人均生产总值 134 581 元，比上年增长 5.4%；全市农业、林业、牧业、渔业、农林牧渔服务业生产总值比例为 43.8：1.9：18.3：28.5：7.3，总产值 1 251.51 亿元，农村居民年人均可支配收入 26 286 元。

粮食年播种面积 30.35 万公顷，总产量 154.56 万吨；花生播种面积 9.04 万公顷，总产量 4.01 万吨；水果播种面积 18.04 万公顷，总产量 772.03 万吨；蔬菜播种面积 4.91 万公顷，总产量 279.35 万吨；水产品养殖面积 20.94 万公顷，总产量 185.67 万吨；大牲畜年末存栏量 12.44 万头，生猪年末存栏量 306.17 万头，羊年末存栏量 37.46 万只，肉类总产量 72.67 万吨。

新建高标准农田 18.3 万亩，累计完成 4.87 万亩撂荒地改造，农业机械总动力

808.83 万千瓦，农业综合机械化水平 80% 以上。全市共有水库 1 061 座，其中大型水库 3 座，中型水库 26 座，小型水库 1 032 座，各项水源工程累计供水量 10.82 亿米³，经济作物节水型灌溉逐步形成。

三、主产农作物及经济作物

烟台市粮食作物以小麦、玉米、甘薯为主，播种面积占粮食作物总播种面积的 90% 以上，小杂粮有大豆、谷子、高粱、豇豆、小豆、黍子等；经济作物主要是花生，其他有大麻、黄烟、药材、芝麻、蓖麻等；蔬菜主要有叶菜类、根茎类、花菜类和果菜类等，种植面积正不断扩大，并向细菜、中高档蔬菜方向发展，鲜菜的供应时间延长；经济林以果树为主，主要树种有苹果、梨、樱桃等，其他有桃、李、杏、海棠、柿、山楂、银杏、枣等，干果有板栗，浆果有葡萄等。

四、农业经济发展特点

（一）农业产业化水平较高

烟台市农业产业化龙头企业有 1 000 多家，总数量居全国地级市首位，其中国家级 13 家，省级 61 家，年销售收入过亿元的龙头企业 120 家；全市已形成食用油、粉丝、果品、水产、蔬菜、畜产品加工和葡萄酒酿造 7 大龙头企业群体，培育出龙大食品集团有限公司、山东鲁花集团有限公司、张裕葡萄酒、山东东方海洋科技股份有限公司等一批在国内外市场中有竞争力的大型龙头企业；全市龙头企业带动市内外农户 300 万户，带动基地 43.33 万公顷；农民专业合作社创建活动深入开展，各类农民合作组织达 1 062 个，会员 20 万户。

（二）农业科技实力雄厚

已建成国家玉米工程技术研究中心（山东）、国家苹果工程技术研究中心等 3 个国家级科研中心和科技部国家海藻工程技术研究中心等 3 个省部级科研中心；全市农作物良种覆盖率 98% 以上，水果良种率达到 100%，农业科技进步贡献率达到 56%；全市建立起以烟台市农业科学研究院、烟台市水产研究所、莱州市农业科学院和农业龙头企业为主体的农业科技创新体系，形成了市、县、乡 3 级完善的农业技术推广网络，选育的烟农系列小麦、烟富系列苹果等多种农业新品种都处于国内领先水平；山东益生种畜禽股份有限公司存养祖代肉鸡 45 万套、祖代蛋鸡 12 万套，为亚洲最大的畜禽良种繁育场，山东民和牧业股份有限公司现存养祖代肉鸡 150 万套，规模为亚洲第一。

（三）农业标准化程度较高

烟台市是中国绿色食品城、中国食品名城，是全国最大的绿色农业示范区。目前已建立起 8 个国家级农业标准化示范区、7 个省级无公害农产品生产示范基地和国家级农业标准化示范县、12 个市级无公害农产品生产示范基地；畜禽规模化养殖比重达到 85%，标准化养殖比重达到 65%，水产品无公害标准化养殖比重达到 67%；全市累计发展农业标准化生产基地 450 万亩，认证"三品"（无公害农产品、绿色食品和有机农产品）总数 650 个，打造中国名牌农产品 12 个、中国驰名商标 12 个、山东省名牌农产品 50 个、山东省著名商标 63 件、国家地理标志证明商标 17 个、地理标志保护产品 12 个、农产品地理标志 1 个；建立起以 3 个市级农产品综合质量检测机构为龙头、7 个县级质量检测站、61 个省重点龙头企业质量检测中心和 40 个市场速测点为补充的农产品检验检测网络，无公害农产品、绿色食品和有机食品生产技术规程等 108 项农业标准得到推广实施，为保障烟台市农产品质量安全发挥了重要作用。

第二章　耕地资源条件

第一节　耕地资源

一、耕地资源分布与利用

根据第三次全国国土调查数据，烟台市耕地面积共计 353 130.94 公顷。其中，水田 67.11 公顷，占全市耕地的 0.02%；水浇地 130 718.96 公顷，占 37.02%；旱地 222 344.87 公顷，占 62.96%。莱阳市、莱州市和海阳市耕地面积较大，分别为 82 927.88 公顷、74 450.51 公顷和 61 814.49 公顷，三者之和占全市耕地的 62.07%。位于 2°以下坡度（含 2°）的耕地 153 589.73 公顷，占全市耕地的 43.49%；位于 2°～6°坡度（含 6°）的耕地 113 799.25 公顷，占全市耕地的 32.23%；位于 6°～15°坡度（含 15°）的耕地 80 616.47 公顷，占全市耕地的 22.83%；位于 15°～25°坡度（含 25°）的耕地 5 080.71 公顷，占全市耕地的 1.44%；位于 25°以上坡度的耕地 44.78 公顷，占比仅约为 0.01%。

二、耕地利用中存在的主要问题

（一）耕地人均占有量低，优质耕地少，耕地质量有下降趋势且后备资源匮乏

人均占有耕地远低于山东省平均水平。烟台市主要地貌类型是低山丘陵，优质耕地少，全市 2/3 的耕地为中低产田，其中低产田占总耕地的 25%。由于各类建设占用的耕地大多处于地势平坦地段，且质量较高，而开发整理补充的耕地，大多质量较差，虽然从数量上平衡了，但耕地总体质量有下降趋势。

非农业用地日益增加，耕地面积逐年减少。全市宜农土壤资源较为集中地分布在河谷、平原及山丘的坡麓地带，这里水丰土优，农业生产条件较好，也是城镇居民点和工厂企业分布区，非农业用地占用面积大，而且占用的面积日益增加。

全市实有耕地较统计数多 253.65 万公顷，但多是山丘岭坡上新垦地，没有登记入账的地，耕地质量很差。为了达到耕地占补平衡，在建设用地扩张的同时，将大量其他土地开发为耕地，9 年间其他土地减少 9 086 公顷。未利用土地中，宜垦为耕地的仅 13 227 公顷，人均不足 0.002 公顷（约 0.03 亩），后备土地资源匮乏。并且这些宜垦地分布偏远、零散，生态环境约束大，进一步制约了烟台市补充耕地的能力，保持耕地占补平衡难度大。随着人口增加，人多地少的矛盾将日趋尖锐。

（二）种植业作物布局不够合理

20 世纪 80 年代以来，随着"贸工农"型产业结构的建立，种植业作物布局发生了明

显变化。至 1985 年，粮田面积占耕地比例下降到 59.7%，花生面积占耕地比例上升到 38.8%。作物布局变化向有利于商品生产发展，但没能做到因土种植，发挥土壤资源固有的潜力，致使小麦、玉米上山，地瓜、花生下泊，特别是经济林木也纷纷栽到了平泊好地上。这种只顾眼前、不顾长远的做法，造成粮食大量减少。

（三）土壤资源垦殖过度，生态环境日趋恶化

在扩大粮田面积的同时，曾一度有过滥垦乱伐的现象，使一部分山峦荒坡生态遭到破坏。农林牧布局失调，导致土壤侵蚀、水土流失加重，山丘上部砂化石化，山丘下部河流、塘、库淤积，生态环境恶化。

第二节　成土母质

岩石经过物理化学风化，变成碎屑状的松散物质，即成土母质。成土母质再经过成土作用形成土壤。因此，母质是形成土壤的物质基础，它的某些性质往往被土壤继承下来，对土壤的理化性质有着先天性影响。烟台山丘区母质主要是各种岩石风化的残积-坡积物、坡积-洪积物，在平原则为各类洪积-冲积物、河流冲击物、湖相沉积物，滨海地带有海相沉积物，局部沿海和河岸有风积物。

一、残积-坡积物

残积-坡积物是指岩石风化残留在原地和在重力、水力等外力作用下，经过短距离搬运的混合物。广泛分布于山丘、台地与剥蚀残丘上。烟台市残积-坡积物以变质岩、岩浆岩的风化物为主，其次是沉积岩的风化物。岩浆岩抗风化的能力高于变质岩，酸性岩高于基性岩，但因各类母岩风化的时间长短不等，所处的外界条件和人为干扰不同，故现今风化壳的厚度与以上序列并不完全一致，多在 30~60 厘米，一般不超过 1 米。由于母岩性质不同，又分为酸性岩残积-坡积物、基性岩残积-坡积物和钙质岩残积-坡积物三类。

（一）酸性岩残积-坡积物

酸性岩残积-坡积物特指花岗岩、片麻岩、正长岩、斜长岩、石英长石岩等酸性岩类风化物，并包括部分非石灰性砂岩、页岩和砾岩的风化物。分布较为广泛，特征是表层堆积混杂，表层以下往往保留原岩崩解痕迹，与半风化母岩过渡不明显，大小颗粒混杂，棱角突出。酸性岩及其半风化体的化学组成为：SiO_2 平均含量 68.3%，CaO 平均含量只有 1.42%，Al_2O_3 的平均含量则较高，为 17.88%，呈酸性反应。故此类残积物被称作"不饱和硅铝型风化壳"，它们的风化物是棕壤的主要成土母质，在烟台市湿润、半湿润气候条件下，一般发育成棕壤土类。

（二）基性岩残积-坡积物

基性岩残积-坡积物特指玄武岩、安山岩的风化物，在烟台市有零星分布。特征是风化物较细，形成土壤质地好。其母岩化学组成为：SiO_2 平均含量 53.79%，CaO 平均含量 5.47%。由该类岩石形成的土壤母质，在烟台市湿润、半湿润气候条件下也发育成棕壤。

（三）钙质岩残积-坡积物

钙质岩残积-坡积物特指石灰岩、大理岩、钙质砂岩、页岩等碳酸盐母岩的风化物。

在莱州市、莱阳市、栖霞市、福山区等地分布着石灰岩和大理岩残积-坡积物，莱阳市、海阳市的断陷盆地分布着钙质砂页岩、钙质红色粉砂岩残积-坡积物。石灰岩风化物质地细，形成的土壤质地较黏重，而砂岩风化物的母质质地偏轻、沙性大。钙质岩类化学组成为：SiO_2平均含量 3.04％，CaO平均含量高达 71.83％，Al_2O_3平均含量只有 1.39％。因其风化物含 CaO 量高，故有"碳酸盐风化壳"之称，在烟台市生物气候条件下，成土过程处于脱钙阶段，一般形成以淋溶褐土为主的褐土土类。

二、酸性岩坡积-洪积物

酸性岩坡积-洪积物，是指酸性岩类风化物，经重力作用及洪水的侵蚀冲刷，搬运到山坡的中、下部和山麓而成的堆积物，堆积层厚，质地细、较黏重，在山麓地带常成宽阔的裙状分布，称为坡洪积裙。是棕壤的主要成土母质之一。

三、洪积-冲积物

洪积-冲积物是指洪水搬运的碎屑物质在低缓处沉积而形成的疏松沉积体，磨圆度较高，在平面分布上有一定的分选性，厚度多达数米以上。因洪积-冲积物质来源不同，又分为酸性岩类洪积-冲积物和钙质岩类洪积-冲积物。

（一）酸性岩类洪积-冲积物

酸性岩类洪积-冲积物来源于酸性岩类的山区，土体无石灰反应，呈微酸性至酸性反应，pH 5.0～6.5，浅棕至灰棕色，质地沙壤至轻壤，是潮棕壤的主要成土母质。

（二）钙质岩类洪积-冲积物

钙质岩类洪积-冲积物来源于钙质岩类山丘区，土体有不同程度的石灰反应，呈中性至微碱性，pH 7.0～8.5，土壤颜色以褐色为主，质地轻壤至中壤，为普通褐土、淋溶褐土和潮褐土的主要成土母质。

四、河流冲积物

河流冲积物是指风化碎屑经河流搬运的冲积物。烟台市的现代河流冲积物主要分布于山间河谷、沿河两岸，土层深厚，颗粒磨圆度好，分选性良好，沉积层理明显，地下水埋深较浅。由于河流冲积物质来源不同，分为非石灰性河流冲积物和石灰性河流冲积物两类。

（一）非石灰性河流冲积物

非石灰性河流冲积物来源于酸性岩山丘区，无石灰反应，多呈微酸性，土壤颜色浅棕至灰棕色，质地沙壤至轻壤，分选层次明显，是非石灰性潮土的主要成土母质。

（二）石灰性河流冲积物

石灰性河流冲积物来源于石灰岩、钙质砂页岩、砾岩的风化物与黄土，有不同程度的石灰反应，多呈中性至微碱性。如莱阳市白龙河两岸为钙质红色砂页岩冲积物，清水河为钙质砂页岩河流冲积物，因含有一定量的碳酸盐，故为石灰性潮土的主要成土母质。

五、湖相沉积物

湖相沉积物集中分布于排水不畅的洼地，如莱阳市的冯格庄镇、龙口市的乡城镇、莱州市的沙河镇等。由于静水的沉积作用，土体深厚，质地较黏重，黏粒含量一般在 20%～30%，质地多为中壤-重壤，呈中性至微碱性反应，pH 6.5～8.2。此类母质多形成砂姜黑土和湿潮土。

六、黄土和次生黄土

烟台市的黄土属马兰期堆积，无层理，黄色粉质，碳酸钙含量 6%～7%，发育成普通褐土、石灰性褐土和淋溶褐土等。蓬莱区的北沟镇、登州镇、长山列岛，龙口市的东江镇，莱州市的黄山后等地，为其典型分布区，由于风向的原因，多在山体北西向堆积。

七、海相沉积物

烟台市海相沉积物分布在沿海一带，以莱州市、龙口市、牟平区、海阳市面积较大，由粗细各种物质组成，并含有贝壳遗体。其中由于近潮水线部分经常受海水浸渍，或受盐渍地下水影响，土壤含盐量高，多发育成盐化潮土和滨海潮盐土。脱离海潮影响时间较长的海积母质，地下水出流状况良好，土壤已脱盐，发育成滨海潮土。

八、风积物

在芝罘区、福山区、牟平区滨海地带，莱阳市的五龙河沿岸，因风力搬运堆积而成的风积沙丘，高度有数米至十数米。风积物质地均匀一致，不受地下水影响，地面有一定的覆被，多发育成风沙土。

第三节　土壤类型与分布

一、土壤分类原则和依据

烟台市在 1958 年进行的全国第一次土壤普查工作中，进行了较为系统的农业土壤分类，当时采用土类、土组、土种三级分类制，根据地形、母岩和土壤属性及其对农业生产影响较突出的因素进行分类，将具有共同土壤肥力、耕性、水分状况和生产特性的土壤作为土种，将形态和性质相似的土种组合成土组，进而划分土类。在分类命名上，采用以群众名称为主的逐级命名法。根据上述分类方法，将烟台市土壤共划分 8 个土类、14 个土组、36 个土种。此次土壤分类是以基层分类为主，着重总结群众经验，在土壤高级分类方面未能采用发生学观点进行研究。尽管如此，由于是一套切合烟台市农业生产实际的分类方法，名称生动形象，通俗易懂，在生产、教学和科研中都发挥了很重要的参考作用。

自 1979—1987 年进行了全国第二次土壤普查。根据《全国第二次土壤普查暂行技术规程》和山东省《土壤普查工作分类暂行方案》的要求，采用土壤发生学分类的原则和土类、亚类、土属和土种四级分类制，将烟台市土壤划分为 8 个土类、18 个亚类、40 个土属、116 个土种（表 2-1）。

（一）土类

土类是土壤高级分类的基本单元，它是在一定的自然条件和人为因素的作用下，经过一个主导或几个相结合的成土过程，以及具有反映这些过程特点的土壤属性的一群土壤个

表 2－1 烟台市土壤分类和对应山东省第二次土壤普查部分分类代码一览

烟台市土壤分类					对应山东省第二次土壤普查部分分类代码一览				
土类名称	亚类名称	土属连续命名（曾用名）	代码	土属连续命名（曾用名）	代码	亚类名称	代码	土类名称	代码
棕壤	典型棕壤	酸性岩残坡积棕壤	1	酸性岩类棕壤	010101	典型棕壤	0101	棕壤	01
		基性岩残坡积棕壤	2	基性岩类棕壤	010102				
		洪积棕壤	3	洪积棕壤	010104				
		风积质棕壤	4	硅质棕壤	010105				
	白浆化棕壤	滞水型白浆白浆化棕壤	5	滞水白浆化棕壤	010201	白浆化棕壤	0102		
	潮棕壤	洪冲积潮棕壤	7	洪冲积潮棕壤	010301	潮棕壤	0103		
	棕壤性土	酸性岩残坡积中层棕壤性土	8	酸性岩类棕壤性土	010401	棕壤性土	0104		
		坡洪积中层棕壤性土	12						
		基性岩残坡积中层棕壤性土	9	基性岩类棕壤性土	010402				
		极薄层石底酸性岩残坡积棕壤性土	8₁	酸性岩类酸性石质土	040101	酸性石质土	0401	石质土	04
		薄层石底酸性岩残坡积棕壤性土	8₂	酸性岩类酸性粗骨土	050101	酸性粗骨土	0501	粗骨土	05
		薄层石底酸性岩残坡洪积棕壤性土	12₁						
		非石灰性砂页岩棕壤性土	10	砂页岩类中性粗骨土	050202	中性粗骨土	0502		
		薄层石底基性岩残坡积棕壤性土	9₁	基性岩类中性粗骨土	050201				
	酸性棕壤	砾岩残坡积棕壤性土	11	酸性岩类酸性粗骨土	050101	酸性粗骨土	0501		
			—						
褐土	普通褐土	洪积褐土	13	洪积褐土	020103	普通褐土	0201	褐土	02
		黄土状母质褐土	14	黄土质褐土	020104				
	石灰性褐土	黄土母质石灰性褐土	15	黄土质石灰性褐土	020202	石灰性褐土	0202		
	淋溶褐土	黄土状母质淋溶褐土	18	黄土质淋溶褐土	020305	淋溶褐土	0203		
		钙质岩残坡积淋溶褐土	16	石灰岩类淋溶褐土	020301				
		洪冲积淋溶褐土	17	洪冲积淋溶褐土	020304				
	潮褐土	洪冲积潮褐土	19	非石灰性潮褐土	020402	潮褐土	0204		

（续）

烟台市土壤分类				山东省第二次土壤普查分类代码一览					
土类名称	亚类名称	土属连续命名（曾用名）	代码	土属连续命名（曾用名）	代码	亚类名称	代码	土类名称	代码
褐土	褐土性土	钙质岩残坡积褐土性土	20	石灰岩类钙质粗骨土	050301	钙质粗骨土	0503	粗骨土	05
		基性岩残坡积褐土性土	21	基性岩类中性粗骨土	050201	中性粗骨土	0502		
		砂页岩残坡积褐土性土	22	砂页岩类中性粗骨土	050202				
				砂页岩类钙质粗骨土	050303				
		砾岩残坡积褐土性土	23	石灰岩类钙质粗骨土	050301	钙质粗骨土	0503		
砂姜黑土	砂姜黑土	黑土裸露砂姜黑土	24	砂姜黑土	060101	砂姜黑土	0601	砂姜黑土	06
潮土	潮土	砂质滨海潮土	25	非石灰性滨海潮土	080107	潮土	0801	潮土	08
		壤质滨海潮土	26						
		滨海卵石土	31						
		砂质河潮土	27	非石灰性河潮土	080105				
		壤质河潮土	28						
		砂质石灰性河潮土	29	河潮土	080106				
		壤质石灰性河潮土	30						
	湿潮土	砂质冲积湿潮土	32	壤质湿潮土	080301	湿潮土	0803		
		壤质冲积湿潮土	33	黏壤质湿潮土	080302				
	盐化潮土	砂质滨海氯化物盐化潮土	34	氯化物盐化潮土	080401	盐化潮土	0804		
		壤质滨海氯化物盐化潮土	35						
	碱化潮土	砂质氯化物—苏打碱化潮土	36	苏打氯化碱化潮土	080501	碱化潮土	0805		
盐土	滨海潮盐土	滨海苏打盐土	37	滨海盐土	100101	滨海盐土	1001	滨海盐土	10
		滨海氯化物潮盐土	38						
水稻土	幼年水稻土	盐化潮土型幼年水稻土	39	盐化潮土型淹育水稻土	110203	淹育水稻土	1102	水稻土	11
风沙土	半固定风沙土	冲积半固定风沙土	41	草甸风沙土	030102	草甸风沙土	0301	风沙土	03
		海积半固定滨海风沙土	42	海积风沙土	030201	滨海风沙土	0302		
山地草甸土	—	—	—	酸性岩类山地草甸土	070101	山地草甸土	0701	山地草甸土	07

体。根据土壤形成的主要过程、发育方向、发育阶段以及剖面结构而划分，不同土类间的土壤属性在性质上有明显的差异。

（二）亚类

亚类是土类的辅助级别和续分。主要依据主导成土过程的不同发育阶段或附加成土过程的特征，以及是否具有母质残留特性来划分的。具有附加成土过程的亚类为过渡性亚类，例如在褐土土类中，根据土体中碳酸盐淋溶强度的差异，划分出淋溶褐土、普通褐土和褐土性土等。

（三）土属

在土壤发生学分类上，土属具有承上启下的特点。它既是亚类的续分，又是土种的归纳，主要根据水文地质、地下水化学性质、母质母岩类型、地形部位等地方性因素所造成的土壤属性差异进行区分。

（四）土种

土种是基层分类的基本单元。它是发育在相同母质上，具有相类似的发育程度和剖面层次排列的一群土壤。土种的形态具有一定的稳定性，非一般耕作措施在短期内所能改变。划分土种的主要依据是土壤质地和1米土体内的土层构型及土体厚度等。

二、土壤类型

在山东省汇总中，对14个地市458个土种按照《中国土壤系统分类》（1984年12月修订稿），依据土种的形态特征、理化性质、生产性能，进行了归并和划分（2019年数据）。如棕壤性土中重新划分出了石质土和粗骨土两个土类，其中土层极薄、厚度小于15厘米、砾石含量高、剖面未见发育、土层之下为基岩的划分为石质土；土体厚度为薄层或中层、厚度小于60厘米、砾石含量高、剖面发育微弱的划分为粗骨土；薄层硬石底基性岩残坡积棕壤性土、砾岩残坡积棕壤性土、基性岩残坡积褐土性土统一归并于基性岩类中性粗骨土；砂质滨海潮土、壤质滨海潮土统一归并为非石灰性滨海潮土等。归并划分后烟台市的耕地土壤共保留棕壤、褐土、潮土、粗骨土、石质土、砂姜黑土、山地草甸土、滨海盐土、水稻土和风沙土10个土类，棕壤性土、典型棕壤、潮棕壤、普通褐土、淋溶褐土、潮褐土、潮土和草甸风沙土等22个亚类，34个土属，126个土种（参见表2-1）。

（一）石质土

烟台市有石质土土壤面积57 260.3公顷，但作为耕地面积很少，只有654.15公顷（该数据为第二次国土调查数据，后同），占全市耕地面积的0.16%。石质土的特点是土层薄，属极薄层土层，厚度不超过15厘米。层次发育不明显，质地粗，砾石含量高，有机质及养分含量低，农作物产量极低。

（二）粗骨土

全市有粗骨土土壤面积185 303.7公顷，其中耕地面积57 122.3公顷，占全市耕地面积的14.3%。粗骨土土层较薄，属薄层（15~30厘米）或中层（30~60厘米），质地较粗，砾石含量在10%以上，生产能力低下。

（三）棕壤

棕壤是面积最大的一个土类，属地带性土壤，分布广泛。全市棕壤面积576 160.8公顷，耕地面积 245 776 公顷，占总耕地面积的 61.4%，为烟台市发展农林牧业的基础。棕壤成土首先是在温暖湿润气候条件下形成土壤，淋溶作用强，土壤中的易溶性盐类和碳酸盐均被淋失；其次是土壤呈酸性至微酸性反应；再是土壤的淋溶淀积作用明显，淀积层中次生黏土矿物多，黏粒含量高，质地比较黏重。棕壤依据其成土条件、附加成土过程和理化性质划分为典型棕壤、白浆化棕壤、酸性棕壤、潮棕壤和棕壤性土 5 个亚类。

（四）褐土

烟台市褐土土类的土壤面积 37 878.2 公顷，其中耕地面积 27 448.9 公顷，占总耕地面积的 6.9%，主要分布在受黄土母质影响较大的长岛区、蓬莱区、龙口市、莱州市等地，其他地区只有在钙质岩出露区的周围才有褐土存在，并且主要为剖面无发育的褐土性土。在烟台市褐土与棕壤呈镶嵌状分布，其成土条件与成土过程兼有棕壤与褐土的两重性，淋溶强度低于棕壤，高于典型褐土，基本成土条件是年平均温度高，降水少，夏季炎热。剖面中具有明显的黏化层，土体中常有钙积层是其主要特征。褐土分布的地形部位较低缓，土壤质地少砾石、多土粒，矿质养分含量较高，较棕壤更适宜农业利用。褐土依据钙化程度及其附加成土过程、土壤理化性质和生产性能等划分为普通褐土、石灰性褐土、淋溶褐土、潮褐土和褐土性土 5 个亚类。

（五）潮土

潮土面积 94 523.9 公顷，其中耕地面积 64 159.7 公顷，占全市总耕地面积的 16.0%。是烟台市耕地面积第二大的土壤类型，广泛地分布在沿海地带与河流两岸。潮土是直接发育在河流冲积物上受潜水作用形成的一类土壤。地势较平坦，土体深厚，地下水埋藏较浅，质地较轻，土壤宜耕期长，适种性广，加之人为改土施肥及耕作等农事活动，土壤生产性能较高，是重要的粮、菜生产基地。烟台市潮土依据其母质来源及水文条件，分为潮土、湿潮土、盐化潮土和碱化潮土 4 个亚类。

（六）滨海盐土

滨海盐土土类面积 5 323.7 公顷，其中耕地面积 12.2 公顷，除龙口市、蓬莱区、栖霞市、福山区、招远市和长岛区外，其他各地均有分布。烟台市盐土土类发育在第四纪全新统沉积物母质上，成土年龄较短，土壤中盐分的来源主要是母质为海水浸渍或由潮河倒灌补给，所以属滨海盐土。滨海盐土地区，所处地形平坦，海拔低，一般小于 3 米，地下水埋深 1 米左右。潜水矿化度多在 30 克/升左右，土壤表层含盐量 0.67%～4.23%，加权平均为 1.93%，土体含盐量 0.33%～3.73%，加权平均为 1.81%，最高为 5.19%。土壤中盐分垂直分布的总趋势是表层和底土层高，心土层较低。滨海盐土目前的利用方式多为盐田，有的近期修造为虾池，进行海水养殖；在海、河交接的两合水处则植有芦苇，但也存在大面积盐荒地尚难利用的情况。

（七）砂姜黑土

砂姜黑土土类土壤面积 4 804.8 公顷，其中耕地面积 4 488.8 公顷，占总耕地面积的 1.1%。主要分布在莱州市、龙口市和莱阳市的局部洼地和冲积平原上。砂姜黑土分布在地形平坦低洼处，潜水埋藏较深，但由于土体透水性差，加之地形低洼，排泄不畅，易积水渍涝。因此，各类喜湿植物在这类土壤上生长茂盛，主要有柳、苇、蓼、荆三棱等，为腐殖质的形成积累提供了物质条件，其成土母质为湖积冲积物。砂姜黑土土体中下部有一层砂姜层，上覆一层黑色黏重的黑土层，表层为灰褐色—褐色的后期覆盖物，或为黑土层裸露后经耕作褪色而成的耕作层。砂姜黑土的两个特征层次——黑土层和砂姜层，在生产中起不良作用，黑土层黏重紧实，通透性差，虽然有时全量养分较高，但转化慢，时效性差。尤其是黑土裸露的，耕性差，适耕期短；砂姜层影响作物根系发育，作物生长受到限制。

（八）山地草甸土

山地草甸土总面积 391 公顷，集中分布在昆嵛山海拔 800 米上下的山体上，母质为花岗岩及花岗片麻岩的风化物。山地草甸土所处地形是烟台市海拔最高部位，风力大，温度低，积雪时间和土壤冻结期较长，降水较多，空气相对湿度大，乔木树种生长不良，海拔850 米以上基本无乔木，850 米以下出现人工栽植的矮丛状落叶松，灌丛草被生长茂盛，植被覆盖度达 90％以上。据测定，亩产干草 253.85 千克，地下根系干重亩产量达 658.65千克，灌木草本植物种类繁多，灌木有华北绣线菊、花木兰，草本植物以羊胡子花、荻、酸模叶蓼、牛蒡草、老鹳草、萱草等为优势种。

（九）风沙土

风沙土土壤面积 1 540.2 公顷，其中耕地面积 137.5 公顷，占烟台市总耕地面积的0.03％，主要分布于牟平区、芝罘区、福山区、莱阳市等较大河流沿岸及滨海地带。风沙土有两个显著特征：一是成土过程不受潜水影响，以淋溶作用为主，但由于成土时间短，加之风力的剥蚀和再堆积，剖面发育微弱或无发育，发育层次间无分异；母质组成均匀，烟台市风沙土颗粒组成以中沙和细沙为主，两级合计约占 90％，其他粒级很少，这是风沙土移动距离短所致。

（十）水稻土

水稻土是在人类生产活动中，经过长期淹水耕作而形成的一种农业土壤。土壤面积612.6 公顷，耕地面积 480.1 公顷，占烟台市耕地面积的 0.12％，零星分布在牟平、福山、芝罘等区。烟台市水稻土所在地形为滨海缓平地或滨海洼地，母质为冲积物，地下水埋深 1 米左右，矿化度一般为 1～5 克/升，母土为滨海盐化潮土。烟台市水稻土地下水矿化度较高，土壤中有一定量的可溶性盐分，对旱作物生长有不同程度的危害。但经灌溉水淋洗，土体盐分不断减少，在水源充足的条件下，水稻生长良好，产量较高。当水稻成熟后停水落干，由于地下水位较浅，且出流状况不良，土壤盐分又得到回升，春季地表仍有盐霜或盐斑。总的来说，在盐化潮土型幼年水稻土上种植水稻，可避免土壤盐分对作物的危害，在利用上仍以种植水稻为宜。

第三章 耕地质量等级调查的 内容与方法

耕地质量等级调查是在充分考虑地理位置、土壤类型、耕地利用现状、作物品种布局等因素的基础上，按照典型性、代表性、广泛性的布点原则，进行科学合理布点，采用 GPS 卫星定位系统，确定取样点地理坐标，用统一的技术标准、评价标准和取样方法进行调查。在全面的野外调查和室内化验分析、获取大量耕地质量等级相关信息的基础上，再进行烟台市耕地质量等级的综合评价。

第一节 资料收集

烟台市的耕地质量等级调查是在充分利用现有资料的基础上，结合此次调查结果，利用"3S"（遥感 RS、全球定位系统 GPS、地理信息系统 GIS）技术进行综合分析和评价，因此资料收集是其中一项重要的内容。

一、图件资料

烟台市地图、地形地貌图、土地利用现状图、农田水利分区图、基本农田保护规划图、主要污染源点位图；全国第二次土壤普查的土壤图、土壤耕层质地及土体构型图、土壤有机质含量分布图、土壤全氮及碱解氮含量分布图、土壤全磷及有效磷含量分布图、土壤速效钾含量分布图等图件资料。

二、数据及文本资料

烟台市农作物、蔬菜及果树种植面积统计资料，农村及农业生产基本情况资料（县、乡、村的土地情况、人口情况、农作物布局、国内生产总值等）、全国第二次土壤普查土壤农化分析样采样点基本情况及化验结果数据表、土壤肥力普查土壤采样点基本情况及化验结果数据表、耕地质量等级调查点基本情况及土壤样品化验结果数据表、耕地环境质量调查点基本情况及土壤样品化验结果数据表、土壤志、土种志。相关气象资料、肥料肥效试验资料、历年肥情资料、特色农产品分布、数量资料、各县（市、区）历年化肥销售及使用情况。

三、野外调查

调查内容主要有：采样地点、方法、户主姓名、家庭人口、耕地面积、采样地块面积、当前种植作物土壤类型、采样深度、立地条件、剖面性状、土壤排灌状况、污染情况、种植制度、设施类型、投入费用情况以及产销收入情况。

第二节　样品采集

样品的采集是土壤测试的一个重要环节，采集有代表性的样品，是如实反映土壤客观情况、准确掌握测土配方施肥的先决条件。因此，选择有代表性的地段和采集有代表性的土壤样品，并根据不同分析项目采用相关的采样和处理方法是十分重要的。为了使耕地质量等级评价工作获取科学、严谨、准确的数据，笔者组织了专业人员和熟悉当地基本情况的人员，首先了解区域耕地基本状况，掌握采样方法和调查技术，然后根据实际情况制定采样计划，科学布点，既满足了耕地质量等级评价对样品数量和代表性的要求，节约经费和时间，又提高了工作效率。通过样品采集、调查、分析化验等工作，获得了大量的资料和数据，为准确把握耕地的综合生产力、土壤养分及质量等级现状，以及指导耕地质量保护与建设、农业结构调整规划、耕地的改良与利用、生态环境建设、农民科学施肥，实现农业增效、农民增收，促进农业可持续发展奠定了坚实的基础，提供了科学依据。

一、布点原则

土壤是个不均一体，影响它的因素是错综复杂的。土壤养分的时空变异对分析结果影响很大。空间上，自然因素包括地形（高度、坡度）、母质等；人为因素有耕作、施肥等，特别是耕作、施肥往往导致土壤养分分布的不均匀；时间上，有些土壤养分含量会随季节的变化而发生很大改变，如速效钾、有效磷含量等可相差1～2倍。因此，土壤采样布点本着实际情况与科学研究相结合的原则。

（一）室内布点，既有代表性又有均匀性

首先，整理编绘土壤图，确定不同耕地类型的土种数量，根据密度要求确定各县（市、区）总采样点数。其次，根据土种、利用现状（作物熟制、果树等）、肥力水平统计各因素采样点数，并进行调整，在土壤图上标注初步计划的取土点位，以备确定采样单元。标注时特别注意代表性和均匀性。

（二）根据图上定位，确定现场样点

以土壤图（土种）与土地利用现状图（精确到村级）的叠加图斑为采样单元，并标注在图上。采样人员带着图到实地，在位于采样单元相对中心位置的典型地块定点取样。这样做的好处是可以先在图上观察样点分布的均匀度，必要时进行适当调整。田间调查人员根据在图上确定的点位到田间用GPS定位，记录经纬度（精确到0.1″）。GPS使用正确与否是保证数据准确性的重要前提，因此，在调查前首先对有关技术人员进行集中培训，并相互校验即将使用的GPS定位仪，以确保GPS定位仪的准确性。为保证定位精度，定位仪需要专人操作。

二、采样单元

土壤样品的采集是土壤测试的一个重要技术环节。采集有代表性的样品，是如实反

映土壤客观情况的先决条件。为保证土壤样品的代表性，采取以下技术措施控制采样误差：

本次采样平均以 200～300 公顷为一个单元。为便于田间示范追踪和施肥分区需要，采样集中在典型农户中进行，采样单元相对在中心部位，以一个 0.07～0.70 公顷的典型地块为主。

三、采样时间

上茬作物已经基本完成生育进程即将收获或收获后，下茬作物播种前或还没有施肥前，以能反映采样地块的真实质量等级为最佳采样时间。本次采样小麦、春播作物是在播种前；菜地在蔬菜收获后，下茬蔬菜施基肥前；苹果在秋季摘果后；大樱桃在夏季采摘后进行。

四、采样点数量

为保证有足够的样品数量，使之能代表采样单元的土壤特性，采样点依据田块面积、地块形状，严格按照采样技术规程要求准确定位和规范进行，每个样品采样点数都在 15 个以上。

五、采样路线

采样时沿着一定的线路，按照随机、等量和多点混合的原则进行。对于面积较大的地块和长宽比例大的地块，一般采用 S 形布点采样，较好地克服了耕作、施肥等造成的误差；在地形较小、质量等级较均匀、采样单元面积较小的情况下，采用棋盘形布点取样。采样时尽量避开路边、田埂、沟边、肥堆等特殊部位。

六、采样深度

粮田垂直深度为 0～20 厘米，蔬菜田为 0～25 厘米，果园为 0～40 厘米。

七、采样方法

每个采样点的取土深度及采样量均一致，土样上层与下层的比例基本相同。取样工具统一用不锈钢土钻；容重土样用环刀采集，选在作物根系附近，耕层采样深度为 10～15 厘米，亚耕层为 30～35 厘米，各打三个环刀取土。

八、调查内容及调查表的填写

调查表格涉及采样地块的立地条件、农户施肥管理、产量水平等诸多内容，是耕地质量等级评价的基础材料之一，许多因素是耕地评价的指标，因此，调查表格都要按要求认真填写。调查前组织野外调查人员认真阅读填表说明，统一培训并模拟填写，达到理解正确、掌握标准一致后再进行野外调查工作。表格中部分内容如土壤类型、土壤质地等先在室内填写，再到野外校验。施肥管理等内容向田块户主询问，按表格内容逐项进行填写。野外调查内容在野外完成，如有漏填立即于当天补填。

九、样品重量

一个混合土样取土重量为 1 千克左右，如果样品数量太多，则用四分法将多余的样品弃去。方法是将采集的土壤样品放在盘子里或塑料布上，弄碎、混匀，铺成圆形，划对角线将土样平均分成 4 份，把对角的两份分别合并成一份，保留一份，弃去一份。如果所得的样品依然很多，再用四分法处理，直至所需数量为止。

十、样品标记

采集的样品放入统一的样品袋，用铅笔写好标签，内外各放一张，标签填写清楚、正确，样式如表 3-1 所示。

表 3-1　土壤采样标签

统一编号		邮　　编	
户　　名		联系电话	
采样时间	年　　月　　日　　时		
采样地点	镇（街）　　　村	地块方位	方向　　　米
经　　度		纬　　度	
采样深度		采样点数	采样人

第三节　土壤样品的制备

一、风干样品

从野外采回的土壤样品及时放在样品盘上，摊成薄薄的一层，置于干净整洁的室内通风处自然风干，严禁暴晒，并注意防止酸、碱等气体及灰尘的污染。风干过程中经常翻动土样并将大土块捏碎以加速干燥，同时剔除动植物残体、石块等土壤以外的侵入体。

二、试样分析

（一）一般化学分析试样

将风干的样品平铺在制样板上，用木棍或塑料棍碾压，并随时将动植物残体、石块等侵入体和铁锰结核等新生体剔除干净，细小易断的植物须根，采用静电吸附的方法清除。压碎的土样全部通过 2 毫米孔径筛。未过筛的土粒重新碾压过筛，直至全部样品通过 2 毫米孔径筛为止。过 2 毫米孔径筛的土样供 pH、盐分、交换性能及有效养分项目测定。将通过 2 毫米孔径筛的土样用四分法取出一部分继续研磨，使之全部通过 0.25 毫米孔径筛，供有机质、全氮项目的测定。

（二）微量元素分析试样

用于微量元素分析的土样，其处理方法同一般化学分析样品，但在采样、风干、研磨、过筛、运输、贮存等诸环节中不接触金属器具，以避免污染。如采样、制样使用木、竹或塑料工具，过筛使用尼龙网筛等，通过 2 毫米尼龙网筛的样品用于测定土壤有效态微量元素。

风干后的土样按照不同的分析要求研磨过筛，充分混匀后，装入样品瓶中备用。瓶内外各放一张标签，写明编号、采样地点、土壤名称、采样深度、样品粒径、采样日期、采样人及制样时间、制样人等项目。制备好的样品妥善贮存，避免日晒、高温、潮湿和酸碱等气体的污染。全部分析工作结束，分析数据核实无误后，试样按要求保存3个月至1年，以备查询。少数有价值需长期保存的样品，保存于广口瓶中，用蜡封好瓶口。

第四节　样品分析与质量控制

一、分析项目与方法

样品的室内分析是了解土壤理化性状的重要手段。根据《测土配方施肥技术规范（2011年修订版）》测试分析项目的要求，确定本次耕地质量等级评价化验分析项目为16项。各项目分析方法以国家标准或行业标准为首选分析方法（表3-2）。

表3-2　样品分析项目测定方法

分析项目	执行标准	测定方法名称
pH	NY/T 1121.2—2006	玻璃电极法
有机质	NY/T 1121.6—2006	重铬酸钾—硫酸溶液油浴法
有效磷	NY/T 1121.7—2006	碳酸氢钠浸提—钼锑抗比色法
速效钾	NY/T 889—2004	乙酸铵浸提—火焰光度计法
全氮	NY/T 53—1987	半微量开氏法
缓效钾	NY/T 889—2004	硝酸浸提—火焰光度计法
有效铜	NY/T 890—2004	DTPA 浸提—原子吸收法
有效锌	NY/T 890—2004	DTPA 浸提—原子吸收法
有效铁	NY/T 890—2004	DTPA 浸提—原子吸收法
有效锰	NY/T 890—2004	DTPA 浸提—原子吸收法
有效钼	NY/T 1121.9—2006	草酸—草酸铵浸提法
有效硼	NY/T 1121.8—2006	沸水浸提—甲亚胺比色法
交换性钙	NY/T 1121.13—2006	乙酸铵交换—原子吸收法
交换性镁	NY/T 1121.13—2006	乙酸铵交换—原子吸收法
有效硫	NY/T 1121.14—2006	磷酸盐—乙酸提取硫酸钡比浊法
容重	NY/T 1121.4—2006	环刀法

二、质量控制

分析质量受试样、方法、试剂、仪器、环境及分析人员素质等多方面因素制约，直接影响分析结果的准确度和精密度。为保证化验结果的可靠性及化验室之间的可比性，采取了严格的质量控制措施。为确保耕地质量等级调查检测结果准确可靠，编制了详细的质量计划，对化验室的质量体系进行了审核，对参加检验的人员进行了集中培训，分配了检验任务，每两人为一组承担一个检验项目并对结果负责，编制了统一的原始记录表格，制定质量控制措施。

（一）仪器设备及标准物质的购置和管理

为了保证检测结果的准确性和可靠性，对检测仪器设备和标准物质加以控制，确保仪器设备处于正常状态以满足检验工作的要求。严格按相关文件的要求，根据检验参数，配备全部仪器设备和标准物质，并对所有仪器设备进行检定和运行检查，贴上合格标识，方可使用。

（二）对所用化学试剂严格验收程序，保证试剂的质量

对用于检测工作中的外部支持服务和外购物品实行有效控制，以确保外部支持服务和供应的质量，使其符合检验工作的要求，保证检验结果的可靠性。

（三）化验分析方法严格执行国家或行业标准

为使检测结果能真实反映检测对象的特性，对检验方法的采用做出统一规定，确保对检验过程进行有效控制。所用检验方法都由技术负责人确认，保证采用的检验方法为现行有效版本。

（四）坚持平行试验、再现性试验，提高精密度，减少随机误差

对控制样品进行多次重复测定，由所得结果计算出控制样的平均值 $\bar{x}$ 和标准差 s，绘制精密度控制图，纵坐标为测定值，横坐标为获得数据的顺序。将平均值 $\bar{x}$ 作成与横坐标平行的中心线 CL，$\bar{x} \pm 3s$ 为上下控制限 UCL 及 LCL，$\bar{x} \pm 2s$ 为上下警戒限 UWL 及 LWL。在进行试样例行分析时，每批带入控制样，其测定数据在控制图上打点，如果打在控制限外，确定为"超控"，该批结果全部为错误结果，立即找出原因，采取适当措施，等"回控"后再重复测定，如果控制样的结果落在控制限和警戒限之间，说明精密度已不理想，应引起注意。

（五）坚持双人双检，严格校核、签字及记录的修改制度

检验人员负责检验原始记录、仪器设备、标准物质（含标准溶液）使用记录的填写。各种质量记录客观、规范、准确和及时地直接填写在规定格式的原始记录纸上。原始记录由检验者在现场亲自填写，不得事后追记。一项检验有 2 人或 2 人以上操作人员时，指定一人承担记录。校核人对记录的规范性和计算的准确性进行审核，检查无误后签字。原始记录不允许随意更改和删减，数据必须更改时，用两条平行线将错误数据划掉，将正确数据写在其正上方，并在错误数据上加盖更改人印章。

（六）全程序空白值试验

全程序空白值是指用一方法测定某物质时，除样品中不含该测定物质外，整个分析过程的全部因素引起的测定信号值或相应浓度值。每次测定两个平行样，用于校正仪器零点或检查是否在允许范围内。

（七）准确度控制，坚持使用标准样品，进行内参样掺插

利用土壤标准样品及参比样品进行分析质量控制。土壤标准样品用于检验考核化验室、分析人员的技术水平和分析方法的评价，直接从国家标准物质中心购买。农业农村部

也提供了标准土样。参比样品由山东省土壤肥料总站、山东省土壤肥料测试中心统一组织制作，分发至所需化验室，用统一的方法进行检测，经整理统计后，其平均值和标准差作为日常分析工作的参比值。

（八）加标回收率试验

取两份相同的样品，一份加入已知量的标准物，在同一条件下测定其含量，计算已知量的回收率，可作为准确度的指标：

$$回收率(\%) = \frac{测得总量 - 样品含量}{标准加入量} \times 100\%$$

（九）检验结果与其他化验室作对比

为提高化验室之间分析结果的可比性，积极参加上级化验室组织的样品比对实验或用同一控制样品主动与同级化验室进行比对实验，通过数理分析，对差异的数据查明原因、采取措施。

第四章　耕地质量等级评价方法

耕地在农业的发展中具有不可替代的作用，耕地质量的好坏直接影响到农产品的产量水平和质量，从而影响农业生产的效率和效益。耕地质量评价是耕地利用分区的主要技术依据和决策因素，并为随时掌握各个不同时期的耕地质量动态演化规律，为种植业结构调整、优势农产品区域布局规划以及无公害农产品生产基地的建设等提供有效的基础性技术支持，从而为保障国家粮食安全和提高农民收入服务，在整个国民经济建设中具有重大的意义。

第一节　评价的依据、原则

一、评价依据

耕地质量代表着耕地本身的生产能力，因此耕地质量的评价则依据与此相关的各类自然和社会经济要素，具体包括三个方面：

（一）耕地质量的自然环境要素

包括耕地所处的地形地貌条件、水文地质条件、成土母质条件以及土地利用状况等。

（二）耕地质量的土壤理化要素

包括土壤剖面与质地构型、耕层厚度、质地、容重等物理性状；有机质、氮、磷、钾等主要养分，微量元素、pH、交换量等化学性状。

（三）耕地质量的农田基础设施条件

包括耕地的灌排条件、水土保持工程建设、培肥管理条件等。

二、评价原则

耕地质量就是耕地的生产能力，是在一定区域内的一定土壤类型上，耕地的土壤理化性状、所处自然环境条件、农田基础设施及耕作施肥管理水平等因素的总和。根据评价的目的要求，在烟台市耕地质量评价中，应遵循以下基本原则：

（一）综合因素研究与主导因素分析相结合原则

土地是一个自然经济综合体，是人们利用的对象，对土地质量的鉴定涉及自然和社会经济多个方面，耕地质量也是各类要素的综合体现。所谓综合因素研究是指对地形地貌、土壤理化性状、相关社会经济因素的总体进行全面研究、分析与评价，以全面了解耕地质量状况。主导因素是指对耕地质量起决定作用的、相对稳定的因子，在评价中要着重对其进行研究分析。因此，把综合因素与主导因素结合起来进行评价，可以对耕地质量作出科学准确的评定。

（二）共性评价与专题研究相结合原则

烟台市耕地利用存在水浇地、旱地、菜地和灌溉水田等多种类型，土壤理化性状、环境条件、管理水平等不一，因此耕地质量水平有较大的差异。考虑市内耕地质量的系统、可比性，针对不同的耕地利用等状况，应选用统一的评价指标和标准。另一方面，为了解不同利用类型的耕地质量状况及其内部的差异情况，对有代表性的主要类型耕地（如菜地等）进行专题的深入研究。这样共性的评价与专题研究相结合，使整体评价和研究具有更大的应用价值。

（三）定量和定性相结合的原则

土地系统是一个复杂的灰色系统，定量和定性要素共存，相互作用、相互影响。因此，为了保证评价结果的客观合理，宜采用定量和定性评价相结合的方法。在总体上，为了保证评价结果的客观合理，尽量采用定量评价方法，对可定量化的评价因子如有机质等养分含量、土层厚度等按其数值参与计算，对非数量化的定性因子如土壤表层质地、土体构型等则进行量化处理，确定其相应的指数，并建立评价成果数据库，以计算机进行运算和处理，尽量避免人为随意性因素影响。在评价因素筛选、权重确定、评价标准、等级确定等评价过程中，尽量采用定量化的数学模型，在此基础上则充分运用人工智能和专家知识，对评价的中间过程和评价结果进行必要的定性调整，定量与定性相结合，从而保证评价结果的准确合理。

（四）采用卫星遥感和 GIS 支持的自动化评价方法原则

自动化、定量化的土地评价技术方法是当前土地评价的重要方向之一。近年来，随着计算机技术，特别是遥感和 GIS 技术在土地评价中的不断应用和发展，应用卫星遥感获取实时性现状信息、基于 GIS 技术进行自动定量化评价的方法已不断成熟，使土地评价的精度和效率大大提高。本次的耕地质量评价工作将采用最新 SPOT－5 卫星遥感数据提取和更新耕地资源现状信息，通过数据库建立、评价模型及其与 GIS 空间叠加等分析模型的结合，实现了全数字化、自动化的评价流程，在一定程度上代表了当前耕地评价的最新技术方法。

第二节　耕地质量等级评价方法与步骤

一、耕地质量等级评价技术流程

烟台市耕地质量等级评价按照全国统一的技术要求，分为三个方面，依据先后次序分别为：

（一）资料准备

依据耕地质量等级评价的目的、任务、方法，收集与评价有关的自然及社会经济、土壤、地貌、灌排、土壤养分等资料，进行分析与规范化处理。

（二）耕地质量等级评价及数据库建立

依据土种、耕地、行政区划等综合信息，划分评价单元，提取与耕地质量等级评价有关的因素并确定权重，选择全国统一要求的县域耕地质量等级评价系统与评价方法，通过计算机耕地质量等级评价及验证，确定耕地质量等级。在县域耕地资源管理信息系统上，结合耕地质量等级评价成果，评价有关的土壤、地貌、灌排、点位等基础图件和大、中、微量土壤养分图件，建立烟台市耕地质量等级评价成果数据库。

（三）评价结果分析及成果编制

依据烟台市耕地质量等级评价及验证后结果，量算耕地质量各等级的耕地面积，分析耕地质量问题，编制耕地质量等级评价章节报告，提出耕地资源可持续利用的措施及建议。

烟台市耕地质量等级评价流程如图4-1所示。

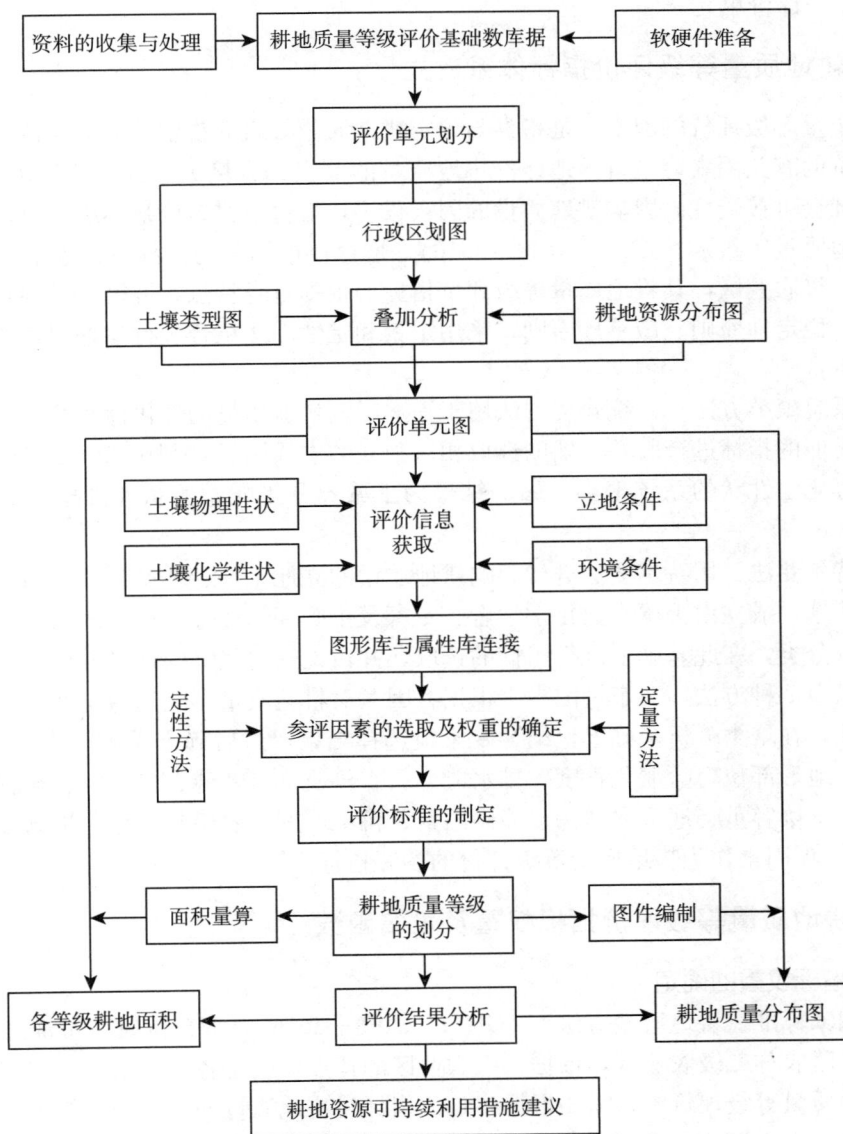

图4-1 烟台市耕地质量等级评价流程

二、耕地质量等级评价单元划分

根据因素的差异性、相似性和边界完整性原则，采用土壤类型图、耕地资源分布图和行政区划图的叠加分析划分评价单元，形成评价单元图。对土壤养分中的氮、磷、钾、pH、有机质数据，采用空间插值方法，将点位数据转化为栅格数据后叠加到评价单元图上，获取各评价单元数据信息；对灌溉能力，采用本次编制的灌溉分布图，将面中的属性赋给评价单元图；地貌类型等专题图，则直接与评价单元图进行叠加，获取与评价有关的评价指标信息。通过土壤、耕地、行政区划综合信息的叠加处理，烟台市耕地质量被划分为389 335个评价单元。

三、耕地质量等级评价指标体系建立

耕地质量等级评价的因素，是指参与评定耕地质量等级的耕地的有关属性。正确地选取参与评价的有关因素，是科学地评价耕地质量的前提，直接关系到评价结果的正确性、科学性和社会可接受性。影响耕地质量的因素很多，烟台市耕地质量等级评价，依据国家标准《耕地质量等级》（GB/T 33469—2016）。烟台市被划归为黄淮海级农业区中的山东丘陵农林二级农业区，其耕地质量等级评价指标，根据自身特点，遵循主导因素原则、差异性原则、稳定性原则、敏感性原则，采用定量和定性方法结合进行参评因素的选取，主要方法如下：

（1）系统聚类方法　系统聚类方法用于筛选影响耕地质量的理化性质等定量指标，通过聚类将类似的指标进行归并，辅助选取相对独立的主导因子。利用SPSS统计软件进行土壤养分等化学性状的系统聚类，聚类结果为土壤养分等化学性状评价指标的选取提供依据。

（2）特尔斐法　用特尔斐法进行影响耕地质量的立地条件、环境条件、物理性状等定性指标的筛选，成立由土壤农业化学学者、专家及土肥部门业务人员组成的专家组，首先对指标进行分类，在此基础上进行指标的选取，并讨论确定最终的选择方案。

综合以上2种方法，在定量因素中根据各因素对耕地质量影响的稳定性，以及营养元素的全面性，在聚类分析基础上，结合专家组选择结果，最后确定灌溉能力、耕层质地、质地构型、地形部位、盐渍化程度、排水能力、有机质、有效磷、速效钾、酸碱度、有效土层厚度、土壤容重、地下水埋深、障碍因素、耕层厚度、农田林网化、生物多样性、清洁程度共18项因素作为耕地质量等级评价的参评指标。

四、耕地质量等级评价指标权重及隶属函数

（一）指标权重的确定

参照国家标准《耕地质量等级》（GB/T 33469—2016），烟台市属于黄淮海级农业区中的山东丘陵农林二级农业区，依据二级农业区的特点，确定各参评指标的权重。

在耕地质量等级评价中，需要根据各参评指标对耕地质量的贡献确定权重，确定权重的方法很多，本次评价中采用层次分析法（AHP）来确定各参评指标的权重。层次分析法（AHP）是在定性方法基础上发展起来的定量确定参评指标权重的一种系统分析方法，

这种方法可将人们的经验思维数量化，用以检验决策者判断的一致性，有利于实现定量化评价。AHP法确定参评指标的步骤如下：

1. 建立层次结构

耕地质量为目标层（G层），影响耕地质量的立地条件、物理性状、化学性状、环境条件为准则层（C层），再把影响准则层中各元素的项目作为指标层（A层）。例如，烟台市的层次结构如图4-2所示。

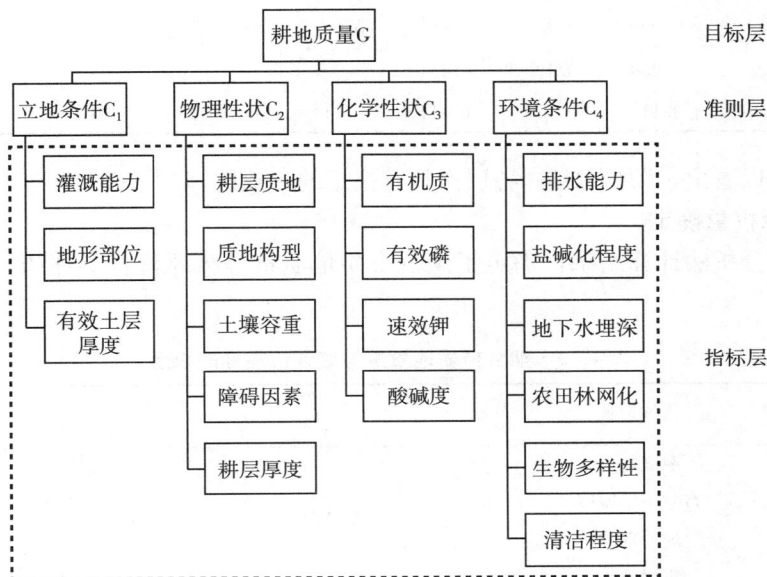

图4-2　烟台市耕地质量等级评价指标层次结构

2. 构建判断矩阵

根据专家经验，确定C层对G层以及A层对C层的相对重要程度，并构成判断矩阵。例如，烟台市的立地条件、物理性状、化学性状、环境条件对耕地质量的判断矩阵如表4-1所示。表中，数字表示对耕地质量（G）而言，立地条件、物理性状、化学性状、环境条件两两比较的相对重要性的数值。

表4-1　烟台市耕地质量等级评价G层次判断矩阵

耕地质量	立地条件	物理性状	化学性状	环境条件
立地条件	1.000 0	1.835 5	2.018 2	4.955 4
物理性状	0.544 8	1.000 0	1.099 5	2.699 8
化学性状	0.495 5	0.909 5	1.000 0	2.455 8
环境条件	0.201 8	0.370 4	0.407 2	1.000 0

3. 层次单排序及一致性检验

即求取A层对C层的权数值，可归结为计算判断矩阵的最大特征根对应的特征向量。利用SPSS等统计软件，得到各权数值及一致性检验的结果。例如，烟台市各层次的权数值及一致性检验结果如表 4-2 所示。

表 4-2 烟台市耕地质量等级评价各层次的权数值及一致性检验结果

矩阵	特征向量					CI（一致性指标）	CR（一致性比率）
矩阵 G	0.446 0	0.243 0	0.221 0	0.090 0		0	0<0.1
矩阵 C1	0.374 4	0.349 8	0.275 8			0	0<0.1
矩阵 C2	0.423 8	0.288 1	0.123 5	0.082 3	0.082 3	0	0<0.1
矩阵 C3	0.389 1	0.239 8	0.190 1	0.181 0		0	0<0.1
矩阵 C4	0.444 4	0.111 1	0.111 1	0.111 1	0.111 1	0.111 1	0	0<0.1

从表中可以看出，CR<0.1，各层次具有很好的一致性。

4. 各指标权重确定

采用层次分析法计算结果，确定了烟台市耕地质量等级评价各参评指标的权重，如表 4-3 所示。

表 4-3 烟台市耕地质量等级评价指标的权重

指标名称	指标权重
灌溉能力	0.167
有效土层厚度	0.156
地形部位	0.123
耕层质地	0.103
有机质	0.086
质地构型	0.070
有效磷	0.053
速效钾	0.042
酸碱度	0.040
排水能力	0.040
土壤容重	0.030
障碍因素	0.020
耕层厚度	0.020
地下水埋深	0.010
农田林网化	0.010
盐渍化程度	0.010
生物多样性	0.010
清洁程度	0.010

（二）隶属函数的建立

隶属函数类型包括概念型、戒上型、戒下型、峰型、直线型共 5 类函数。对概念型指标，直接采用特尔斐法给出隶属度，如表 4-4、表 4-5 所示。

表 4-4　概念型指标隶属度（一）

项目	参评指标分级及隶属度										
有效土层 厚度（厘米）	≥100	60~100	30~60	<30							
隶属度	1	0.8	0.6	0.4							
耕层质地	中壤	轻壤	重壤	黏土	砂壤	砾质壤土	砂土	砾质砂土	壤质 砾石土	砂质 砾石土	
隶属度	1	0.94	0.92	0.88	0.8	0.55	0.5	0.45	0.45	0.4	
土壤容重	适中	偏轻	偏重								
隶属度	1	0.8	0.8								
质地构型	夹黏型	上松 下紧型	通体壤	紧实型	夹层型	海绵型	上紧 下松型	松散型	通体沙	薄层型	裸露岩石
隶属度	0.95	0.93	0.9	0.85	0.8	0.75	0.75	0.65	0.6	0.4	0.2
生物多样性	丰富	一般	不丰富								
隶属度	1	0.8	0.6								
清洁程度	清洁	尚清洁									
隶属度	1	0.8									
障碍因素	无	夹砂层	砂姜层	砾质层							
隶属度	1	0.8	0.7	0.5							
灌溉能力	充分满足	满足	基本满足	不满足							
隶属度	1	0.85	0.7	0.5							
排水能力	充分满足	满足	基本满足	不满足							
隶属度	1	0.85	0.7	0.5							
农田林网化	高	中	低								
隶属度	1	0.8	0.6								
pH	≥8.5	8~8.5	7.5~8	6.5~7.5	6~6.5	5.5~6	4.5~5.5	<4.5			
隶属度	0.5	0.8	0.9	1	0.9	0.85	0.75	0.5			
耕层厚度 （厘米）	≥20	15~20	<15								
隶属度	1	0.8	0.6								
盐碱化程度	无	轻度	中度	重度							
隶属度	1	0.8	0.6	0.35							
地下水埋深 （米）	≥3	2~3	<2								
隶属度	1	0.8	0.6								

表 4-5　概念型指标隶属度（二）

项目	参评指标分级及隶属度				
地形部位	低海拔湖积平原	低海拔湖积冲积平原	低海拔冲积湖积平原	低海拔冲积湖积三角洲平原	低海拔湖积冲积三角洲平原
隶属度	1	1	1	1	1
地形部位	低海拔冲积平原	低海拔洪积平原	低海拔冲积洪积平原	低海拔冲积扇平原	低海拔洪积扇平原
隶属度	1	1	1	1	1
地形部位	低海拔冲积洪积扇平原	低海拔河谷平原	低海拔侵蚀冲积黄土河谷平原	低海拔侵蚀剥蚀平原	低海拔泻湖洼地
隶属度	1	1	0.95	0.95	0.9
地形部位	低海拔冲积洼地	低海拔冲积洪积洼地	低海拔侵蚀剥蚀低台地	低海拔喀斯特侵蚀低台地	低海拔冲积洪积低台地
隶属度	0.9	0.9	0.85	0.85	0.85
地形部位	低海拔洪积低台地	低海拔海蚀低台地	低海拔半固定缓起伏沙地	低海拔固定缓起伏沙地	低海拔冲积高地
隶属度	0.85	0.85	0.85	0.85	0.85
地形部位	低海拔冲积决口扇	低海拔河流低阶地	低海拔冲积河漫滩	低海拔湖积低阶地	低海拔湖积冲积洼地
隶属度	0.85	0.85	0.85	0.85	0.85
地形部位	低海拔湖滩	低海拔湖积微高地	低海拔熔岩平原	低海拔冲积海积平原	低海拔冲积海积洼地
隶属度	0.85	0.85	0.85	0.85	0.8
地形部位	低海拔海积冲积平原	低海拔海积冲积三角洲平原	中海拔干燥剥蚀高平原	中海拔干燥洪积平原	中海拔侵蚀冲积黄土河谷平原
隶属度	0.8	0.8	0.8	0.8	0.8
地形部位	中海拔河谷平原	中海拔冲积平原	中海拔洪积平原	中海拔冲积洪积平原	中海拔洪积扇平原
隶属度	0.8	0.8	0.8	0.8	0.8
地形部位	中海拔湖积平原	中海拔冲积湖积平原	中海拔湖积冲积平原	低海拔熔岩低台地	低海拔海蚀低阶地
隶属度	0.8	0.8	0.8	0.8	0.75
地形部位	低海拔海滩	低海拔冲积海积微高地	低海拔海积冲积微高地	低海拔冲积海积三角洲平原	中海拔干燥剥蚀低台地
隶属度	0.75	0.75	0.75	0.75	0.7
地形部位	中海拔侵蚀剥蚀低台地	中海拔半固定缓起伏沙地	中海拔固定缓起伏沙地	中海拔冲积洪积低台地	中海拔洪积低台地
隶属度	0.7	0.7	0.7	0.7	0.7

第四章 耕地质量等级评价方法

（续）

项目	参评指标分级及隶属度				
地形部位	中海拔河流低阶地	中海拔冲积河漫滩	中海拔湖滩	中海拔湖积低阶地	低海拔侵蚀剥蚀高台地
隶属度	0.7	0.7	0.7	0.7	0.7
地形部位	低海拔喀斯特侵蚀高台地	低海拔侵蚀堆积黄土峁梁	低海拔侵蚀堆积黄土斜梁	低海拔侵蚀堆积黄土梁塬	低海拔侵蚀冲积黄土台塬
隶属度	0.7	0.7	0.7	0.7	0.7
地形部位	低海拔侵蚀堆积黄土岗地	低海拔侵蚀堆积黄土塬	低海拔洪积高台地	低海拔冲积洪积高台地	低海拔侵蚀冲积黄土河流高阶地
隶属度	0.7	0.7	0.7	0.7	0.7
地形部位	低海拔河流高阶地	低海拔海蚀高台地	低海拔海积洼地	低海拔海积平原	侵蚀剥蚀低海拔低丘陵
隶属度	0.7	0.7	0.7	0.7	0.65
地形部位	喀斯特侵蚀低海拔低丘陵	侵蚀剥蚀低海拔熔岩低丘陵	中海拔侵蚀堆积黄土塬	中海拔侵蚀堆积黄土梁塬	中海拔侵蚀堆积黄土残塬
隶属度	0.65	0.65	0.65	0.65	0.65
地形部位	中海拔干燥洪积高台地	中海拔洪积高台地	中海拔侵蚀冲积黄土台塬	黄土覆盖中起伏低山	侵蚀剥蚀中海拔低丘陵
隶属度	0.65	0.65	0.65	0.5	0.5
地形部位	侵蚀剥蚀小起伏低山	喀斯特侵蚀小起伏低山	喀斯特小起伏低山	侵蚀剥蚀小起伏熔岩低山	黄土覆盖小起伏低山
隶属度	0.5	0.5	0.5	0.5	0.5
地形部位	中海拔侵蚀剥蚀高台地	中海拔熔岩高台地	中海拔干燥剥蚀高台地	低海拔陡深河谷	侵蚀剥蚀低海拔高丘陵
隶属度	0.5	0.5	0.5	0.5	0.5
地形部位	喀斯特侵蚀低海拔高丘陵	侵蚀剥蚀低海拔熔岩高丘陵	喀斯特低海拔高丘陵	黄土覆盖小起伏中山	侵蚀剥蚀中海拔高丘陵
隶属度	0.5	0.5	0.5	0.4	0.4
地形部位	侵蚀剥蚀中起伏低山	喀斯特侵蚀中起伏低山	侵蚀剥蚀中起伏熔岩低山	侵蚀剥蚀中起伏中山	喀斯特侵蚀中起伏中山
隶属度	0.4	0.4	0.4	0.35	0.35
地形部位	黄土覆盖中起伏中山	侵蚀剥蚀小起伏中山	喀斯特侵蚀小起伏中山	侵蚀剥蚀大起伏中山	喀斯特侵蚀大起伏中山
隶属度	0.35	0.35	0.35	0.2	0.2

39

对其他数值型指标，应用特尔斐法评估各参评指标等级数值对耕地质量及作物生长的影响，确定其对应的隶属度，在此基础上绘制各指标两组数据的散点图并模拟曲线，得到各参评指标等级数值与隶属度关系方程，从而构建各参评指标隶属函数，如表4－6所示。

表4－6　数值型指标隶属函数模型

指标名称	函数类型	函数公式	a值	c值	U1值	U2值	条件内容
有机质	戒上型	$y = 1/[1 + a \times (u-c)^2]$	0.005 431	18.219 012	0	18.2	＜全部＞
速效钾	戒上型	$y = 1/[1 + a \times (u-c)^2]$	0.000 01	277.304 96	0	277	＜全部＞
有效磷	戒上型	$y = 1/[1 + a \times (u-c)^2]$	0.000 102	79.043 468	0	79	＜110
	戒下型	$y = 1/[1 + a \times (u-c)^2]$	0.000 007	148.611 679	148.6	500	≥110

注：表中，y为隶属度，a为系数，c为标准指标，u为指标实测值，U1为指标下限值，U2为指标上限值。

五、耕地质量等级确定

根据《耕地质量等级》（GB/T 33469—2016），采用指数和法计算各评价单元的耕地质量综合指数。耕地质量综合指数计算公式为：

$$P = -\sum (F_i \times C_i)$$

式中，P为耕地质量综合指数，F_i为第i个评价指标的隶属度，C_i为第i个评价指标的综合权重。

计算耕地质量综合指数之后，采用等距离法将耕地质量划分为十个等级，如表4－7所示。其中，一等地耕地质量相对最好，十等地耕地质量相对最差。

表4－7　烟台市耕地质量等级划分标准

耕地质量等级	综合指数范围
一等	≥0.964
二等	0.933～0.964
三等	0.902～0.933
四等	0.871～0.902
五等	0.840～0.871
六等	0.809～0.840
七等	0.778～0.809
八等	0.747～0.778
九等	0.716～0.747
十等	＜0.716

六、成果图编制及面积量算

为了提高制图的效率和准确性，在地理信息系统软件MapGIS的支持下，进行烟台市耕地质量评价图及相关图件的自动编绘处理，其步骤大致分以下几步：扫描矢量化各基础图件→编辑点、线→点、线校正处理→统一坐标系→编辑并对其赋属性→根据属性赋颜色→根据属性加注记→图幅整饰输出。另外还充分发挥 MapGIS 强大的空间分析功能，用耕地质量评价图与其他图件进行叠加，从而生成其他专题图件，如耕地质量评价图与行政区划图叠加，进而计算各行政区划单位内的耕地质量等级面积等。

（一）地理要素底图的编制

地理要素内容是专题图的重要组成部分，用于反映专题内容的地理分布，并作为图幅叠加处理等的分析依据。地理要素的选择应与专题内容相协调，考虑图面的负载量和清晰度，应选择基本且主要的地理要素。

以烟台市最新的土地利用现状图为基础，对此图进行了制图综合处理，选取主要的居民点、交通道路、水系、境界线等，对其进行相应的注记，进而编辑生成各专题图地理要素底图。

（二）耕地质量评价图的编制

以耕地质量评价单元为基础，根据各单元的耕地质量评价等级结果，对相同等级的相邻评价单元进行归并处理，得到各耕地质量等级图斑。在此基础上，分 2 个层次进行图面耕地质量等级的表示：颜色表示，即赋予不同耕地质量等级以相应的颜色；代号，用罗马数字Ⅰ、Ⅱ、Ⅲ、Ⅳ、Ⅴ等表示不同耕地质量等级，并在耕地质量评价图相应的耕地质量图斑上注明。将专题图与地理要素底图复合，整饰得出烟台市耕地质量评价图。

（三）其他专题图的编制

对于有机质、速效钾、有效磷、有效锌等其他专题要素地图，按照各要素的分级分别赋予相应的颜色，标注相应的代号，生成专题图层。之后与地理要素底图复合，编辑、处理并生成专题图件，进行图幅的整饰处理，最终形成专题图。

第五章　耕地土壤理化性质

第一节　物理性质

一、耕层质地

根据烟台市三调数据耕层质地状况，将耕层质地分为 8 种，分别为：轻壤 2 508 845.86 亩、中壤 1 008 798.74 亩、砂壤 839 884.69 亩、砂土 424 339.27 亩、壤质砾石土 151 418.31 亩、砂质砾石土 147 643.38 亩、砾质壤土 892.32 亩、砾质砂土 255 656.38 亩。其中，轻壤是烟台市主要的耕层质地类型，面积占比约为总耕地面积的 47.00%。

二、质地构型

根据烟台市三调数据质地构型状况，将质地构型分为 6 种，分别为：薄层型 2 108 220.33 亩、夹层型 62 367.89 亩、夹黏型 1 792 272.40 亩、上松下紧型 673.75 亩、通体壤 1 314 265.77 亩，通体砂 59 678.81 亩。其中，薄层型是烟台市主要的质地构型类型，面积占比约为总耕地面积的 39.50%。

三、有效土层厚度

根据烟台市三调数据有效土层厚度的状况，将有效土层厚度分为 4 个等级，分别为：小于 30 厘米的面积为 164 767.10 亩，30～60 厘米的面积为 917 631.42 亩，60～100 厘米的面积为 1 744 378.63 亩，大于等于 100 厘米的面积为 2 510 701.80 亩。其中，大于等于 100 厘米的等级在烟台市总耕地面积占比约为 47.04%。

第二节　化学性质

一、土壤有机质

土壤有机质是指土壤中处于不同分解阶段的各种动植物残体，它是土壤的重要组成部分，是土壤中碳、氮、磷、硫等营养元素的来源。有机质能促进土壤团粒结构的形成，改善土壤物理性质，降低黏土的黏性使之通透易耕，增加砂土的黏性使之不易松散。有机质还是土壤微生物的主要能量来源，没有微生物土壤中就没有生物化学过程。有机质中的腐殖质具有巨大的比表面积和表面能，可提高土壤的阳离子交换量、吸附能力和缓冲能力，从而增加保水保肥能力。

烟台市土壤有机质平均值为 12.17 克/千克。从各县（市、区）看，招远市的土壤有机质平均含量最低，为 10.70 克/千克；莱山区的土壤有机质平均含量最高，为 19.65 克/千克。从土壤类型看，分布较广泛的典型棕壤土壤有机质平均含量为 12.03 克/千克，滨海风沙土壤有机质平均含量为 9.98 克/千克，草甸风沙土土壤有机质平均含量为 7.20 克/千克，潮褐土土壤有机质平均含量为 14.94 克/千克，潮棕壤土壤有机质平均含量为 13.45 克/千克，滨海盐土土壤有机质平均含量为 11.75 克/千克，潮土土壤有机质平均含量为 12.27 克/千克，普通褐土土壤有机质平均含量为 14.22 克/千克，砂姜黑土土壤有机质平均含量为 15.75 克/千克，钙质粗骨土土壤有机质平均含量为 12.62 克/千克，碱化潮土土壤有机质平均含量为 12.30 克/千克，淋溶褐土土壤有机质平均含量为 15.23 克/千克，湿潮土土壤有机质平均含量为 12.98 克/千克，酸性粗骨土土壤有机质平均含量为 11.40 克/千克，盐化潮土土壤有机质平均含量为 13.32 克/千克，中性粗骨土土壤有机质平均含量为 11.37 克/千克，棕壤性土土壤有机质平均含量为 11.58 克/千克。从分布频率看，土壤有机质含量主要集中在 10～15 克/千克区间，含量在这个区间的土壤面积占比达 73.18%。

二、土壤氮素

（一）土壤全氮

土壤全氮是指土壤中各种形态的氮素之和，包括有机态氮和无机态氮。有机态氮包括氨基酸态氮、氨基糖态氮等，无机态氮包括硝态氮和铵态氮。土壤全氮含量与土壤有机质含量之间呈密切正相关，并随土层深度的增加而急剧降低。

烟台市土壤全氮的平均值为 0.88 克/千克。从各县（市、区）看，莱阳市的土壤全氮平均含量最低，为 0.53 克/千克；海阳市的土壤全氮平均含量最高，为 1.42 克/千克。从土壤类型看，分布较广泛的典型棕壤土壤全氮平均含量为 0.85 克/千克，滨海风沙土土壤全氮平均含量为 0.75 克/千克，潮褐土土壤全氮平均含量为 1.02 克/千克，潮棕壤土壤全氮平均含量为 1.00 克/千克，滨海盐土土壤全氮平均含量为 0.79 克/千克，潮土土壤全氮平均含量为 0.87 克/千克，普通褐土土壤全氮平均含量为 0.91 克/千克，砂姜黑土土壤全氮平均含量为 1.08 克/千克，钙质粗骨土土壤全氮平均含量为 0.86 克/千克，碱化潮土土壤全氮平均含量为 1.09 克/千克，淋溶褐土土壤全氮平均含量为 0.92 克/千克，湿潮土土壤全氮平均含量为 1.11 克/千克，酸性粗骨土土壤全氮平均含量为 0.84 克/千克，盐化潮土土壤全氮平均含量为 1.24 克/千克，中性粗骨土土壤全氮平均含量为 1.41 克/千克，棕壤性土土壤全氮平均含量为 0.81 克/千克。从分布频率看，土壤全氮含量主要集中在 0.75～1.00 克/千克区间，含量在这个区间的土壤面积占比达 35.62%。

（二）土壤碱解氮

土壤碱解氮包括无机态氮和简单的有机氮化合物。它是铵态氮、硝态氮和氨基酸、酰胺等简单蛋白质的总和，其中有的可被作物直接吸收，有的可在短期内矿质化变为无机态氮供作物吸收利用。

烟台市土壤碱解氮的平均值为 88.77 毫克/千克。从土壤类型看，分布较广泛的典型棕壤土壤碱解氮平均含量为 90.86 毫克/千克，潮褐土土壤碱解氮平均含量为 108.00 毫克/千克，潮棕壤土壤碱解氮平均含量为 85.31 毫克/千克，潮土土壤碱解氮平均含量为 91.94 毫克/千克，普通褐土土壤碱解氮平均含量为 84.23 毫克/千克，砂姜黑土土壤碱解氮平均含量为 130.00 毫克/千克，钙质粗骨土土壤碱解氮平均含量为 76.16 毫克/千克，淋溶褐土土壤碱解氮平均含量为 74.27 毫克/千克，酸性粗骨土土壤碱解氮平均含量为 86.40 毫克/千克，中性粗骨土土壤碱解氮平均含量为 90.68 毫克/千克，棕壤性土土壤碱解氮平均含量为 86.03 毫克/千克。从分布频率看，土壤碱解氮含量主要集中在 80～100 毫克/千克区间，含量在这个区间的土壤面积占比达 42.50%。

三、土壤有效磷

土壤有效磷是指土壤中能被作物吸收利用的磷，包括直接吸收的和经过转化再吸收的磷。前者如磷酸根离子，后者如吸附态、交换态的磷。在分析方法上，把水溶性磷和枸溶性磷含量之和统称为有效磷。

烟台市土壤有效磷平均值为 54.35 毫克/千克。从各县（市、区）看，芝罘区的土壤有效磷平均含量最低，为 9.65 毫克/千克；龙口市的土壤有效磷平均含量最高，为 77.65 毫克/千克。从土壤类型看，分布较广泛的典型棕壤土壤有效磷平均含量为 52.80 毫克/千克，滨海风沙土土壤有效磷平均含量为 60.81 毫克/千克，草甸风沙土土壤有效磷平均含量为 26.40 毫克/千克，潮褐土土壤有效磷平均含量为 60.48 毫克/千克，潮棕壤土壤有效磷平均含量为 61.41 毫克/千克，滨海盐土土壤有效磷平均含量为 40.80 毫克/千克，潮土土壤有效磷平均含量为 56.86 毫克/千克，普通褐土土壤有效磷平均含量为 45.95 毫克/千克，砂姜黑土土壤有效磷平均含量为 49.53 毫克/千克，钙质粗骨土土壤有效磷平均含量为 46.78 毫克/千克，碱化潮土土壤有效磷平均含量为 19.50 毫克/千克，淋溶褐土土壤有效磷平均含量为 66.57 毫克/千克，湿潮土土壤有效磷平均含量为 46.20 毫克/千克，酸性粗骨土土壤有效磷平均含量为 54.38 毫克/千克，盐化潮土土壤有效磷平均含量为 39.36 毫克/千克，中性粗骨土土壤有效磷平均含量为 46.28 毫克/千克，棕壤性土土壤有效磷平均含量为 55.54 毫克/千克。从分布频率看，土壤有效磷含量主要集中在 40～80 毫克/千克区间，含量在这个区间的土壤面积占比达 63.99%。

四、土壤钾素

（一）土壤缓效钾

按对作物的有效性，土壤中的钾元素可分为矿物钾、缓效钾和速效钾 3 种形态。矿物钾是矿物晶格中深受晶格束缚的钾，如长石、白云母中的钾。缓效钾是三八面体的层状硅酸盐矿物层间和颗粒边缘上的一部分钾，缓效钾可以看成是速效钾的储备，当速效钾被植物吸收而减少时，缓效钾就会释放以补充速效钾的缺失。缓效钾含量的多少，可以反映土壤较长时间的供钾能力，是土壤供钾能力的一个重要指标。

烟台市土壤缓效钾的平均值为 666.94 毫克/千克。从各县（市、区）看，招远市的土壤缓效钾平均含量最低，为 278.56 毫克/千克；栖霞市的土壤缓效钾平均含量最高，为 1 268.04 毫克/千克。从土壤类型看，分布较广泛的典型棕壤土壤缓效钾平均含量为 577.97 毫克/千克，滨海风沙土土壤缓效钾平均含量为 322.00 毫克/千克，潮褐土土壤缓效钾平均含量为 660.57 毫克/千克，潮棕壤土壤缓效钾平均含量为 725.84 毫克/千克，滨海盐土土壤缓效钾平均含量为 441.00 毫克/千克，潮土土壤缓效钾平均含量为 632.36 毫克/千克，普通褐土土壤缓效钾平均含量为 596.67 毫克/千克，砂姜黑土土壤缓效钾平均含量为 642.48 毫克/千克，钙质粗骨土土壤缓效钾平均含量为 1 016.90 毫克/千克，碱化潮土土壤缓效钾平均含量为 715.00 毫克/千克，淋溶褐土土壤缓效钾平均含量为 726.99 毫克/千克，湿潮土土壤缓效钾平均含量为 890.10 毫克/千克，酸性粗骨土土壤缓效钾平均含量为 860.74 毫克/千克，盐化潮土土壤缓效钾平均含量为 489.25 毫克/千克，中性粗骨土土壤缓效钾平均含量为 636.43 毫克/千克，棕壤性土土壤缓效钾平均含量为 787.32 毫克/千克。从分布频率看，土壤缓效钾含量主要集中在 500～750 毫克/千克区间，含量在这个区间的土壤面积占比达 37.38%。

（二）土壤速效钾

速效钾包括交换性钾和水溶性钾。前者是土壤胶体表面负电荷所吸附的钾，流动性较小，但能被交换下来供植物根系吸收利用。后者以离子形态存在于土壤溶液中，流动性大，植物可以直接吸收利用。

烟台市土壤速效钾的平均值为 145.70 毫克/千克。从各县（市、区）看，莱州市的土壤速效钾平均含量最低，为 114.52 毫克/千克；福山区的土壤速效钾平均含量最高，为 251.00 毫克/千克。从土壤类型看，分布较广泛的典型棕壤土壤速效钾平均含量为 141.15 毫克/千克，滨海风沙土土壤速效钾平均含量为 130.55 毫克/千克，草甸风沙土土壤速效钾平均含量为 79.00 毫克/千克，潮褐土土壤速效钾平均含量为 147.64 毫克/千克，潮棕壤土土壤速效钾平均含量为 153.63 毫克/千克，滨海盐土土壤速效钾平均含量为 161.00 毫克/千克，潮土土壤速效钾平均含量为 142.21 毫克/千克，普通褐土土壤速效钾平均含量为 148.02 毫克/千克，砂姜黑土土壤速效钾平均含量为 145.76 毫克/千克，钙质粗骨土土壤速效钾平均含量为 178.33 毫克/千克，碱化潮土土壤速效钾平均含量为 126.00 毫克/千克，淋溶褐土土壤速效钾平均含量为 186.95 毫克/千克，湿潮土土壤速效钾平均含量为 222.22 毫克/千克，酸性粗骨土土壤速效钾平均含量为 148.67 毫克/千克，盐化潮土土壤速效钾平均含量为 111.03 毫克/千克，中性粗骨土土壤速效钾平均含量为 127.47 毫克/千克，棕壤性土土壤速效钾平均含量为 151.93 毫克/千克。从分布频率看，土壤速效钾含量主要集中在 120～180 毫克/千克区间，含量在这个区间的土壤面积占比达 26.96%。

五、土壤交换性钙

土壤中的钙元素分为有机态钙和无机态钙两大类。有机态钙主要是植物残体细胞壁中的果胶酸钙和液泡中的草酸钙。无机态钙又进一步细分为三种形态，即水溶态、交换态和矿物态。水溶态钙存在于土壤溶液中，交换态钙吸附于土壤胶体表面，可与其他阳离子发生交换，是植物可利用的钙。矿物态钙存在于矿物晶格中，不溶于水，也不与其他阳离子交换。土壤中交换态钙含量很高，变幅也很大。交换态钙占土壤全钙量的 5%～60%，一般为 20%～30% 左右，占土壤交换性盐基的 40%～90%。土壤中的交换态钙和水溶态钙保持着动态平衡，水溶态钙因被植物吸收或淋失而浓度降低时，交换态钙即释放到溶液中。

烟台市土壤交换性钙的平均值为 2 480.03 毫克/千克。从土壤类型看，分布较广泛的典型棕壤土壤交换性钙平均含量为 2 475.52 毫克/千克，潮褐土土壤交换性钙平均含量为 2 042.88 毫克/千克，潮棕壤土壤交换性钙平均含量为 2 387.92 毫克/千克，潮土土壤交换性钙平均含量为 2 549.83 毫克/千克，普通褐土土壤交换性钙平均含量为 1 914.91 毫克/千克，砂姜黑土土壤交换性钙平均含量为 2 370.01 毫克/千克，钙质粗骨土土壤交换性钙平均含量为 3 034.54 毫克/千克，淋溶褐土土壤交换性钙平均含量为 3 611.69 毫克/千克，湿潮土土壤交换性钙平均含量为 1 068.00 毫克/千克，酸性粗骨土土壤交换性钙平均含量为 3 388.98 毫克/千克，中性粗骨土土壤交换性钙平均含量为 2 129.71 毫克/千克，棕壤性土土壤交换性钙平均含量为 2 471.28 毫克/千克。从分布频率看，土壤交换性钙含量主要集中在大于 500 毫克/千克区间，含量在这个区间的土壤面积占比达 78.56%。

六、交换性镁

土壤中的镁元素分为有机态镁和无机态镁两大类。有机态镁主要存在于植物残体及其腐解产物中，无机态镁又进一步细分为水溶态、交换态和矿物态 3 种形态。水溶态镁存在于土壤溶液中，交换态镁吸附于土壤胶体表面，可与其他阳离子发生交换，矿物态镁存在于原生和次生矿物中，不溶于水，也不与其他阳离子交换。土壤交换态镁是植物可以利用的镁，其含量是表征土壤供镁状况的主要指标。交换态镁含量与土壤的阳离子交换量、盐基饱和度以及矿物性质有关。阳离子交换量高的土壤，其交换态镁的含量也高，反之则较低。在交换性氢比例较高的酸性土壤中交换态镁的数量也相应降低。

烟台市土壤交换性镁的平均值为 414.60 毫克/千克。从土壤类型看，分布较广泛的典型棕壤土壤交换性镁平均含量为 411.35 毫克/千克，潮褐土土壤交换性镁平均含量为 275.02 毫克/千克，潮棕壤土壤交换性镁平均含量为 364.72 毫克/千克，潮土土壤交换性镁平均含量为 398.42 毫克/千克，普通褐土土壤交换性镁平均含量为 274.57 毫克/千克，砂姜黑土土壤交换性镁平均含量为 221.30 毫克/千克，钙质粗骨土土壤交换性镁平均含量为 512.78 毫克/千克，淋溶褐土土壤交换性镁平均含量为 381.86 毫克/千克，湿潮土土壤交换性镁平均含量为 243.60 毫克/千克，酸性粗骨土土壤交换性镁平均含量为 576.24 毫克/千克，中性粗骨土土壤交换性镁平均含量为 305.73 毫克/千克，棕壤性土土壤交换性镁平均含量为 453.06 毫克/千克。从分布频率看，土壤交换性镁含量主要集中在 400～600 毫克/千克区间，含量在这个区间的土壤面积占比达 45.60%。

七、土壤有效硫

土壤中的硫分为有机态硫和无机态硫两种形态，有机态硫存在于动植物残体和土壤腐殖质中，且因腐殖质结构复杂，硫与之结合比较牢固，不易释放。无机态硫又可细分为易溶态、吸附态和矿物态 3 种。易溶态硫主要是硫酸盐类，呈水溶性和弱酸溶性；吸附态硫即吸附在土壤胶体上的硫酸根，可解析进入土壤溶液，与易溶态硫之间保持着平衡；矿物态硫，即各种原生和次生矿物中的硫，如黄铁矿（FeS_2）、闪锌矿（ZnS）、石膏（$CaSO_4$）等。在生长季节中，能被作物吸收利用的硫称为有效硫，包括易溶态硫和吸附态硫，但通常这两种形态硫的量都很低，因此，多数情况下，硫的供给主要取决于有机态硫的矿化。

烟台市土壤有效硫的平均值为 65.22 毫克/千克。从各县（市、区）看，福山区的土壤有效硫平均含量最低，为 17.32 毫克/千克；栖霞市的土壤有效硫平均含量最高，为 112.67 毫克/千克。从土壤类型看，分布较广泛的典型棕壤土壤有效硫平均含量为 62.36 毫克/千克，滨海风沙土土壤有效硫平均含量为 25.63 毫克/千克，潮褐土土壤有效硫平均含量为 53.94 毫克/千克，潮棕壤土壤有效硫平均含量为 58.49 毫克/千克，滨海盐土土壤有效硫平均含量为 33.00 毫克/千克，潮土土壤有效硫平均含量为 58.95 毫克/千克，普通褐土土壤有效硫平均含量为 38.33 毫克/千克，砂姜黑土土壤有效硫平均含量为 46.32 毫克/千克，钙质粗骨土土壤有效硫平均含量为 56.11 毫克/千克，淋溶褐土土壤有效硫平均含量为 58.40 毫克/千克，湿潮土土壤有效硫平均含量为 19.23 毫克/千克，酸性粗骨土土壤有效硫平均含量为 83.50 毫克/千克，盐化潮土土壤有效硫平均含量为 29.58 毫克/千克，中性粗骨土土壤有效硫平均含量为 39.25 毫克/千克，棕壤性土土壤有效硫平均含量为 77.04 毫克/千克。从分布频率看，土壤有效硫含量主要集中在 45~70 毫克/千克区间，含量在这个区间的土壤面积占比达 31.47%。

八、土壤有效硼

土壤中的硼可粗略地分为水溶态硼、吸附态硼、有机态硼和矿物态硼 4 种。通常认为水溶态硼即有效硼，以游离非离子态的硼酸（H_3BO_3）和 $B(OH)_4^-$ 存在于土壤溶液中。吸附态硼是一个储备库，它维持着土壤溶液的硼浓度，并有助于减少流失，保持土壤硼的供给。矿物态硼存在于含硼矿物中，如电气石等，作物不能利用。有机态硼存在于土壤有机质中，有机质含量高，硼的含量也高。

烟台市土壤有效硼的平均值为 0.60 毫克/千克。从土壤类型看，分布较广泛的典型棕壤土壤有效硼平均含量为 0.67 毫克/千克，滨海风沙土土壤有效硼平均含量为 0.41 毫克/千克，潮褐土土壤有效硼平均含量为 0.59 毫克/千克，潮棕壤土壤有效硼平均含量为 0.65 毫克/千克，滨海盐土土壤有效硼平均含量为 0.20 毫克/千克，潮土土壤有效硼平均含量为 0.65 毫克/千克，普通褐土土壤有效硼平均含量为 0.56 毫克/千克，砂姜黑土土壤有效硼平均含量为 0.55 毫克/千克，钙质粗骨土土壤有效硼平均含量为 0.33 毫克/千克，碱化潮土土壤有效硼平均含量为 0.99 毫克/千克，淋溶褐土土壤有效硼平均含量为 0.47 毫克/千克，湿潮土土壤有效硼平均含量为 0.15 毫克/千克，酸性粗骨土土壤有效硼平均含量为 0.38 毫克/千克，盐化潮土土壤有效硼平均含量为 0.51 毫克/千克，中性粗骨土土壤有效硼平均含量为 0.26 毫克/千克，棕壤性土土壤有效硼平均含量为 0.50 毫克/千克。从分布频率看，土壤有效硼含量主要集中在 0.3~0.8 毫克/千克区间，含量在这个区间的土壤面积占比达 32.94%。

九、土壤有效铜

土壤中的铜可粗略分为水溶态铜、交换态铜和难溶态铜 3 种。有效铜是指作物能够吸收利用的铜，包括水溶态铜和交换态铜，因前者含量甚微，土壤中以后者为主。依据土壤 pH 的高低，水溶态铜呈现不同形态，当 pH 低于 6.9 时，为离子态 Cu^{2+}，当 pH 高于 6.9 时，为络合态 $Cu(OH)_2$。pH 每降低 1 个单位，Cu^{2+} 的溶解度就增加 100 倍。据此可以推断，烟台地区土壤酸化的果园，一般不会缺铜，况且，果树还经常喷含铜的农药，如波尔多液等，导致铜离子大量残留。交换态铜是土壤胶体，主要是有机胶体，所吸附的铜离子和铜的螯合物，不易被其他离子重新交换出来。难溶态铜对作物无效，存在于黄铜矿（$CuFeS_2$）、辉铜矿（Cu_2S）等矿物中。

烟台市土壤有效铜的平均值为 4.40 毫克/千克。从各县（市、区）看，莱山区的土壤有效铜平均含量最低，为 0.45 毫克/千克；栖霞市的土壤有效铜平均含量最高，为 8.60 毫克/千克。从土壤类型看，分布较广泛的典型棕壤土壤有效铜平均含量为 4.22 毫克/千克，滨海风沙土土壤有效铜平均含量为 2.34 毫克/千克，潮褐土土壤有效铜平均含量为 2.51 毫克/千克，潮棕壤土壤有效铜平均含量为 4.42 毫克/千克，滨海盐土土壤有效铜平均含量为 1.51 毫克/千克，潮土土壤有效铜平均含量为 4.08 毫克/千克，普通褐土土壤有效铜平均含量为 2.14 毫克/千克，砂姜黑土土壤有效铜平均含量为 1.69 毫克/千克，钙质粗骨土土壤有效铜平均含量为 4.92 毫克/千克，碱化潮土土壤有效铜平均含量为 0.23 毫克/千克，淋溶褐土土壤有效铜平均含量为 3.60 毫克/千克，湿潮土土壤有效铜平均含量为 5.18 毫克/千克，酸性粗骨土土壤有效铜平均含量为 5.71 毫克/千克，盐化潮土土壤有效铜平均含量为 2.16 毫克/千克，中性粗骨土土壤有效铜平均含量为 2.95 毫克/千克，棕壤性土土壤有效铜平均含量为 5.65 毫克/千克。从分布频率看，土壤有效铜含量主要集中在大于 1.8 毫克/千克区间，含量在这个区间的土壤面积占比达 82.58%。

十、土壤有效锰

土壤中锰的形态复杂，有正二、正三、正四价，依据对作物的有效性可粗略分为活性和非活性两部分。活性锰即有效锰，包括水溶态、交换态和易还原态。水溶态锰和交换态锰，都以二价锰离子（Mn^{2+}）存在，通常以交换态含量为多，水溶态很少；易还原态锰是 $Mn_2O_3 \cdot H_2O$ 中的锰，正三价，因为容易得到电子还原成二价而得名，也被认为是对作物有效的锰；非活性锰即正四价锰（Mn^{4+}），对作物无效。

土壤中正二、正三、正四价锰的氧化物依酸碱情况和还原条件而互相转化。在酸性土壤中，正四价锰减少，而正二价锰增多，pH 每降低 1 个单位，正二价锰离子浓度就增加 100 倍。这也是烟台地区土壤酸化的果园，果树因锰多而中毒罹患粗皮病的原因。氧化条件下，锰由低价向高价转化，故通透性良好的沙质轻质土壤，锰的有效性低。

烟台市土壤有效锰的平均值为 32.25 毫克/千克。从各县（市、区）看，莱山区的土壤有效锰平均含量最低，为 1.79 毫克/千克；栖霞市的土壤有效锰平均含量最高，为 50.81 毫克/千克。从土壤类型看，分布较广泛的典型棕壤土壤有效锰平均含量为 33.08 毫克/千克，滨海风沙土土壤有效锰平均含量为 19.00 毫克/千克，潮褐土土壤有效锰平均含量为 29.49 毫克/千克，潮棕壤土壤有效锰平均含量为 34.09 毫克/千克，滨海盐土土壤有效锰平均含量为 32.25 毫克/千克，潮土土壤有效锰平均含量为 29.08 毫克/千克，普通褐土土壤有效锰平均含量为 18.64 毫克/千克，砂姜黑土土壤有效锰平均含量为 22.04 毫克/千克，钙质粗骨土土壤有效锰平均含量为 24.40 毫克/千克，碱化潮土土壤有效锰平均含量为 1.80 毫克/千克，淋溶褐土土壤有效锰平均含量为 19.34 毫克/千克，湿潮土土壤有效锰平均含量为 14.65 毫克/千克，酸性粗骨土土壤有效锰平均含量为 36.85 毫克/千

克，盐化潮土土壤有效锰平均含量为 39.67 毫克/千克，中性粗骨土土壤有效锰平均含量
为 47.25 毫克/千克，棕壤性土土壤有效锰平均含量为 33.42 毫克/千克。从分布频率看，
土壤有效锰含量主要集中在大于 30 毫克/千克区间，含量在这个区间的土壤面积占比
达 47.46%。

十一、土壤有效钼

土壤中的钼可粗略分为水溶态钼、交换态钼、有机态钼和矿物态钼 4 种。水溶态钼和
交换态钼对作物有效，被称为有效钼。在有效钼中，以交换态钼为主，且以 MoO_4^{2-} 的离
子形态吸附在土壤黏粒和铁铝氧化物上。矿物态钼处在原生和次生矿物晶格中的非交换位
置上，对作物无效。随着有机质的矿化，有机态钼释放出钼离子，作物可以吸收利用。

钼在土壤中以多种化合价出现，其中只有正六价（MoO_4^{2-}）对作物有效。与其他微
量元素不同，钼的有效性随土壤酸度的降低而增加，pH 每升高 1 个单位，MoO_4^{2-} 的活性
相应提高 10 倍。

烟台市土壤有效钼的平均值为 0.22 毫克/千克。从各县（市、区）看，福山区的土壤
有效钼平均含量最低，为 0.03 毫克/千克；招远市的土壤有效钼平均含量最高，为 1.02
毫克/千克。从土壤类型看，分布较广泛的典型棕壤土壤有效钼平均含量为 0.28 毫克/千
克，滨海风沙土土壤有效钼平均含量为 0.19 毫克/千克，潮褐土土壤有效钼平均含量为
0.14 毫克/千克，潮棕壤土壤有效钼平均含量为 0.21 毫克/千克，滨海盐土土壤有效钼平
均含量为 0.15 毫克/千克，潮土土壤有效钼平均含量为 0.23 毫克/千克，普通褐土土壤有
效钼平均含量为 0.31 毫克/千克，砂姜黑土土壤有效钼平均含量为 0.14 毫克/千克，钙质
粗骨土土壤有效钼平均含量为 0.16 毫克/千克，淋溶褐土土壤有效钼平均含量为 0.10 毫
克/千克，湿潮土土壤有效钼平均含量为 0.08 毫克/千克，酸性粗骨土土壤有效钼平均含
量为 0.14 毫克/千克，盐化潮土土壤有效钼平均含量为 0.11 毫克/千克，中性粗骨土土壤
有效钼平均含量为 0.16 毫克/千克，棕壤性土土壤有效钼平均含量为 0.18 毫克/千克。从
分布频率看，土壤有效钼含量主要集中在 0.15～0.3 毫克/千克区间，含量在这个区间的
土壤面积占比达 44.56%。

十二、土壤有效铁

土壤中的铁可粗略分为水溶态铁、交换态铁、有机态铁和矿物态铁 4 种。有效铁的概
念并不十分明确，一般认为，水溶态铁和交换态铁是对作物有效的铁。水溶态铁呈铁离子
（Fe^{3+}、Fe^{2+}）、无机络合铁（$FeHPO_4^+$、$FeCl^{2+}$）和有机络合铁（富啡酸铁）形态；交
换态铁呈 Fe^{3+}、Fe^{2+}、$Fe(OH)^{2+}$、$Fe(OH)_2^+$ 等形态。矿物态铁主要存在于赤铁矿
（Fe_2O_3）和针铁矿［$FeO(OH)$］中，对作物无效。

特别值得指出的是，铁是以正二价离子（Fe^{2+}）被作物吸收的。而烟台地区旱地土
壤通气条件好，氧化还原电位高，施入的正二价铁离子（Fe^{2+}）很容易被氧化成正三价
铁离子（Fe^{3+}），失去有效性。

铁在土壤中的溶解度随土壤的酸度增加而增加，pH 每降低 1 个单位，Fe^{3+} 和 Fe^{2+} 的
溶解度分别增加 1 000 倍和 100 倍。因此，酸性土壤是不缺铁的。

烟台市土壤有效铁的平均值为46.88毫克/千克。从各县（市、区）看，莱山区的土壤有效铁平均含量最低，为1.79毫克/千克；栖霞市的土壤有效铁平均含量最高，为59.03毫克/千克。从土壤类型看，分布较广泛的典型棕壤土壤有效铁平均含量为47.49毫克/千克，滨海风沙土土壤有效铁平均含量为65.68毫克/千克，潮褐土土壤有效铁平均含量为36.27毫克/千克，潮棕壤土壤有效铁平均含量为50.75毫克/千克，滨海盐土土壤有效铁平均含量为51.20毫克/千克，潮土土壤有效铁平均含量为44.90毫克/千克，普通褐土土壤有效铁平均含量为28.48毫克/千克，砂姜黑土土壤有效铁平均含量为29.71毫克/千克，钙质粗骨土土壤有效铁平均含量为33.00毫克/千克，碱化潮土土壤有效铁平均含量为4.80毫克/千克，淋溶褐土土壤有效铁平均含量为30.94毫克/千克，湿潮土土壤有效铁平均含量为53.34毫克/千克，酸性粗骨土土壤有效铁平均含量为48.29毫克/千克，盐化潮土土壤有效铁平均含量为55.37毫克/千克，中性粗骨土土壤有效铁平均含量为52.01毫克/千克，棕壤性土土壤有效铁平均含量为50.65毫克/千克。从分布频率看，土壤有效铁含量主要集中在大于20毫克/千克区间，含量在这个区间的土壤面积占比达90.58%。

十三、土壤有效锌

土壤中的锌可粗略地分为水溶态锌、吸附态锌、有机态锌和矿物态锌4种。土壤有效锌则只包含水溶态锌和吸附态锌，且以吸附态为主。有机态锌需待有机质分解释放出锌离子才对作物有效。矿物态锌包括原生矿物和次生矿物中的锌，对作物无效。锌的溶解度依变化与酸碱度有关，pH每减少1个单位，锌的溶解度就增加100倍。

烟台市土壤有效锌的平均值为2.65毫克/千克。从各县（市、区）看，海阳市的土壤有效锌平均含量最低，为1.37毫克/千克；栖霞市的土壤有效锌平均含量最高，为4.40毫克/千克。从土壤类型看，分布较广泛的典型棕壤土壤有效锌平均含量为2.51毫克/千克，滨海风沙土土壤有效锌平均含量为1.96毫克/千克，潮褐土土壤有效锌平均含量为2.52毫克/千克，潮棕壤土壤有效锌平均含量为3.25毫克/千克，滨海盐土土壤有效锌平均含量为2.42毫克/千克，潮土土壤有效锌平均含量为2.45毫克/千克，普通褐土土壤有效锌平均含量为2.12毫克/千克，砂姜黑土土壤有效锌平均含量为1.99毫克/千克，钙质粗骨土土壤有效锌平均含量为2.35毫克/千克，碱化潮土土壤有效锌平均含量为0.26毫克/千克，淋溶褐土土壤有效锌平均含量为2.28毫克/千克，湿潮土土壤有效锌平均含量为5.32毫克/千克，酸性粗骨土土壤有效锌平均含量为2.84毫克/千克，盐化潮土土壤有效锌平均含量为1.33毫克/千克，中性粗骨土土壤有效锌平均含量为1.76毫克/千克，棕壤性土土壤有效锌平均含量为3.15毫克/千克。从分布频率看，土壤有效锌含量主要集中在1～3毫克/千克区间，含量在这个区间的土壤面积占比达58.13%。

十四、土壤pH

土壤pH是指土壤酸碱度，又称"土壤反应"。土壤pH表示土壤溶液中氢离子浓度，氢离子浓度越大，pH越小；氢离子浓度越小，pH越大。土壤pH对土壤的其他性质有深刻影响，是决定农田土壤肥力的重要特征参数之一。

烟台市土壤 pH 平均值为 5.82。从各县（市、区）看，海阳市的土壤 pH 平均值最低，为 5.33；芝罘区的土壤 pH 平均值最高，为 8.10。从土壤类型看，分布较广泛的典型棕壤土壤 pH 平均值为 5.76，滨海风沙土土壤 pH 平均值为 5.71，草甸风沙土土壤 pH 平均值为 6.60，潮褐土土壤 pH 平均值为 6.47，潮棕壤土壤 pH 平均值为 5.85，滨海盐土土壤 pH 平均值为 5.65，潮土土壤 pH 平均值为 5.84，普通褐土土壤 pH 平均值为 6.51，砂姜黑土土壤 pH 平均值为 6.85，钙质粗骨土土壤 pH 平均值为 6.35，碱化潮土土壤 pH 平均值为 8.50，淋溶褐土土壤 pH 平均值为 6.67，湿潮土土壤 pH 平均值为 6.43，酸性粗骨土土壤 pH 平均值为 5.91，盐化潮土土壤 pH 平均值为 6.20，中性粗骨土土壤 pH 平均值为 5.47，棕壤性土土壤 pH 平均值为 5.72。从分布频率看，土壤 pH 主要集中在 5.5～6 区间，pH 在这个区间的土壤面积占比达 26.47%。

第六章 耕地质量等级评价

第一节 烟台市耕地质量等级评价

烟台市耕地质量等级评价以 2019 年耕地面积 5 337 478.95 亩为基准，其耕地质量等级由高到低依次划分为一至十等地。在这个划分标准中，一等地耕地质量最好，十等地耕地质量最差。采用耕地质量等级面积加权法，计算得到烟台市耕地质量平均等级为 6.46 等。

评价结果为一至三等的高产耕地面积为 363 369.49 亩，占烟台市评价耕地总面积的 6.81%，少量分布在西北部地区。高等级耕地的耕地地力较高，农田设施条件好，应加强耕地保育和利用，确保耕地质量稳中有升。评价结果为四至六等的中产耕地面积为 2 462 901.08 亩，占烟台市评价耕地总面积的 46.14%，主要分布在北部和南部地区。这部分耕地立地条件较好，具备一定的农田基础设施，是发展粮食、蔬菜和经济作物的重点生产区域。今后应重点加强地力培育，提高耕地有效养分，完善灌溉条件。评价为七至十等的低产耕地面积为 2 511 208.38 亩，占烟台市评价耕地总面积的 47.05%，主要分布在中北部等地区。立地条件较差，大部分耕地灌溉困难，基础地力较低，应大力开展农田基础设施建设，改良土壤，培肥地力。

一、一等地质量特征

一等地耕地面积为 7 992.33 亩，占全市总耕地面积的 0.15%。其中旱地 137.66 亩（第三次全国国土调查土地利用现状图中的旱地，实际为通过"小白龙"灌溉法灌溉的农田，由于没有灌排设施判定为旱地，后同），水浇地 7 854.67 亩，分别占一等地总面积的 1.72%、98.28%（表 6-1）。

表 6-1 一等地各利用类型面积情况

利用类型	评价单元（个）	面积（亩）	占耕地总面积的比例（%）	占一等地面积的比例（%）
旱地	8	137.66	0.003	1.72
水浇地	325	7 854.67	0.147	98.28
总计	333	7 992.33	0.15	100.00

一等地土壤类型以典型棕壤为主，兼有潮褐土、潮棕壤、潮土、普通褐土、砂姜黑土

和淋溶褐土分布。土壤耕层质地主要为中壤，兼有轻壤分布。质地构型以夹黏型为主，兼有通体壤分布。地貌类型以滨海平原为主，兼有缓丘和山前平原分布。土层深厚，土壤理化性状良好，可耕性强。农田水利设施完善，灌排条件好。土壤有机质、有效磷和速效钾养分含量均属于中等偏上水平（表6-2）。

表6-2　一等地主要养分含量

项目	有机质（克/千克）	有效磷（毫克/千克）	速效钾（毫克/千克）
平均值	14.98	64.79	143.56
范围值	7.74~22.17	24.51~111.35	69.00~279.00
含量水平	中等偏上	中等偏上	中等偏上

一等地是烟台市重要的优质耕地，是主要的粮食、蔬菜生产基地，土层深厚，土壤理化性状良好，可耕性强。要实现农业高产高效发展和粮食需求，在农业生产中应注意培肥提质，实施平衡施肥，适量补施中微量元素肥料，协调各养分比例。同时，严格农业投入品管理，防止土壤污染。

二、二等地质量特征

二等地耕地面积为103 912.20亩，占全市总耕地面积的1.95%。其中旱地1 456.67亩，水浇地102 455.53亩，分别占二等地总面积的1.40%、98.60%（表6-3）。

表6-3　二等地各利用类型面积情况

利用类型	评价单元（个）	面积（亩）	占耕地总面积的比例（%）	占二等地面积的比例（%）
旱地	57	1 456.67	0.03	1.40
水浇地	4 178	102 455.53	1.92	98.60
总计	4 235	103 912.20	1.95	100.00

二等地土壤类型以典型棕壤为主，兼有潮褐土、潮棕壤、潮土、普通褐土、砂姜黑土和淋溶褐土分布。土壤耕层质地主要为轻壤，兼有中壤和砂壤分布。质地构型以夹黏型为主，兼有少量薄层型、夹层型和通体壤分布。地貌类型以山前平原为主，兼有滨海平原和缓丘分布。土层深厚，土壤理化性状良好，可耕性强。农田水利设施完善，灌排条件好。土壤有机质养分含量属于中等水平，有效磷和速效钾养分含量均属于中等偏上水平（表6-4）。

表6-4　二等地主要养分含量

项目	有机质（克/千克）	有效磷（毫克/千克）	速效钾（毫克/千克）
平均值	13.79	49.42	139.88
范围值	5.55~39.72	11.92~184.33	38.00~399.00
含量水平	中等	中等偏上	中等偏上

二等地是烟台市重要的优质耕地，是主要的粮食、蔬菜生产基地，但是要实现农业高产高效发展和粮食需求，与一等地有一定差距。在农业生产中应注意培肥提质，实施平衡施肥，适量补施中微量元素肥料，协调各养分比例。同时，严格农业投入品管理，防止土壤污染。

三、三等地质量特征

三等地耕地面积为 251 464.96 亩，占全市总耕地面积的 4.71%。其中旱地 36 164.55亩，水浇地 215 300.41 亩，分别占三等地总面积的 14.38%、85.62%（表 6-5）。

表 6-5　三等地各利用类型面积情况

利用类型	评价单元（个）	面积（亩）	占耕地总面积的比例（%）	占三等地面积的比例（%）
旱地	2 396	36 164.55	0.68	14.38
水浇地	11 804	215 300.41	4.03	85.62
总计	14 200	251 464.96	4.71	100.00

三等地土壤类型以典型棕壤为主，兼有潮褐土、潮棕壤、潮土、普通褐土、砂姜黑土和淋溶褐土分布。土壤耕层质地主要为轻壤，兼有中壤和砂壤分布。质地构型以夹黏型为主，兼有少量薄层型、夹层型和通体壤分布。地貌类型以山前平原为主，兼有滨海平原、中山和缓丘分布。土层深厚，土壤理化性状良好，可耕性强。农田水利设施较完善，灌排条件较好，基本达到了旱能浇、涝能排的生产条件。土壤有机质养分含量属于中等水平，有效磷和速效钾养分含量均属于中等偏上水平（表 6-6）。

表 6-6　三等地主要养分含量

项目	有机质（克/千克）	有效磷（毫克/千克）	速效钾（毫克/千克）
平均值	12.77	47.14	135.03
范围值	4.61~39.72	6.39~222.40	30.00~399.00
含量水平	中等	中等偏上	中等偏上

三等地是烟台市重要的优质耕地，是主要的粮食、蔬菜生产基地，但生产条件及土壤肥力状况与一、二等地还有一定差距，重点应改善农业生产条件、提高耕地肥力水平。生产利用中应注意：增施有机肥料，实行秸秆直接还田或过腹还田，不断培肥地力；完善农田基础设施建设，大力推广节水灌溉技术，提高灌溉保证率；科学施肥，注意施用中微量元素肥料，协调各养分比例，加强肥料投入品管理，实现清洁生产。

四、四等地质量特征

四等地耕地面积为 430 126.04 亩，占全市总耕地面积的 8.06%。其中旱地 136 791.59亩，水田 1.93 亩，水浇地 293 332.52 亩，分别约占四等地总面积的 31.803%、0.001%、68.196%（表 6-7）。

表 6 - 7　四等地各利用类型面积情况

利用类型	评价单元（个）	面积（亩）	占耕地总面积的比例（%）	占四等地面积的比例（%）
旱地	8 011	136 791.59	2.56	31.802 7
水田	1	1.93	—	0.000 4
水浇地	17 179	293 332.52	5.50	68.196 9
总计	25 191	430 126.04	8.06	100.00

四等地土壤类型以典型棕壤为主，兼有潮褐土、潮棕壤、潮土、普通褐土、砂姜黑土、淋溶褐土、棕壤性土和盐化潮土分布。土壤耕层质地主要为轻壤，兼有中壤和砂壤分布。质地构型以夹黏型为主，兼有少量薄层型、夹层型、上松下紧型和通体壤分布。地貌类型以山前平原为主，兼有滨海平原、中山和缓丘分布。土层深厚，农田水利设施较完善，灌排条件较好，基本达到了旱能浇、涝能排生产条件。土壤有机质养分含量属于中等水平，有效磷和速效钾养分含量均属于中等偏上水平（表 6 - 8）。

表 6 - 8　四等地主要养分含量

项目	有机质（克/千克）	有效磷（毫克/千克）	速效钾（毫克/千克）
平均值	12.48	47.35	138.54
范围值	3.12～38.18	5.93～312.94	30.00～400.00
含量水平	中等	中等偏上	中等偏上

四等地是烟台市的主要粮食生产基地，产量水平中等偏上。但部分耕地存在缺素问题、灌排能力较低等问题。改良利用措施为：重视农田基本设施建设，推广畦灌、管灌节水灌溉措施；大力提倡测土施肥技术，针对不同的缺素问题，增施有机肥，调整氮、磷比例，补施中微量元素肥料。

五、五等地质量特征

五等地耕地面积为 951 056.75 亩，占全市总耕地面积的 17.82%。其中旱地 403 129.20 亩，水田 865.73 亩，水浇地 547 061.82 亩，分别占五等地总面积的 42.39%、0.09%、57.52%（表 6 - 9）。

表 6 - 9　五等地各利用类型面积情况

利用类型	评价单元（个）	面积（亩）	占耕地总面积的比例（%）	占五等地面积的比例（%）
旱地	31 313	403 129.20	7.55	42.39
水田	16	865.73	0.02	0.09
水浇地	29 067	547 061.82	10.25	57.52
总计	60 396	951 056.75	17.82	100.00

五等地土壤类型以典型棕壤为主，兼有潮褐土、潮棕壤、潮土、普通褐土、砂姜黑土、碱化潮土、淋溶褐土、湿潮土、淹育水稻土、棕壤性土和盐化潮土分布。土壤耕层质地主要为轻壤，兼有中壤和砂壤分布。质地构型以夹黏型为主，兼有薄层型、夹层型、上松下紧型和通体壤分布。地貌类型以滨海平原为主，兼有山前平原、中山和缓丘分布。土壤理化性状较好，可耕性较强。部分耕地无水源和农田水利设施条件，有灌排条件的部分耕地灌溉保证率较低。土壤有机质养分含量属于中等水平，有效磷和速效钾养分含量均属于中等偏上水平（表6-10）。

表6-10 五等地主要养分含量

项目	有机质（克/千克）	有效磷（毫克/千克）	速效钾（毫克/千克）
平均值	12.58	51.85	140.39
范围值	3.46~39.72	4.87~270.08	30.00~400.00
含量水平	中等	中等偏上	中等偏上

五等地产量水平中等，部分耕地农田水利设施不完善，土壤保肥保水性差。总体来讲土壤养分含量不高，部分耕地有缺素问题。改良利用措施为：在有灌溉水源的地方，完善田间水利设施，发展节水灌溉，扩大灌溉面积；增加对耕地的投入，推广深耕、秸秆还田、增施有机肥料、平衡施肥等技术，改良土壤理化性状，提高耕地生产能力。

六、六等地质量特征

六等地耕地面积为1 081 718.29亩，占全市总耕地面积的20.26%。其中旱地668 571.45亩，水浇地413 146.84亩，分别占六等地总面积的61.81%、38.19%（表6-11）。

表6-11 六等地各利用类型面积情况

利用类型	评价单元（个）	面积（亩）	占耕地总面积的比例（%）	占六等地面积的比例（%）
旱地	54 106	668 571.45	12.52	61.81
水浇地	22 106	413 146.84	7.74	38.19
总计	76 212	1 081 718.29	20.26	100.00

六等地土壤类型以典型棕壤为主，兼有潮褐土、潮棕壤、潮土、普通褐土、砂姜黑土、碱化潮土、淋溶褐土、湿潮土、淹育水稻土、棕壤性土和盐化潮土分布。土壤耕层质地主要为轻壤，兼有中壤和砂壤分布。质地构型以夹黏型为主，兼有薄层型、夹层型、上松下紧型和通体壤分布。地貌类型以缓丘为主，兼有滨海平原、中山和山前平原分布。部分耕地无水源和农田水利设施条件，有灌排条件的部分耕地灌溉保证率较低。土壤有机质养分含量属于中等水平，有效磷和速效钾养分含量均属于中等偏上水平（表6-12）。

表 6-12　六等地主要养分含量

项目	有机质（克/千克）	有效磷（毫克/千克）	速效钾（毫克/千克）
平均值	12.59	50.89	143.80
范围值	3.53~39.72	3.98~256.39	30.00~400.00
含量水平	中等	中等偏上	中等偏上

　　六等地的水源保障较差，农田水利设施不完善，灌溉条件较差。部分耕地土壤保肥保水性差、土壤养分含量偏低。改良利用措施为：加强农田基本建设，平整土地，因地制宜兴修水利，完善灌排设施；实行测土配方施肥，校正施肥，增施有机肥，实行有机无机结合，改良结构，均衡土壤养分。

七、七等地质量特征

　　七等地耕地面积为 991 792.44 亩，占全市总耕地面积的 18.58%。其中旱地 842 227.87 亩，水浇地 149 564.57 亩，分别占七等地总面积的 84.92%、15.08%（表 6-13）。

表 6-13　七等地各利用类型面积情况

利用类型	评价单元（个）	面积（亩）	占耕地总面积的比例（%）	占七等地面积的比例（%）
旱地	58 049	842 227.87	15.78	84.92
水浇地	8 225	149 564.57	2.80	15.08
总计	66 274	991 792.44	18.58	100.00

　　七等地土壤类型以典型棕壤为主，兼有潮褐土、潮棕壤、潮土、普通褐土、砂姜黑土、碱化潮土、淋溶褐土、湿潮土、淹育水稻土、棕壤性土、盐化潮土、滨海风沙土、草甸风沙土、滨海盐土、钙质粗骨土、酸性粗骨土和中性粗骨土分布。土壤耕层质地主要为轻壤，兼有中壤、砂壤、砂土、砂质砾石土、壤质砾石土、砾质砂土和砾质壤土分布。质地构型以夹黏型为主，兼有薄层型、夹层型、上松下紧型、通体壤和通体砂分布。地貌类型以丘陵为主，兼有滨海平原、中山、缓丘和山前平原分布。农田水利设施较差，灌排条件较差，大部分耕地无水源和农田水利设施条件，有灌排条件的部分耕地灌溉保证率较低。土壤有机质、有效磷和速效钾养分含量均属于中等偏下水平（表 6-14）。

表 6-14　七等地主要养分含量

项目	有机质（克/千克）	有效磷（毫克/千克）	速效钾（毫克/千克）
平均值	12.32	46.38	145.16
范围值	3.24~39.72	5.81~250.49	30.00~400.00
含量水平	中等偏下	中等偏下	中等偏下

　　七等地的土壤，灌排条件差、土壤肥力偏低，部分土壤中含有砾石，影响农作物的正常生长。改良利用措施为：加大土地治理力度，提高土壤保水保肥能力；因地制宜调整农业种植结构，发展耐旱耐贫瘠作物，发展果园种植，实行多种经营，增加农民收入；推广秸秆还田、保护性耕作技术，加强农田防护林网建设，平整土地，健全排水设施；增施有

机肥料，提高土壤有效磷、速效钾含量，选用适宜的肥料品种，均衡养分状况。

八、八等地质量特征

八等地耕地面积为 617 149.25 亩，占全市总耕地面积的 11.56％。其中旱地 585 427.30 亩，水浇地 31 721.95 亩，分别占八等地总面积的 94.86％、5.14％（表 6 - 15）。

表 6 - 15　八等地各利用类型面积情况

利用类型	评价单元（个）	面积（亩）	占耕地总面积的比例（％）	占八等地面积的比例（％）
旱地	53 569	585 427.30	10.97	94.86
水浇地	2 166	31 721.95	0.59	5.14
总计	55 735	617 149.25	11.56	100.00

八等地土壤类型以典型棕壤为主，兼有潮褐土、潮棕壤、潮土、普通褐土、砂姜黑土、碱化潮土、淋溶褐土、湿潮土、淹育水稻土、棕壤性土、盐化潮土、滨海风沙土、滨海盐土、钙质粗骨土、酸性粗骨土和中性粗骨土分布。土壤耕层质地主要为轻壤，兼有中壤、砂壤、砂土、砂质砾石土、壤质砾石土、砾质砂土和砾质壤土分布。质地构型以薄层型为主，兼有夹黏型、夹层型、上松下紧型、通体壤和通体砂分布。地貌类型以丘陵为主，兼有滨海平原、中山、缓丘和山前平原分布。农田水利设施较差，大部分耕地土层较薄，灌溉保证率较低。土壤有机质、有效磷和速效钾养分含量均属于中等偏下水平（表 6 - 16）。

表 6 - 16　八等地主要养分含量

项目	有机质（克/千克）	有效磷（毫克/千克）	速效钾（毫克/千克）
平均值	12.20	51.86	165.74
范围值	4.62～39.92	6.16～282.15	30.00～400.00
含量水平	中等偏下	中等偏下	中等偏下

八等地大部分耕地土层较薄，农田水利设施不完善，灌溉条件较差，部分耕层中含有砾石，影响农作物的正常生长。改良利用措施为：增加土层厚度，结合水资源特点，兴修农田水利，提高自然降水利用率，发展节水灌溉，提高灌溉保障能力；发展旱作农业技术，推广春膜秋覆、起垄种植等旱作蓄水积水技术，种植耐瘠抗旱作物；平衡施肥和矫正施肥，提高土壤养分含量，增施有机肥，尤其是磷肥、钾肥等，平衡养分结构。

九、九等地质量特征

九等地耕地面积为 380 432.92 亩，占全市总耕地面积的 7.13％。其中旱地 362 075.38 亩，水浇地 18 357.54 亩，分别占九等地总面积的 95.17％、4.83％（表 6 - 17）。

九等地土壤类型以棕壤性土为主，兼有潮褐土、潮棕壤、潮土、普通褐土、砂姜黑土、典型棕壤、淋溶褐土、盐化潮土、滨海风沙土、滨海盐土、钙质粗骨土、酸性粗骨土和中性粗骨土分布。土壤耕层质地主要为轻壤，兼有中壤、砂壤、砂土、砂质砾石土、壤质砾石土、砾质砂土和砾质壤土分布。质地构型以薄层型为主，兼有夹黏型、夹层型、通体壤和通体砂分布。地貌类型以丘陵为主，兼有滨海平原、中山、缓丘和山前平原分布。土层较薄。农田水利设施与灌排条件差。土壤有机质、有效磷和速效钾养分含量均属于中等偏下水平（表6-18）。

表6-17　九等地各利用类型面积情况

利用类型	评价单元（个）	面积（亩）	占耕地总面积的比例（%）	占九等地面积的比例（%）
旱地	38 317	362 075.38	6.78	95.17
水浇地	798	18 357.54	0.35	4.83
总计	39 115	380 432.92	7.13	100.00

表6-18　九等地主要养分含量

项目	有机质（克/千克）	有效磷（毫克/千克）	速效钾（毫克/千克）
平均值	11.78	52.08	158.29
范围值	4.72～39.72	4.21～185.93	32.00～400.00
含量水平	中等偏下	中等偏下	中等偏下

九等地立地条件和土壤物理条件较差，土壤肥力低，大部分耕地土层薄，部分耕层中含有砾石，影响农作物的正常生长。部分可调整为种植水果、苗木。适当增加土体厚度，调整种植业结构，因地制宜发展林果业，实行多种经营。提倡施用有机无机复合肥，根据作物需肥特点和缺素状况，科学施肥，重视大量元素的施用。

十、十等地质量特征

十等地耕地面积为521 833.77亩，占全市总耕地面积的9.78%。其中旱地468 568.42亩，水浇地53 265.35亩，分别占十等地总面积的89.79%、10.21%（表6-19）。

表6-19　十等地各利用类型面积情况

利用类型	评价单元（个）	面积（亩）	占耕地总面积的比例（%）	占十等地面积的比例（%）
旱地	45 603	468 568.42	8.78	89.79
水浇地	2 041	53 265.35	1.00	10.21
总计	47 644	521 833.77	9.78	100.00

十等地土壤类型以棕壤性土为主，兼有潮褐土、潮棕壤、潮土、普通褐土、砂姜黑土、典型棕壤、碱化潮土、淋溶褐土、盐化潮土、滨海风沙土、滨海盐土、钙质粗骨土、酸性粗骨土和中性粗骨土分布。土壤耕层质地主要为砂壤，兼有中壤、轻壤、砂土、砂质砾石土、壤质砾石土和砾质砂土分布。质地构型以薄层型为主，兼有夹黏型、夹层型、通体壤和通体砂分布。地貌类型以丘陵为主，兼有滨海平原、中山、缓丘和山前平原分布。农田水利设施差，耕地灌溉保证率低。土壤有机质、有效磷和速效钾养分含量均属于中等偏下水平（表6-20）。

表 6 - 20　十等地主要养分含量

项目	有机质（克/千克）	有效磷（毫克/千克）	速效钾（毫克/千克）
平均值	11.56	51.18	136.36
范围值	3.83~39.72	3.64~222.73	30.00~400.00
含量水平	中等偏下	中等偏下	中等偏下

十等地立地条件和土壤物理条件较差，土壤肥力低，大部分耕地土层薄，产量低而不稳。改良利用的措施为：加强治理和土地开发整理，因地制宜平整土地，适当增加土体厚度，有条件的地方可修筑集雨池，拦蓄地面径流，进行集雨补灌；调整种植业结构，因地制宜发展林果业，实行多种经营；提倡施用有机无机复合肥，根据作物需肥特点和缺素状况，科学施肥，重视大量元素的施用。

第二节　芝罘区耕地质量等级评价

一、芝罘区概况

（一）地理位置与行政区划

烟台市芝罘区是烟台市的中心区，位于山东半岛东北部，地处东经 121°16′~121°25′，北纬 37°24′~7°38′。东北和北部濒临黄海，北与辽宁省大连市隔海相对，系渤海之门户，东和东南与烟台市莱山区接壤，西、西南与福山区、西北与烟台经济技术开发区毗邻。内与山东腹地相联，外与韩国、朝鲜和日本隔海相望。全区面积 179.2 千米²，海岸线长 55 千米。

（二）地形地貌

烟台市芝罘区三面环山、一面临海。境内属低山丘陵区，呈现低山、丘陵、准平原、平原和海岸等多种地貌类型。西北部的芝罘岛丘陵起伏；中部奇山山脉横亘，境内最高峰大王山海拔 401.70 米；南、西部地势较为平坦；北部沿海地带属山地港湾型海岸，岸线曲折，山与湾相间，形成较大自然港湾 4 个。陆地北端的芝罘岛为全国最大的"陆连岛"。北部海域岛屿如屏，面积在 500 米² 以上的岛屿 16 个。岛岸与陆岸北南对峙，中间是水面广阔、波流缓稳的浅海区，滩涂广阔。整个地形中部高，四周低，呈辐射流向。

（三）气候条件

1. 气温与光照

烟台市芝罘区位于北温带东亚季风型大陆气候区，全年温度适中，气候温和，季风进退有序，四季变化分明，大陆度为 53.8%，同大连市、秦皇岛市、青岛市等北方沿海城市相比，受大陆影响程度轻，更接近海洋性气候特点。因濒临北黄海，受海洋调节和影响，冬少严寒，夏无酷暑，春季温暖，秋季凉爽。年平均气温为 12.6℃。2022 年平均高温 17℃，平均低温 10℃；最高温度 35℃，最低温度 −8℃。

2. 降水资源

烟台市芝罘区 2022 年总降水量 1 701.1 毫米，空气湿润，阳光充足，气候宜人。

（四）农业生产现状

烟台市芝罘区 2022 年农业总产值 15.7 亿元，比 2021 年增长 4.0%。全区蔬菜产量为 14 485 吨，下降 21.0%；果品产量 2 348 吨，下降 15.4%；水产品产量 47 758 吨，下降 13.4%；海水养殖面积 65 250 亩；海参产量 1 394 吨，下降 18.4%。

（五）水文及灌溉

烟台市芝罘区内河流无大河，界于芝罘区与福山区间的大沽夹河为主要河流，其他河流有勤河、区河、横河，均属于山东沿海诸河流域直流入海水系。共有水库 7 座，均属于小（2）型水库，总库容为 45.4 万米³。2021 年总灌溉面积 14 945 亩，其中有效灌溉面积 9 440 亩，林果灌溉面积 7 521 亩，排灌电动机 90 台，机电井 37 眼。

二、耕地质量等级

（一）耕地质量等级总体情况

烟台市芝罘区 2022 年耕地质量等级调查结果显示，耕地面积为 10 695.31 亩，其耕地质量等级由高到低依次划分为四至十等地（表 6 - 21）。采用耕地质量等级面积加权法，计算得到芝罘区耕地质量平均等级为 6.42 等。

表 6 - 21　芝罘区耕地质量等级面积统计

耕地质量等级	耕地面积（亩）	比例（%）
一等	0.00	0.00
二等	0.00	0.00
三等	0.00	0.00
四等	1 146.62	10.72
五等	2 471.24	23.11
六等	1 788.92	16.73
七等	1 852.07	17.32
八等	2 867.86	26.81
九等	568.60	5.31
十等	0.00	0.00
合计	10 695.31	100.00

评价为四至六等的中产田耕地面积为 5 406.78 亩，占芝罘区评价耕地总面积的 50.56%。这部分耕地立地条件较好，具备一定的农田基础设施，是发展粮食、蔬菜和经济作物的重点生产区域。今后应重点加强地力培育，提高耕地有效养分，完善灌溉条件。评价为七至十等的低产田耕地面积为 5 288.53 亩，占芝罘区评价耕地总面积的 49.44%，分布在全区大部分地区。这部分耕地立地条件较差，大部分耕地灌溉困难，基础地力较低，部分耕地存在障碍因素，应大力开展农田基础设施建设，改良土壤，培肥地力。

（二）耕地质量等级乡镇分布特征

将芝罘区 2022 年耕地质量等级分布图与行政区划图进行叠加分析，从耕地质量等级的行政区域数据库中，按照权属字段检索出所有等级在各个乡镇的记录，统计出四至十等地在各乡镇的分布状况（表 6 - 22）。

表 6 - 22 芝罘区耕地质量等级分布特征

镇名称	属性	一等	二等	三等	四等	五等	六等	七等	八等	九等	十等	合计
凤凰台街道	耕地面积（亩）	0.00	0.00	0.00	0.00	0.00	0.00	86.77	82.13	6.34	0.00	175.24
	面积比例（%）	0.00	0.00	0.00	0.00	0.00	0.00	49.52	46.87	3.61	0.00	100.00
黄务街道	耕地面积（亩）	0.00	0.00	0.00	343.50	2 114.53	768.52	1 040.03	1 744.55	327.45	0.00	6 338.58
	面积比例（%）	0.00	0.00	0.00	5.42	33.36	12.12	16.41	27.52	5.17	0.00	100.00
奇山街道	耕地面积（亩）	0.00	0.00	0.00	0.00	0.00	1.71	122.46	253.78	95.40	0.00	473.35
	面积比例（%）	0.00	0.00	0.00	0.00	0.00	0.37	25.87	53.61	20.15	0.00	100.00
世回尧街道	耕地面积（亩）	0.00	0.00	0.00	3.33	37.21	54.86	52.56	81.27	64.33	0.00	293.56
	面积比例（%）	0.00	0.00	0.00	1.14	12.67	18.69	17.90	27.68	21.92	0.00	100.00
通伸街道	耕地面积（亩）	0.00	0.00	0.00	0.00	0.00	0.00	1.40	25.80	0.00	0.00	27.20
	面积比例（%）	0.00	0.00	0.00	0.00	0.00	0.00	5.13	94.87	0.00	0.00	100.00
幸福街道	耕地面积（亩）	0.00	0.00	0.00	0.00	0.00	0.00	24.18	0.00	0.00	0.00	24.18
	面积比例（%）	0.00	0.00	0.00	0.00	0.00	0.00	100.00	0.00	0.00	0.00	100.00
毓璜顶街道	耕地面积（亩）	0.00	0.00	0.00	0.00	0.00	0.00	5.55	6.00	1.32	0.00	12.87
	面积比例（%）	0.00	0.00	0.00	0.00	0.00	0.00	43.11	46.62	10.27	0.00	100.00
只楚街道	耕地面积（亩）	0.00	0.00	0.00	799.79	319.50	960.83	432.56	443.04	14.72	0.00	2 970.44
	面积比例（%）	0.00	0.00	0.00	26.92	10.76	32.35	14.56	14.92	0.49	0.00	100.00
芝罘岛街道	耕地面积（亩）	0.00	0.00	0.00	0.00	0.00	3.00	86.56	231.29	59.04	0.00	379.89
	面积比例（%）	0.00	0.00	0.00	0.00	0.00	0.79	22.79	60.88	15.54	0.00	100.00
总计	耕地面积（亩）	0.00	0.00	0.00	1 146.62	2 471.24	1 788.92	1 852.07	2 867.86	568.60	0.00	11 495.31
	面积比例（%）	0.00	0.00	0.00	10.72	23.11	16.73	17.32	26.81	5.31	0.00	100.00

四、五、六等中产田耕地面积所占比例较高的乡镇主要为黄务街道、只楚街道；七、八、九、十级低产田耕地面积所占比例较高的乡镇主要为凤凰台街道、奇山街道、世回尧街道、通伸街道、幸福街道、毓璜顶街道、芝罘岛街道。

（三）耕地质量等级分布现状

1. 四等地

四等地耕地面积为 1 146.62 亩，占全区总耕地面积的 10.72%，利用类型全部为水浇地（表 6-23）。

表 6-23　四等地各利用类型面积情况

利用类型	评价单元（个）	面积（亩）	占耕地总面积的比例（%）	占四等地面积的比例（%）
水浇地	93	1 146.62	10.72	100.00
总计	93	1 146.62	10.72	100.00

四等地土壤类型以潮土为主，兼有潮棕壤、典型棕壤和少量棕壤性土分布。土壤耕层质地主要为轻壤，兼有少量砂壤和中壤。质地构型主要为夹黏型。地貌类型以山间泊地为主，兼有河滩地、近山阶地、岭地和倾斜平地分布，土层深厚，农田水利设施较完善，灌排条件较好，基本达到了旱能浇、涝能排的生产条件。土壤有机质和速效钾养分含量均属于中等水平，土壤有效磷养分含量属于中等偏上水平（表 6-24）。

表 6-24　四等地主要养分含量

项目	有机质（克/千克）	有效磷（毫克/千克）	速效钾（毫克/千克）
平均值	13.25	44.81	103.17
范围值	7.00~17.00	8.00~111.00	46.00~197.00
含量水平	中等	中等偏上	中等

四等地是芝罘区主要粮食生产基地，产量水平中等偏上。部分耕地存在缺素、灌排能力较低等问题。合理利用措施同烟台市四等地。

2. 五等地

五等地耕地面积为 2 471.24 亩，占全区总耕地面积的 23.11%。其中旱地 227.37 亩，水浇地 2 243.87 亩，分别占五等地总面积的 9.20%、90.80%（表 6-25）。

表 6-25　五等地各利用类型面积情况

利用类型	评价单元（个）	面积（亩）	占耕地总面积的比例（%）	占五等地面积的比例（%）
旱地	40	227.37	2.13	9.20
水浇地	125	2 243.87	20.98	90.80
总计	165	2 471.24	23.11	100.00

五等地土壤类型以潮土为主，兼有潮棕壤、典型棕壤和棕壤性土分布。土壤耕层质地主要为轻壤，兼有砂壤和中壤。质地构型主要为夹黏型。地貌类型以山间泊地为主，兼有

缓岗、近山阶地和岭地分布，土壤理化性状较好，可耕性较强。部分耕地灌排条件的灌溉保证率较低。土壤有机质养分含量属于中等水平，土壤有效磷和速效钾养分含量均属于中等偏上水平（表6-26）。

表6-26　五等地主要养分含量

项目	有机质（克/千克）	有效磷（毫克/千克）	速效钾（毫克/千克）
平均值	13.16	44.30	133.68
范围值	7.00～17.00	7.00～119.00	45.00～239.00
含量水平	中等	中等偏上	中等偏上

五等地产量水平中等。部分耕地农田水利设施不完善，灌排条件较差。总体来讲土壤养分含量不高，部分耕地有缺素问题。改良利用措施同烟台市五等地。

3. 六等地

六等地耕地面积为1 788.92亩，占全区总耕地面积的16.73%。其中旱地1 023.10亩，水浇地765.82亩，分别占六等地总面积的57.19%、42.81%（表6-27）。

表6-27　六等地各利用类型面积情况

利用类型	评价单元（个）	面积（亩）	占耕地总面积的比例（%）	占六等地面积的比例（%）
旱地	220	1 023.10	9.57	57.19
水浇地	87	765.82	7.16	42.81
总计	307	1 788.92	16.73	100.00

六等地土壤类型以典型潮土为主，兼有潮棕壤、典型棕壤、盐化潮土、淹育水稻土和棕壤性土分布。土壤耕层质地主要为轻壤，兼有中壤、砂土、砂壤和砾质壤土。质地构型主要以夹黏型为主，兼有少量通体壤。地貌类型以山间泊地为主，兼有河滩地、缓岗、近山阶地、岭地、倾斜平地和微斜平地分布，部分耕地无水源和农田水利设施条件，有灌排条件的部分耕地灌溉保证率较低。土壤有机质养分含量属于中等水平，土壤有效磷和速效钾养分含量均属于中等偏上水平（表6-28）。

表6-28　六等地主要养分含量

项目	有机质（克/千克）	有效磷（毫克/千克）	速效钾（毫克/千克）
平均值	13.26	49.51	126.64
范围值	8.00～17.00	10.00～121.00	45.00～227.00
含量水平	中等	中等偏上	中等偏上

六等地部分水源保障较差，农田水利设施不完善，灌溉条件较差。部分耕地土壤保肥保水性差、土壤养分含量偏低。改良利用措施同烟台市六等地。

4. 七等地

七等地耕地面积为1 852.07亩，占全区总耕地面积的17.32%。其中旱地932.19亩，水浇地919.88亩，分别占七等地总面积的50.33%、49.67%（表6-29）。

表6-29 七等地各利用类型面积情况

利用类型	评价单元（个）	面积（亩）	占耕地总面积的比例（%）	占七等地面积的比例（%）
旱地	184	932.19	8.72	50.33
水浇地	93	919.88	8.60	49.67
总计	277	1 852.07	17.32	100.00

七等地土壤类型以潮土为主，兼有潮棕壤、典型棕壤、盐化潮土、淹育水稻土和棕壤性土分布。土壤耕层质地主要为轻壤，兼有中壤、砂土、砂壤和砾质壤土。质地构型主要为夹黏型，兼有少量通体壤。地貌类型以山间泊地为主，兼有滨海洼地、河滩地、缓岗、荒坡岭、近山阶地、岭地、坡麓梯田、倾斜平地、滨海缓平地和微斜平地分布，农田水利设施较差，灌排条件较差，大部分耕地无水源和农田水利设施条件，有灌排条件的部分耕地灌溉保证率较低。土壤有机质、有效磷和速效钾养分含量均属于中等水平（表6-30）。

表6-30 七等地主要养分含量

项目	有机质（克/千克）	有效磷（毫克/千克）	速效钾（毫克/千克）
平均值	14.10	55.38	113.41
范围值	9.00~18.00	15.00~307.00	45.00~264.00
含量水平	中等	中等	中等

七等地的土壤特点有灌排条件差、土壤肥力偏低、耕层较薄等。主要改良利用措施同烟台市七等地。

5. 八等地

八等地耕地面积为2 867.86亩，占全区总耕地面积的26.81%。其中旱地2 831.23亩，水浇地36.63亩，分别占八等地总面积的98.72%、1.28%（表6-31）。

八等地土壤类型以典型棕壤为主，兼有潮棕壤、典型潮土、滨海风沙土和棕壤性土分布。土壤耕层质地主要为轻壤，兼有中壤、砂土、砂壤、砂质砾石土和砾质壤土。质地构型主要以夹黏型为主，兼有少量通体壤分布。地貌类型以坡麓梯田为主，兼有滨海缓平地、河滩地、荒坡岭、近山阶地、岭地、山间泊地、中山、倾斜平地和微斜平地分布，农田水利设施较差，大部分耕地灌溉保证率较低。土壤有机质、有效磷和速效钾养分含量均属于中等水平（表6-32）。

表6-31 八等地各利用类型面积情况

利用类型	评价单元（个）	面积（亩）	占耕地总面积的比例（%）	占八等地面积的比例（%）
旱地	693	2 831.23	26.47	98.72
水浇地	11	36.63	0.34	1.28
总计	704	2 867.86	26.81	100.00

表 6-32　八等地主要养分含量

项目	有机质（克/千克）	有效磷（毫克/千克）	速效钾（毫克/千克）
平均值	13.59	64.96	142.72
范围值	8.00～19.00	13.00～222.00	44.00～400.00
含量水平	中等	中等	中等

八等地农田水利设施不完善，灌溉条件较差，部分耕地土层较薄，影响作物的正常生长发育。改良利用措施同烟台市八等地。

6. 九等地

九等地耕地面积为 568.60 亩，占全区总耕地面积的 5.31%。全为旱地（表 6-33）。

表 6-33　九等地各利用类型面积情况

利用类型	评价单元（个）	面积（亩）	占耕地总面积的比例（%）	占九等地面积的比例（%）
旱地	173	568.60	5.31	100.00
总计	173	568.60	5.31	100.00

九等地土壤类型以棕壤性土为主，兼有典型棕壤和褐土性土分布。土壤耕层质地主要为砾质壤土，兼有砂土和砂壤。质地构型主要以夹黏型为主，兼有少量通体壤分布。地貌类型以坡麓梯田为主，兼有荒坡岭、近山阶地和岭地分布，土层较薄。农田水利设施与灌排条件差。土壤有机质、有效磷和速效钾养分含量均属于中等水平（表 6-34）。

表 6-34　九等地主要养分含量

项目	有机质（克/千克）	有效磷（毫克/千克）	速效钾（毫克/千克）
平均值	13.08	49.89	124.04
范围值	8.00～17.00	19.00～116.00	49.00～261.00
含量水平	中等	中等	中等

九等地立地条件和土壤物理条件较差，大部分耕地土层较薄，产量低而不稳，改良利用措施同烟台市九等地。

第三节　福山区耕地质量等级评价

一、福山区概况

（一）地理位置与行政区划

福山区，隶属山东省烟台市，位于山东半岛东北部，北临黄海，地处东经121°02′～121°22′，北纬37°14′～37°38′，东、南、西与芝罘区、牟平区、栖霞市、蓬莱区接壤，总面积705 千米²。2022 年福山区户籍人口 349 453 人。截至 2022 年 5 月，福山区辖 4 个镇、4 个街道。

（二）地形地貌

烟台市福山区地处山东半岛，为华北陆台的一部分。低山起伏，丘陵连绵，山间泊地与滨海平原紧相连，河流蜿蜒，洪枯有变，主支河流与沟渠呈网络状于地面，大致形成了六山一水三分田和四山三丘三分泊的地貌特点。地形呈西、南高，东、北低，由西南向东北倾斜，水流入海。境内共有大小山丘 138 座，主要山峰南部有峪垆山和狮子山，与栖霞市为界，境内面积分别为 15.0 千米² 和 27.22 千米²，主峰塔顶山海拔高度 630.0 米；西北部有磁山，与蓬莱市和栖霞市为界，境内面积 27.6 千米²，海拔高度 528.9 米；其他山丘海拔高度均在 500.0 米以下，相对高度 200.0 米左右。

低山海拔高度 300.0～630.0 米，相对高度 200.0～330.0 米，其形态表现为山坡较陡，山岭较高，地形坡度在 20.0°以上，切割深度和密度较低。其组成岩石为花岗岩、混合花岗岩、黑云花岗岩、大理岩、板岩等。低山主要有南部的塔顶山脉，西部的磁山山脉。全区共有低山面积 27 360.2 公顷，占总面积的 43.4%，最高峰为福山区南部与栖霞市交界处的塔顶山。

丘陵绵延于低山之下，或呈弧丘缓岭，海拔高度在 300.0 米以下，相对高度 20.0～200.0 米。其形态表现为地形切割深度小，密度大，分割强烈，地形破碎，坡度较缓，一般在 20.0°以下。其组成岩石为大理岩、花岗岩、黑云片岩、板岩、变粒岩等。主要有清洋街道内的卧牛山、青龙山、芝阳山；福新街道内的风太山、福来山、岗嵛山；古现街道内的将山、王坡顶；高疃镇内的大米顶、凤凰岭等。全区共有丘陵面积 15 571.4 公顷，占总面积的 24.7%。其中海拔高度小于 100.0 米，相对高度小于 50.0 米，坡度缓平的缓丘面积为 7 450.9 公顷，占总面积的 12.6%，是主要的农业区之一。

平原单地块面积在 20.0 公顷以上，地面坡度小于 2.0°，地面较平坦，切割程度轻。主要分布在低山丘陵之间、河流两岸和沿海，多呈带状。成土母质为第四纪冲积物或海积物，如古现泊、门楼泊、富村泊、旺远泊、仉村泊、涂山泊、丈八泊、黄山泊、紫埠泊等。全区平原面积为 20 110.4 公顷，占总面积的 31.9%，是高产高效重点农业区。

福山区的耕地地貌类型分为山地丘陵、山前倾斜平地和滨海冲积平地 3 个微地貌区，山丘岭地、水平梯田、沿河地、山间泊地和滨海缓平地 5 个微地貌类型，荒坡岭、岭坡梯田、坡麓梯田、岭地、河滩地、泊地和缓平地 7 个微地貌单元。

（三）气候条件

1. 气温与光照

烟台市福山区属暖温带东亚季风区大陆性气候，四季变化和季风进退都比较明显。平均气温 11.8℃，平均日照 2 672.2 小时，太阳总辐射 481.1 焦耳/厘米²。全年相对湿度一般为 65%，平均无霜期 223 天，平均风速 4～6 米/秒。

2. 降水

烟台市福山区夏季受太平洋暖气团的控制，雨量较多，空气湿润。冬季受西北亚干冷气团的影响，降水量少，寒冷干燥。年平均降水 729.2 毫米。

（四）农业生产现状

烟台市福山区 2022 年完成农林牧渔业总产值 51.9 亿元，按可比价计算，同比增长 6.1%。其中，农业产值 41.5 亿元，林业产值 1.4 亿元，牧业产值 5.7 亿元，渔业产值 0.3 亿元，农林牧渔服务业产值 3.0 亿元。

2022 年末拥有农业机械总动力 23.4 万千瓦，其中，农用拖拉机 2 016 台，农用排灌动力机械 6 478 台，联合收割机 24 台。机耕面积 10.4 万亩，机播面积 9.2 万亩，机收面积 8.3

万亩；新增农田灌溉面积 10 600 亩，改善灌溉面积 10 600 亩，新增节水灌溉面积 7 400 亩。

（五）水文

烟台市福山区境内河流属半岛边沿水系，主要河流有：清洋河，俗称内夹河，发源于栖霞市南小灵山，境内长 27 千米，流域面积 330 千米^2；大沽夹河，俗称外夹河，发源于海阳县郭城镇牧牛山，境内长 43 千米，流域面积 130 千米^2。两河分别自西、南入境，流贯全区，蜿蜒于福山市东北永福园村东，汇流入黄海。

福山区境内有烟台市最大的水库——门楼水库，库容可达 1.2 亿米^3，是烟台市区生产、生活用水的主要水源地。截至 2020 年 3 月，福山区水资源年均储量 3.2 亿米^3。

二、耕地质量等级

（一）耕地质量等级总体情况

2022 年福山区耕地面积为 103 142.00 亩。其耕地质量等级由高到低依次划分为二至十等地（表 6 - 35）。在此范围内，二等地耕地质量最好，十等地耕地质量最差。采用耕地质量等级面积加权法，计算得到福山区耕地质量平均等级为 6.95 等。

评价结果为二至三等的高产田耕地面积为 14 384.82 亩，占福山区评价耕地总面积的 13.95%。高产田的耕地地力较高，农田设施条件好，应加强耕地保育和利用，确保耕地质量稳中有升。评价为四至六等的中产田耕地面积为 22 120.71 亩，占福山区评价耕地总面积的 21.44%。这部分耕地立地条件较好，具备一定的农田基础设施，是发展粮食、蔬菜和经济作物的重点生产区域。今后应重点加强地力培育，提高耕地有效养分，完善灌溉条件。评价为七至十等的低产田耕地面积为 66 636.47 亩，占福山区评价耕地总面积的 64.61%。立地条件较差，大部分耕地灌溉困难，基础地力较低，部分耕地存在障碍因素，应大力开展农田基础设施建设，改良土壤，培肥地力。

表 6 - 35　福山区耕地质量等级面积统计

耕地质量等级	耕地面积（亩）	比例（%）
一等	0.00	0.00
二等	9 291.94	9.01
三等	5 092.88	4.94
四等	6 809.58	6.60
五等	3 611.55	3.50
六等	11 699.58	11.34
七等	11 986.19	11.62
八等	23 990.88	23.26
九等	15 111.24	14.65
十等	15 548.16	15.08
合计	103 142.00	100.00

（二）耕地质量等级乡镇分布特征

将福山区耕地质量等级分布图与行政区划图进行叠加分析，从耕地质量等级的行政区域数据库中，按照权属字段检索出所有等级在各个乡镇的记录，统计出二至十等地在各乡镇的分布状况（表 6 - 36）。

表 6 – 36 福山区耕地质量等级分布特征

镇名称	属性	一等	二等	三等	四等	五等	六等	七等	八等	九等	十等	合计
东厅街道	耕地面积（亩）	0.00	0.00	0.00	397.45	4.83	230.91	1 287.88	4 076.49	415.10	98.24	6 510.90
	面积比例（%）	0.00	0.00	0.00	6.10	0.07	3.55	19.78	62.61	6.38	1.51	100.00
福新街道	耕地面积（亩）	0.00	0.00	3.34	29.89	31.92	288.00	183.98	207.25	201.17	34.82	980.37
	面积比例（%）	0.00	0.00	0.34	3.05	3.25	29.38	18.77	21.14	20.52	3.55	100.00
高疃镇	耕地面积（亩）	0.00	1 109.17	1 276.68	734.06	1 169.43	1 424.02	1 106.99	5 096.02	4 934.98	2 394.88	19 246.23
	面积比例（%）	0.00	5.76	6.63	3.82	6.08	7.40	5.75	26.48	25.64	12.44	100.00
回里镇	耕地面积（亩）	0.00	565.91	477.00	1 225.31	631.84	1 842.06	3 309.94	5 385.34	842.46	40.05	14 319.91
	面积比例（%）	0.00	3.95	3.33	8.56	4.41	12.86	23.12	37.61	5.88	0.28	100.00
门楼街道	耕地面积（亩）	0.00	6 174.59	2 413.23	3 212.26	1 090.53	2 374.81	1 896.59	1 533.82	277.97	0.00	18 973.80
	面积比例（%）	0.00	32.54	12.72	16.93	5.75	12.52	10.00	8.08	1.46	0.00	100.00
清洋街道	耕地面积（亩）	0.00	339.62	75.62	0.00	18.48	1 177.50	224.65	644.59	0.00	8.02	2 488.48
	面积比例（%）	0.00	13.65	3.04	0.00	0.74	47.32	9.03	25.90	0.00	0.32	100.00
臧家庄镇	耕地面积（亩）	0.00	1 102.65	847.01	1 121.73	624.24	4 306.39	3 457.71	6 221.28	7 048.98	12 955.33	37 685.32
	面积比例（%）	0.00	2.92	2.25	2.98	1.66	11.43	9.17	16.51	18.70	34.38	100.00
张格庄镇	耕地面积（亩）	0.00	0.00	0.00	88.88	40.28	55.89	518.45	826.09	1 390.58	16.82	2 936.99
	面积比例（%）	0.00	0.00	0.00	3.03	1.37	1.90	17.65	28.13	47.35	0.57	100.00
合计	耕地面积（亩）	0.00	9 291.94	5 092.88	6 809.58	3 611.55	11 699.58	11 986.19	23 990.88	15 111.24	15 548.16	103 142.00
	面积比例（%）	0.00	9.01	4.94	6.60	3.50	11.34	11.62	23.26	14.65	15.08	100.00

从表 6-36 中看出，二、三等高产田耕地面积所占比例较高的乡镇主要为门楼街道；四、五、六等中产田耕地面积所占比例较高的乡镇主要为清洋街道；七、八、九、十等低产田耕地面积所占比例较高的乡镇主要为东厅街道、福新街道、高疃镇、回里镇、臧家庄镇、张格庄镇。

（三）耕地质量等级分布现状

1. 二等地

二等地耕地面积为 9 291.94 亩，占全区总耕地面积的 9.01%。其中水浇地 9 291.94 亩，全为水浇地（表 6-37）。

表 6-37 二等地各利用类型面积情况

利用类型	评价单元（个）	面积（亩）	占耕地总面积的比例（%）	占二等地面积的比例（%）
水浇地	582	9 291.94	9.01	100.00
总计	582	9 291.94	9.01	100.00

二等地土壤类型以潮棕壤为主，兼有潮土、典型棕壤和淋溶褐土分布。土壤耕层质地主要为轻壤，兼有中壤分布。质地构型主要为夹黏型，兼有通体壤分布。地貌类型以泊地为主，兼有岭地、倾斜平地和微斜平地分布。土层深厚，土壤理化性状良好，可耕性强。但是要实现农业高产高效发展和粮食需求，与一等地有一定差距。农田水利设施完善，满足灌排能力，灌排条件好。土壤有机质养分含量属于中等偏上水平，有效磷和速效钾养分含量均属于中等水平（表 6-38）。

表 6-38 二等地主要养分含量

项目	有机质（克/千克）	有效磷（毫克/千克）	速效钾（毫克/千克）
平均值	16.07	76.37	186.82
范围值	14.31～18.53	37.65～161.89	116.00～327.00
含量水平	中等偏上	中等偏上	中等偏上

二等地是福山区重要的优质耕地，主要的粮食、蔬菜生产基地，但是要实现农业高产高效发展和粮食需求，与一等地有一定差距。改良措施同烟台市二等地。

2. 三等地

三等地耕地面积为 5 092.88 亩，占全区总耕地面积的 4.94%。其中水浇地 5 092.88 亩（表 6-39）。

表 6-39 三等地各利用类型面积情况

利用类型	评价单元（个）	面积（亩）	占耕地总面积的比例（%）	占三等地面积的比例（%）
水浇地	372	5 092.88	4.94	100.00
总计	372	5 092.88	4.94	100.00

三等地土壤类型以潮土为主，兼有潮棕壤和典型棕壤分布。土壤耕层质地主要为轻壤和砂壤，兼有中壤分布。质地构型主要为夹黏型，兼有少量薄层型和通体壤。地貌类型以泊地为主，兼有岭地、倾斜平地和微斜平地分布。土层深厚，土壤理化性状良好，可耕性强。农田水利设施较完善，灌排条件较好，基本达到了旱能浇、涝能排生产条件。土壤有机质养分含量属于中等偏上水平，有效磷和速效钾养分含量均属于中等水平（表 6－40）。

表 6－40 三等地主要养分含量

项目	有机质（克/千克）	有效磷（毫克/千克）	速效钾（毫克/千克）
平均值	15.72	74.57	192.36
范围值	12.09～17.82	35.52～154.09	118.00～346.00
含量水平	中等偏上	中等偏上	中等偏上

三等地是福山区重要的优质耕地，主要的粮食、蔬菜生产基地，但生产条件及土壤肥力状况与一、二等地还有一定差距，重点应完善农业生产条件、提高耕地肥力水平。生产利用中应注意事项同烟台市三等地。

3. 四等地

四等地耕地面积为 6 809.58 亩，占全区总耕地面积的 6.60％。其中旱地 170.66 亩，水浇地 6 638.92 亩，分别占四等地总面积的 2.51％、97.49％（表 6－41）。

表 6－41 四等地各利用类型面积情况

利用类型	评价单元（个）	面积（亩）	占耕地总面积的比例（％）	占四等地面积的比例（％）
旱地	21	170.66	0.16	2.51
水浇地	538	6 638.92	6.44	97.49
总计	559	6 809.58	6.60	100.00

四等地土壤类型以潮棕壤为主，兼有潮褐土、潮土、普通褐土、典型棕壤和褐土性土分布。土壤耕层质地主要为轻壤，兼有中壤和砂壤分布。质地构型主要为夹黏型，兼有少量薄层型和通体壤。地貌类型以泊地为主，兼有河滩地、岭地、倾斜平地和微斜平地分布。土层深厚，农田水利设施较完善，灌排条件较好，基本达到了旱能浇、涝能排生产条件。土壤有机质养分含量属于中等偏上水平，有效磷和速效钾养分含量均属于中等水平（表 6－42）。

表 6－42 四等地主要养分含量

项目	有机质（克/千克）	有效磷（毫克/千克）	速效钾（毫克/千克）
平均值	16.12	71.91	196.94
范围值	12.03～22.15	41.74～150.19	119.00～331.00
含量水平	中等偏上	中等偏上	中等偏上

四等地是福山区的主要粮食生产基地,产量水平中等偏上。但部分耕地存在缺素问题。合理利用措施同烟台市四等地。

4. 五等地

五等地耕地面积为 3 611.55 亩,占全区总耕地面积的 3.50%。其中旱地 630.89 亩,水浇地 2 980.66 亩,分别占五等地总面积的 17.47%、82.53%(表 6 - 43)。

表 6 - 43　五等地各利用类型面积情况

利用类型	评价单元(个)	面积(亩)	占耕地总面积的比例(%)	占五等地面积的比例(%)
旱地	94	630.89	0.61	17.47
水浇地	296	2 980.66	2.89	82.53
总计	390	3 611.55	3.50	100.00

五等地土壤类型以典型棕壤为主,兼有潮褐土、潮棕壤、潮土、普通褐土和褐土性土分布。土壤耕层质地主要为轻壤,兼有中壤、砂壤和少量砂土分布。质地构型主要为夹黏型,兼有薄层型和通体壤。地貌类型以泊地为主,兼有河滩地、岭地、倾斜平地和微斜平地分布。土壤理化性状较好,可耕性较强。部分耕地农田水利设施条件较差,有灌排条件的耕地灌溉保证率较低。土壤有机质养分含量属于中等偏上水平,有效磷和速效钾养分含量均属于中等水平(表 6 - 44)。

表 6 - 44　五等地主要养分含量

项目	有机质(克/千克)	有效磷(毫克/千克)	速效钾(毫克/千克)
平均值	15.82	71.21	195.59
范围值	11.90~19.55	39.17~135.71	113.00~323.00
含量水平	中等偏上	中等偏上	中等偏上

五等地是福山区产量水平中等的耕地。部分耕地农田水利设施不完善,灌排条件较差;部分耕地土壤保肥保水性差。总体来讲土壤养分含量不高,部分耕地有缺素问题。改良利用措施同烟台市五等地。

5. 六等地

六等地耕地面积为 11 699.58 亩,占全区总耕地面积的 11.34%。其中旱地 8 924.79 亩,水浇地 2 774.79 亩,分别占六等地总面积的 76.28%、23.72%(表 6 - 45)。

表 6 - 45　六等地各利用类型面积情况

利用类型	评价单元(个)	面积(亩)	占耕地总面积的比例(%)	占六等地面积的比例(%)
旱地	1 096	8 924.79	8.65	76.28
水浇地	235	2 774.79	2.69	23.72
总计	1 331	11 699.58	11.34	100.00

六等地土壤类型以典型棕壤为主，兼有潮褐土、潮棕壤、潮土、普通褐土、褐土性土和淋溶褐土分布。土壤耕层质地主要为轻壤，兼有中壤、砂壤和砂土分布。质地构型主要为夹黏型，兼有薄层型和通体壤。地貌类型以泊地为主，兼有河滩地、岭地、倾斜平地和微斜平地分布。部分耕地农田水利设施条件较差，有灌排条件的部分耕地灌溉保证率较低。土壤有机质和速效钾养分含量均属于中等偏上水平，有效磷养分含量属于中等水平（表6-46）。

表6-46　六等地主要养分含量

项目	有机质（克/千克）	有效磷（毫克/千克）	速效钾（毫克/千克）
平均值	15.88	71.55	196.01
范围值	11.97～21.86	37.02～130.12	125.00～346.00
含量水平	中等偏上	中等偏上	中等偏上

六等地的部分耕地土壤保肥保水性差、土壤养分含量偏低。改良利用措施同烟台市六等地。

6. 七等地

七等地耕地面积为11 986.19亩，占全区总耕地面积的11.62%。其中旱地11 029.75亩，水浇地956.44亩，分别占七等地总面积的92.02%、7.98%（表6-47）。

表6-47　七等地各利用类型面积情况

利用类型	评价单元（个）	面积（亩）	占耕地总面积的比例（%）	占七等地面积的比例（%）
旱地	1 508	11 029.75	10.69	92.02
水浇地	94	956.44	0.93	7.98
总计	1 602	11 986.19	11.62	100.00

七等地土壤类型以典型棕壤为主，兼有滨海风沙土、潮褐土、潮棕壤、潮土、普通褐土、钙质粗骨土、褐土性土、淋溶褐土、酸性粗骨土和中性粗骨土分布。土壤耕层质地主要为中壤，兼有轻壤、砂壤和砂土分布。质地构型主要为夹黏型，兼有薄层型和通体壤。地貌类型以岭地为主，兼有河滩地、荒坡岭、岭坡梯田、坡麓梯田、泊地、倾斜平地和微斜平地分布。农田水利设施较差，灌排条件较差，大部分耕地无水源和农田水利设施条件，有灌排条件的部分耕地灌溉保证率较低。土壤有机质和速效钾养分含量均属于中等偏上水平，有效磷养分含量属于中等水平（表6-48）。

表6-48　七等地主要养分含量

项目	有机质（克/千克）	有效磷（毫克/千克）	速效钾（毫克/千克）
平均值	16.24	72.43	201.06
范围值	11.56～21.34	40.23～135.10	92.00～343.00
含量水平	中等偏下	中等偏下	中等偏下

七等地的土壤灌排条件差、土壤肥力偏低。主要改良利用措施同烟台市七等地。

7. 八等地

八等地耕地面积为 23 990.88 亩，占全区总耕地面积的 23.26％。其中旱地 23 847.34 亩，水浇地 143.54 亩，分别占八等地总面积的 99.40％、0.60％（表 6-49）。

表 6-49　八等地各利用类型面积情况

利用类型	评价单元（个）	面积（亩）	占耕地总面积的比例（％）	占八等地面积的比例（％）
旱地	2 906	23 847.34	23.12	99.40
水浇地	21	143.54	0.14	0.60
总计	2 927	23 990.88	23.26	100.00

八等地土壤类型以典型棕壤为主，兼有潮褐土、潮棕壤、潮土、普通褐土、钙质粗骨土、褐土性土、淋溶褐土、酸性粗骨土和中性粗骨土分布。土壤耕层质地主要为轻壤，兼有中壤、砂壤和砂土。质地构型主要为夹黏型，兼有薄层型和通体壤。地貌类型以岭地为主，兼有河滩地、荒坡岭、岭坡梯田、坡麓梯田、泊地、倾斜平地和微斜平地分布。农田水利设施较差，大部分耕地灌溉保证率较低。土壤有机质、有效磷和速效钾养分含量均属于中等水平（表 6-50）。

表 6-50　八等地主要养分含量

项目	有机质（克/千克）	有效磷（毫克/千克）	速效钾（毫克/千克）
平均值	15.56	67.08	197.44
范围值	11.95～35.24	32.03～123.58	82.00～350.00
含量水平	中等偏下	中等偏下	中等偏下

八等地农田水利设施不完善，灌溉条件较差。改良利用措施同烟台市八等地。

8. 九等地

九等地耕地面积为 15 111.24 亩，占全区总耕地面积的 14.65％。其中旱地 15 109.18 亩，水浇地 2.06 亩，分别占九等地总面积的 99.99％、0.01％（表 6-51）。

表 6-51　九等地各利用类型面积情况

利用类型	评价单元（个）	面积（亩）	占耕地总面积的比例（％）	占九等地面积的比例（％）
旱地	1 731	15 109.18	14.64	99.99
水浇地	1	2.06	0.01	0.01
总计	1 732	15 111.24	14.65	100.00

九等地土壤类型以典型棕壤为主，兼有潮棕壤、潮土、普通褐土、钙质粗骨土、褐土性土、淋溶褐土、酸性粗骨土和中性粗骨土分布。土壤耕层质地主要为轻壤，兼有中壤、砂壤和砂土分布。质地构型主要以薄层型为主，兼有夹黏型和通体壤分布。地貌类型以岭地为主，兼有河滩地、荒坡岭、岭坡梯田、坡麓梯田、泊地、倾斜平地和微斜平地分布。土层较薄。农田水利设施与灌排条件差。土壤有机质和有效磷养分含量均属于中等水平，速效钾养分含量属于中等偏上水平（表6-52）。

表6-52 九等地主要养分含量

项目	有机质（克/千克）	有效磷（毫克/千克）	速效钾（毫克/千克）
平均值	16.64	69.88	202.07
范围值	12.92～31.90	27.88～102.66	94.00～323.00
含量水平	中等偏下	中等偏下	中等偏下

九等地立地条件和土壤物理条件较差，改良措施同烟台市九等地。

9. 十等地

十等地耕地面积为15 548.16亩，占全区总耕地面积的15.08%。其中旱地15 548.16亩（表6-53）。

表6-53 十等地各利用类型面积情况

利用类型	评价单元（个）	面积（亩）	占耕地总面积的比例（%）	占十等地面积的比例（%）
旱地	1 351	15 548.16	15.08	100.00
总计	1 351	15 548.16	15.08	100.00

十等地土壤类型以酸性粗骨土为主，兼有潮棕壤、潮土、普通褐土、典型棕壤、钙质粗骨土、褐土性土、淋溶褐土和中性粗骨土分布。土壤耕层质地主要为砂土，兼有轻壤、中壤和砂壤。质地构型以薄层型为主，兼有通体壤和夹黏型。地貌类型以岭地为主，兼有沟谷梯田、河滩地、荒坡岭、岭坡梯田、坡麓梯田、泊地、倾斜平地和微斜平地分布。土层较薄。农田水利设施差，耕地灌溉保证率低。土壤有机质和速效钾养分含量均属于中等水平，有效磷养分含量属于中等偏上水平（表6-54）。

表6-54 十等地主要养分含量

项目	有机质（克/千克）	有效磷（毫克/千克）	速效钾（毫克/千克）
平均值	16.77	71.93	193.98
范围值	12.56～18.86	41.76～93.24	71.00～287.00
含量水平	中等偏下	中等偏下	中等偏下

十等地立地条件和土壤物理条件较差，土壤肥力低，大部分耕地土层薄，产量低而不稳。改良利用的重点同烟台市十等地。

第四节　莱山区耕地质量等级评价

一、莱山区概况

（一）地理位置与行政区划

烟台市莱山区位于山东半岛东部、黄海之滨，北纬 37°18′～37°32′，东经 121°20′～121°34′。境域南北最大跨度 25.50 千米，东西最大跨度 20.50 千米，呈不规则菱形状。西北临芝罘区，西与福山区接壤，东、南与牟平区毗邻。莱山区总面积 285.43 千米²，第七次全国人口普查数据显示，常住人口 38.95 万人。

（二）地形地貌

莱山区地势东南高、北部低，地貌分为丘陵区和平原区。丘陵面积占土地总面积的 53.1%，平原占 46.9%。海岸线长 10.5 千米，属港湾海岸。

（三）气候条件

1. 气温与光照

莱山区气候属温带东亚季风型大陆性气候，阳光充足，四季分明，冬无严寒不干燥，夏无酷暑不潮湿，自然环境优越。年均温度 12.2℃、无霜期 198 天，年均日照时数 2 602.2 小时。

2. 降水

莱山区年均降水量 859.6 毫米。

（四）农业生产现状

2022 年实现农林牧渔业总产值 7.9 亿元，同比增长 7.9%；增加值 4.2 亿元，增长 6.6%。粮食总产量 1.1 万吨，增长 25.8%；水果产量 5 万吨，增长 28.6%；蔬菜产量 4.1 万吨，增长 14.7%；肉蛋奶产量 0.05 万吨，增长 26.9%；水产品产量 0.3 万吨，下降 38.8%。

全年新增造林面积 2.4 公顷，森林抚育面积 141.6 公顷。

（五）水文

莱山区境内有 23 条河道，流域面积 258 千米²，库容量 978.6 万米³。

二、耕地质量等级

（一）耕地质量等级总体情况

莱山区耕地面积为 61 397.85 亩。其耕地质量等级由高到低依次划分为二至九等地（表 6-55）。莱山区内，二等地耕地质量最好，九等地耕地质量最差。采用耕地质量等级面积加权法，计算得到莱山区耕地质量平均等级为 5.85 等。

评价结果为二至三等的高产耕地面积为 6 651.10 亩，占莱山区评价耕地总面积的 10.84%，少量分布在西部和东北部地区。高产田的耕地地力较高，农田设施条件好，应加强耕地保育和利用，确保耕地质量稳中有升。评价为四至六等的中产耕地面积为

24 225.65亩，占莱山区评价耕地总面积的39.45%，分散分布在西部、北部和全区大部分地区。这部分耕地立地条件较好，具备一定的农田基础设施，是发展粮食、蔬菜和经济作物的重点生产区域。今后应重点加强地力培育，提高耕地有效养分，完善灌溉条件。评价为七至九等的低产耕地面积为30 521.10亩，占莱山区评价耕地总面积的49.71%，主要分布在中南部地区。立地条件较差，大部分耕地灌溉困难，基础地力较低，部分耕地存在障碍因素，应大力开展农田基础设施建设，改良土壤，培肥地力。

表6-55　莱山区耕地质量等级面积统计

耕地质量等级	耕地面积（亩）	比例（%）
一等	0.00	0.00
二等	22.56	0.04
三等	6 628.54	10.80
四等	6 227.86	10.14
五等	8 290.72	13.50
六等	9 707.07	15.81
七等	29 763.92	48.48
八等	694.01	1.13
九等	63.17	0.10
十等	0.00	0.00
合计	61 397.85	100.00

（二）耕地质量等级乡镇分布特征

将莱山区2022年耕地质量等级分布图与行政区划图进行叠加分析，从耕地质量等级的行政区域数据库中，按照权属字段检索出所有等级在各个乡镇的记录，统计出二至九等地在各乡镇的分布状况（表6-56）。

从表中看出二、三等高产田耕地面积所占比例在各乡镇均分布较少；四、五、六等中产田耕地面积所占比例较高的乡镇主要为滨海路街道、莱山街道、莱山经济开发区、马山街道；七、八、九等低产田耕地面积所占比例较高的乡镇主要为初家街道、黄海路街道、解甲庄街道、院格庄街道。

（三）耕地质量等级分布现状

1. 二等地

二等地耕地面积为22.56亩，占全区总耕地面积的0.04%。全部为水浇地（表6-57）。

表 6 - 56　莱山区耕地质量等级分布特征

镇名称	属性	一等	二等	三等	四等	五等	六等	七等	八等	九等	十等	合计
滨海路街道	耕地面积（亩）	0.00	0.00	0.00	579.56	4.63	680.82	107.91	0.00	0.00	0.00	1 372.92
	面积比例（%）	0.00	0.00	0.00	42.21	0.34	49.59	7.86	0.00	0.00	0.00	100.00
初家街道	耕地面积（亩）	0.00	0.00	21.15	136.85	4.06	136.77	450.62	9.79	0.00	0.00	759.24
	面积比例（%）	0.00	0.00	2.79	18.02	0.53	18.02	59.35	1.29	0.00	0.00	100.00
黄海路街道	耕地面积（亩）	0.00	0.00	0.00	0.00	0.00	43.54	70.25	19.80	0.00	0.00	133.59
	面积比例（%）	0.00	0.00	0.00	0.00	0.00	32.59	52.59	14.82	0.00	0.00	100.00
解甲庄街道	耕地面积（亩）	0.00	0.00	6.59	827.73	1 814.23	1 034.69	9 394.74	272.41	63.17	0.00	13 413.56
	面积比例（%）	0.00	0.00	0.05	6.17	13.53	7.71	70.04	2.03	0.47	0.00	100.00
莱山街道	耕地面积（亩）	0.00	0.00	4 312.84	700.75	1 377.64	2 251.77	4 061.05	0.00	0.00	0.00	12 704.05
	面积比例（%）	0.00	0.00	33.95	5.52	10.84	17.72	31.97	0.00	0.00	0.00	100.00
莱山经济开发区	耕地面积（亩）	0.00	0.00	0.00	515.94	715.34	1 038.13	372.60	0.00	0.00	0.00	2 642.01
	面积比例（%）	0.00	0.00	0.00	19.53	27.08	39.29	14.10	0.00	0.00	0.00	100.00
马山街道	耕地面积（亩）	0.00	0.00	1 586.83	3 000.01	642.02	1 847.26	902.08	78.51	0.00	0.00	8 056.71
	面积比例（%）	0.00	0.00	19.69	37.24	7.97	22.93	11.20	0.97	0.00	0.00	100.00
院格庄街道	耕地面积（亩）	0.00	22.56	701.13	467.02	3 732.80	2 674.09	14 404.67	313.50	0.00	0.00	22 315.77
	面积比例（%）	0.00	0.10	3.14	2.09	16.73	11.98	64.55	1.41	0.00	0.00	100.00
合计	耕地面积（亩）	0.00	22.56	6 628.54	6 227.86	8 290.72	9 707.07	29 763.92	694.01	63.17	0.00	61 397.85
	面积比例（%）	0.00	0.04	10.80	10.14	13.50	15.81	48.48	1.13	0.10	0.00	100.00

表 6 - 57　二等地各利用类型面积情况

利用类型	评价单元（个）	面积（亩）	占耕地总面积的比例（%）	占二等地面积的比例（%）
水浇地	4	22.56	0.04	100.00
总计	4	22.56	0.04	100.00

二等地土壤类型以酸性粗骨土为主。土壤耕层质地主要为中壤。质地构型主要为夹黏型。地貌类型以岭地为主，土层深厚，土壤理化性状良好，可耕性强。农田水利设施完善，灌排条件好。土壤有机质养分含量属于中等偏下水平，有效磷和速效钾养分含量均属于中等偏上水平（表 6 - 58）。

表 6 - 58　二等地主要养分含量

项目	有机质（克/千克）	有效磷（毫克/千克）	速效钾（毫克/千克）
平均值	8.56	53.69	175.00
范围值	8.00~9.15	51.10~56.20	174.00~176.00
含量水平	中等偏下	中等偏上	中等偏上

二等地是莱山区的重要优质耕地，主要的粮食、蔬菜生产基地，但是要实现农业高产高效发展和粮食需求，与一等地有一定差距。改良措施同烟台市二等地。

2. 三等地

三等地耕地面积为 6 628.54 亩，占全区总耕地面积的 10.80%。其中旱地 52.00 亩，水浇地 6 576.54 亩，分别占三等地总面积的 0.78%、99.22%（表 6 - 59）。

表 6 - 59　三等地各利用类型面积情况

利用类型	评价单元（个）	面积（亩）	占耕地总面积的比例（%）	占三等地面积的比例（%）
旱地	4	52.00	0.09	0.78
水浇地	316	6 576.54	10.71	99.22
总计	320	6 628.54	10.80	100.00

三等地土壤类型以潮土为主，兼有潮棕壤和典型棕壤分布。土壤耕层质地主要为轻壤，兼有中壤和砂壤分布。质地构型主要为夹黏型，兼有通体壤分布。地貌类型以倾斜平地为主，兼有山间泊地和微斜平地。土层深厚，土壤理化性状良好，可耕性强。农田水利设施完善，灌排条件好。土壤有机质、有效磷和速效钾养分含量均属于中等偏上水平（表 6 - 60）。

表 6 - 60　三等地主要养分含量

项目	有机质（克/千克）	有效磷（毫克/千克）	速效钾（毫克/千克）
平均值	21.40	27.85	217.99
范围值	9.33~36.55	18.04~52.86	119.00~337.00
含量水平	中等偏上	中等偏上	中等偏上

三等地是莱山区重要的优质耕地，主要的粮食、蔬菜生产基地，但生产条件及土壤肥力状况与一、二等地还有一定差距。改良措施同烟台市三等地。

3. 四等地

四等地耕地面积为 6 227.86 亩，占全区总耕地面积的 10.14%。全部为水浇地（表 6-61）。

表 6-61 四等地各利用类型面积情况

利用类型	评价单元（个）	面积（亩）	占耕地总面积的比例（%）	占四等地面积的比例（%）
水浇地	503	6 227.86	10.14	100.00
总计	503	6 227.86	10.14	100.00

四等地土壤类型以潮土为主，兼有潮棕壤、盐化潮土、棕壤性土和典型棕壤分布。土壤耕层质地主要为轻壤，兼有中壤和砂壤分布。质地构型主要为夹黏型，兼有通体壤分布。地貌类型以山间泊地为主，兼有滨海缓平地、滨海洼地、河滩地、近山阶地、倾斜平地和岭地。土层深厚，农田水利设施较完善，灌排条件较好，基本达到了旱能浇、涝能排生产条件。土壤有机质、有效磷和速效钾养分含量均属于中等偏上水平（表 6-62）。

表 6-62 四等地主要养分含量

项目	有机质（克/千克）	有效磷（毫克/千克）	速效钾（毫克/千克）
平均值	19.06	26.82	222.67
范围值	10.34~37.47	6.43~50.37	120.00~410.00
含量水平	中等偏上	中等偏上	中等偏上

四等地是莱山区的主要粮食生产基地，产量水平中等偏上。部分耕地存在缺素、灌排能力较低等问题。合理利用措施同烟台市四等地。

4. 五等地

五等地耕地面积为 8 290.72 亩，占全区总耕地面积的 13.50%。其中旱地 4 704.86 亩，水浇地 3 585.86 亩，分别占五等地总面积的 56.75%、43.25%（表 6-63）。

表 6-63 五等地各利用类型面积情况

利用类型	评价单元（个）	面积（亩）	占耕地总面积的比例（%）	占五等地面积的比例（%）
旱地	485	4 704.86	7.66	56.75
水浇地	344	3 585.86	5.84	43.25
总计	829	8 290.72	13.50	100.00

五等地土壤类型以潮土为主，兼有潮棕壤、褐土性土和典型棕壤分布。土壤耕层质地主要为砂壤，兼有中壤和轻壤分布。质地构型主要为夹黏型，兼有通体壤分布。地貌类型

以山间泊地为主，兼有滨海缓平地、滨海洼地、河滩地、岭地、近山阶地、沙丘、倾斜平地和微斜平地。土壤理化性状较好，可耕性较强。部分耕地灌溉保证率较低。土壤有机质、有效磷和速效钾养分含量属于中等偏上水平（表6-64）。

表6-64　五等地主要养分含量

项目	有机质（克/千克）	有效磷（毫克/千克）	速效钾（毫克/千克）
平均值	16.75	27.46	189.25
范围值	8.06~36.53	5.83~55.92	113.00~330.00
含量水平	中等偏上	中等偏上	中等偏上

五等地产量水平中等。部分耕地水源无保障，农田水利设施不完善，灌排条件较差；部分耕地土壤保肥保水性差。改良利用措施同烟台市五等地。

5. 六等地

六等地耕地面积为9 707.06亩，占全区总耕地面积的15.81%。其中旱地8 822.33亩，水浇地884.73亩，分别占六等地总面积的90.89%、9.11%（表6-65）。

表6-65　六等地各利用类型面积情况

利用类型	评价单元（个）	面积（亩）	占耕地总面积的比例（%）	占六等地面积的比例（%）
旱地	1 139	8 822.33	14.37	90.89
水浇地	114	884.74	1.44	9.11
总计	1 253	9 707.07	15.81	100.00

六等地土壤类型以典型棕壤为主，兼有潮棕壤、潮土、盐化潮土和棕壤性土分布。土壤耕层质地主要为轻壤，兼有中壤、砂壤和砾质壤土分布。质地构型主要为夹黏型，兼有通体壤分布。地貌类型以山间泊地为主，兼有滨海缓平地、河滩地、岭地、近山阶地和倾斜平地。部分耕地无水源和农田水利设施条件，有灌排条件的部分耕地灌溉保证率较低。土壤有机质、有效磷和速效钾养分含量均属于中等偏上水平（表6-66）。

表6-66　六等地主要养分含量

项目	有机质（克/千克）	有效磷（毫克/千克）	速效钾（毫克/千克）
平均值	17.65	28.59	203.66
范围值	9.55~35.22	5.80~53.20	117.00~405.00
含量水平	中等偏上	中等偏上	中等偏上

六等地的水源保障较差，农田水利设施不完善，灌溉条件较差。部分耕地土壤保肥保水性差、土壤养分含量偏低。改良利用措施同烟台市六等地。

6. 七等地

七等地耕地面积为 29 763.94 亩，占全区总耕地面积的 48.48%。其中旱地 29 018.37 亩，水浇地 745.56 亩，分别占七等地总面积的 97.50%、2.50%（表 6-67）。

表 6-67　七等地各利用类型面积情况

利用类型	评价单元（个）	面积（亩）	占耕地总面积的比例（%）	占七等地面积的比例（%）
旱地	3 517	29 018.36	47.26	97.50
水浇地	38	745.56	1.22	2.50
总计	3 555	29 763.92	48.48	100.00

七等地土壤类型以酸性粗骨土为主，兼有潮棕壤、潮土、典型棕壤、钙质粗骨土、褐土性土、盐化潮土和棕壤性土分布。土壤耕层质地主要为砂壤，兼有中壤、轻壤、砂土、砾质壤土和砾质砂土分布。质地构型主要为夹黏型，兼有通体壤分布。地貌类型以岭地为主，兼有滨海缓平地、滨海洼地、河滩地、荒坡岭、近山阶地、坡麓梯田、倾斜平地和山间泊地。农田水利设施较差，灌排条件较差，大部分耕地无水源和农田水利设施条件，有灌排条件的部分耕地灌溉保证率较低。土壤有机质、有效磷和速效钾养分含量属于中等偏下水平（表 6-68）。

七等地的土壤灌排条件差、土壤肥力偏低。主要改良利用措施同烟台市七等地。

表 6-68　七等地主要养分含量

项目	有机质（克/千克）	有效磷（毫克/千克）	速效钾（毫克/千克）
平均值	15.51	27.53	188.67
范围值	8.73~36.06	5.85~57.24	110.00~409.00
含量水平	中等偏下	中等偏下	中等偏下

7. 八等地

八等地耕地面积为 694.01 亩，占全区总耕地面积的 1.13%。全部为旱地 694.01（表 6-69）。

表 6-69　八等地各利用类型面积情况

利用类型	评价单元（个）	面积（亩）	占耕地总面积的比例（%）	占八等地面积的比例（%）
旱地	148	694.01	1.13	100.00
总计	148	694.01	1.13	100.00

八等地土壤类型以酸性粗骨土为主，兼有潮土、典型棕壤和滨海风沙土分布。土壤耕层质地主要为砂壤，兼有轻壤、砾质壤土、砾质砂土和砂土。质地构型主要以夹黏型为主，兼有通体壤和薄层型。地貌类型以岭地为主，兼有滨海洼地、河滩地、荒坡岭、坡麓

梯田、沙丘和山间泊地。农田水利设施较差，大部分耕地灌溉保证率较低。土壤有机质、有效磷和速效钾养分含量属于中等偏下水平（表 6-70）。

表 6-70 八等地主要养分含量

项目	有机质（克/千克）	有效磷（毫克/千克）	速效钾（毫克/千克）
平均值	12.13	25.38	183.10
范围值	9.06～22.02	7.98～52.82	119.00～286.00
含量水平	中等偏下	中等偏下	中等偏下

八等地农田水利设施不完善，灌溉条件较差，极少部分耕地土层较薄，影响作物的正常生长发育。改良利用措施同烟台市八等地。

8. 九等地

九等地耕地面积为 63.16 亩，占全区总耕地面积的 0.10%。全部为旱地（表 6-71）。

九等地土壤类型以典型棕壤为主。土壤耕层质地主要为砾质砂土。质地构型以夹黏型为主。地貌类型以荒坡岭为主，兼有山间泊地分布。农田水利设施与灌排条件差。土壤有机质、有效磷和速效钾养分含量均属于中等偏下水平（表 6-72）。

表 6-71 九等地各利用类型面积情况

利用类型	评价单元（个）	面积（亩）	占耕地总面积的比例（%）	占九等地面积的比例（%）
旱地	15	63.17	0.10	100.00
总计	15	63.17	0.10	100.00

表 6-72 九等地主要养分含量

项目	有机质（克/千克）	有效磷（毫克/千克）	速效钾（毫克/千克）
平均值	13.21	20.38	197.87
范围值	11.01～15.28	19.16～21.52	180.00～216.00
含量水平	中等偏下	中等偏下	中等偏下

九等地立地条件和土壤物理条件较差，大部分耕地土体深厚，产量低而不稳，部分耕层耕地中有砾石，改良措施同烟台市九等地。

第五节 牟平区耕地质量等级评价

一、牟平区概况

（一）地理位置与行政区划

烟台市牟平区隶属于山东省烟台市，位于胶东半岛东部，东经 121°9′～121°56′、北纬 37°4′~37°30′，因处牟山之阳平川地而得名，北濒黄海，南临乳山市，东接威海市，西临烟台市莱山区，西南与烟台市栖霞市、海阳市接壤。牟平区辖 5 个街道、7 个镇、1 个省级经济开发区、1 个省级旅游度假区。总面积 1 330 千米²，海岸线 31.82 千米。

2022 年末全区总户数为 153 017 户，比上年度减少了 1 609 户。全区总人口数 413 964 人，比上年度减少了 5 592 人，其中男性 204 546 人，女性 209 418 人，女性比男性多 4 872 人。2022 年度共出生 1 825 人，其中男性 942 人，女性 883 人，男性比女性出生人数多 59 人。

（二）地形地貌

烟台市牟平区地处山东半岛沭东低山丘陵地带，为华北陆台的一部分，属第三季喜马拉雅造山运动的产物。低山、丘陵、平原相间，全区除北部沿海平原以外，丘陵连绵，群山起伏。地势中部高、南北低，呈屋脊状。昆嵛山、鹊山、垛山三大山脉撑起牟平屋脊，位于牟平区与文登区交界处的泰礴顶，海拔 922.8 米，为胶东屋脊。北部为滨海缓平地，由冲积和海积形成，地面平坦，海拔 30 米以下。

根据地形特点，按照地貌划分的标准，牟平区的微地貌可划为 8 种类型。包括山丘岭坡、水平梯田、山前倾斜平地、沿河地、山间泊地、滨海缓平地、滨海洼地、滨海滩地。

（三）气候条件

1. 气温与光照

烟台市牟平区位于暖温带，属半干旱亚季风区大陆性气候。四季特征明显，冬季寒冷雨雪稀少；夏季炎热多雨偶有伏旱；春季多西南大风，空气干燥有春旱；秋季天气凉爽，个别年份出现连阴雨。

牟平区年平均气温 12.8℃，最高年达 17.8℃，最低年为 8.6℃。全年一月份月平均气温最低，为 −1.4℃，最低年份为 −5.0℃；七月份最高，为 25.5℃，最高年份达 29.8℃。旬平均气温以 1 月中旬最低，为 −1.7℃，7 月下旬至 8 月上旬最高，达 26.4℃，年较差 28.1℃。月气温变化四月份回升最快，3—4 月升温达 6.7℃，11 月降温最快，较 10 月份降 7℃。4—11 月整个作物生长季节平均气温日较差为 9.7℃，春季最大，秋季次之，夏季最小。全年平均低于 −10℃ 的天数为 10.7 天。

温度稳定通过 0℃ 的平均初日为 3 月 5 日，最早 2 月 13 日，最晚 3 月 21 日；平均终日为 12 月 11 日，最早 11 月 20 日，最晚 12 月 30 日；平均间隔日数为 280.7 天，最长 306 天，最短 253 天。大于等于 0℃ 积温年平均为 4 386.3℃，最多 4 735.5℃，最小 4 076.2℃，大于等于 80% 保证率积温为 4 263.7℃，期间降水大于等于 80% 的保证率为 650 毫米。稳定通过 10℃ 的初日为 4 月 19 日，最早为 4 月 4 日，最晚 4 月 30 日；平均终日为 10 月 31 日，最早 10 月 20 日，最晚 11 月 10 日；平均间隔日数 196.6 天，最多 208 天，最少 183 天。大于等于 10℃ 的年积温平均 3 882.5℃，最多 4 124.3℃，最少 3 611.6℃，大于等于 80% 保证率积温为 3 830℃，期间的降水量为 649.6 毫米，大于等于 80% 保证率降水量 590 毫米。牟平区全年平均高温 17℃，平均低温 10℃，平均风速 14.1 千米/时，总降水量 564.3 毫米。

2. 降水

牟平区年总降水量多在 750～900 毫米。历年平均降水量为 663.3 毫米，最多 1 045.2 毫米，最少 392.7 毫米。春季 3—5 月降水量平均占年总量的 15.2%，夏季 6—8 月份占 55.8%，秋季 9—11 月份占 21.2%，冬季 12 至隔年 2 月份占 7.9%。牟平区年干燥度一般在 0.7～1.0 之间。暴雨多集中在 7 月中旬到 9 月中旬，主要受西南倒槽和江淮气旋波的影响。牟平区日降水量大于等于 50 毫米的天数年平均 2.1 天，大于等于 100 毫米年平均 0.5 天，大于等于 200 毫米平均十年一遇。暴雨对土壤产生极其严重的侵蚀作用，但 7—9 月份为全年植被最旺盛时期，暴雨虽对农作物造成一定的损害，但植被可减轻土壤的侵蚀作用。

(四) 农业生产现状

烟台市牟平区农、林、牧、渔业生产形势稳定向好。2023 年完成农林牧渔业总产值 128.2 亿元（现价），按可比价计算，增长 5.8%。其中：农业产值完成 46.2 亿元，增长 4.9%；林业产值完成 0.9 亿元，增长 12.2%；畜牧业产值完成 35.1 亿元，增长 8.8%；渔业产值完成 41.6 亿元，增长 4.7%；农林牧渔服务业产值完成 4.4 亿元，增长 5.5%。粮食产量 11.51 万吨，增长 5.3%；油料产量 3.49 万吨，增长 3.9%；蔬菜产量 16.15 万吨，增长 8.0%；水果产量 78 万吨，增长 6.8%。渔业生产快速增长。全年水产品总产量 24.04 万吨，增长 38.9%。其中海洋捕捞产量 5.52 万吨，增长 32.8%，海水养殖产量 18.46 万吨，增长 41.0%。内陆养殖产量 0.06 万吨，下降 4.6%。农业生产条件和农村基础设施进一步改善。2023 年底，全区农业机械总动力 70.44 万千瓦，增长 1.9%；全年化肥施用量（折纯量）1.79 万吨，增长 3.2%；农药使用量 1 309.88 吨，增长 0.1%。全区所有居委会、行政村全部通电、通电话、通汽车、通自来水；农村公路硬化率达到 100%。

(五) 河流水文

烟台市牟平区境内河流众多，有大小河流 175 条。以横贯中部的分水岭为界，沁水河、鱼鸟河、辛安河、汉河、外夹河北入黄海；黄垒河、乳山河流经乳山市南入黄海。河流多为山溪性河流，常年河少，季节河多，河流水文动态主要受制于降雨的三大变化特征。区内水文地质条件总体比较简单，地下水类型有松散岩类孔隙水、基岩裂隙水和碳酸盐岩类裂隙溶洞水。松散岩类孔隙水是区内最有价值的地下水，水质好，水量大，主要分布在平原地区和河谷地区，开发方便；基岩裂隙水分布在低山丘陵的变质岩和花岗岩中，限于裂隙发育程度和张开充填程度不足，地下水不丰富；碳酸盐岩类裂隙溶洞水主要分布在沿海系山、牟山及养马岛一带，位置沿海，不宜大量开发。

二、耕地质量等级

(一) 耕地质量等级总体情况

烟台市牟平区耕地面积为 420 831.60 亩。其耕地质量等级由高到低依次划分为二至十等地（表 6-73），其中二等地耕地质量最好，十等地耕地质量最差。采用耕地质量等级面积加权法，计算得到牟平区耕地质量平均等级为 6.99 等。

评价结果为二至三等的高产田耕地面积为 17 895.90 亩，占牟平区耕地总面积的
4.25％。高产田的耕地地力较高，农田设施条件好，应加强耕地保育和利用，确保
耕地质量稳中有升。评价为四至六等的中产田耕地面积为 116 340.77 亩，占牟平区
耕地总面积的 27.64％。这部分耕地立地条件较好，具备一定的农田基础设施，是发
展粮食、蔬菜和经济作物的重点生产区域。今后应重点加强地力培育，提高耕地有
效养分，完善灌溉条件。评价为七至十等的低产田耕地面积为 286 594.93 亩，占牟
平区耕地总面积的 68.11％。立地条件较差，大部分耕地灌溉困难，基础地力较
低，部分耕地存在障碍因素，应大力开展农田基础设施建设，改良土壤，培肥
地力。

表 6 - 73　耕地质量等级面积统计

耕地质量等级	耕地面积（亩）	比例（％）
一等	0.00	0.00
二等	996.32	0.24
三等	16 899.58	4.01
四等	21 353.20	5.07
五等	53 464.46	12.70
六等	41 523.11	9.87
七等	110 180.57	26.18
八等	97 321.43	23.13
九等	51 663.72	12.28
十等	27 429.21	6.52
合计	420 831.60	100.00

（二）耕地质量等级乡镇分布特征

将牟平区耕地质量等级分布图与行政区划图进行叠加分析，从耕地质量等级的行政区
域数据库中，按照权属字段检索出所有等级在各个乡镇的记录，统计出二至十等地在各乡
镇的分布状况（表 6 - 74）。

从表中看出二、三等高产田耕地面积所占比例在各乡镇均分布较少；四、五、六等中
产田耕地面积所占比例较高的乡镇主要为大窑街道、宁海街道、武宁街道；七、八、九、
十等低产田耕地面积所占比例较高的乡镇主要为姜格庄街道、龙泉镇、高陵镇、观水镇、
莒格庄镇、昆嵛镇、水道镇、王格庄镇、文化街道、玉林店街道。

（三）耕地质量等级分布现状

1. 二等地

二等地耕地面积为 996.32 亩，占全区总耕地面积的 0.24％。其中水浇地 996.32 亩，

表 6 - 74 牟平区耕地质量等级分布特征

镇名称	属性	一等	二等	三等	四等	五等	六等	七等	八等	九等	十等	合计
大窑街道	耕地面积（亩）	0.00	71.35	3 042.99	2 000.35	2 174.68	1 860.94	1 990.28	585.89	318.03	4.64	12 049.15
	面积比例（%）	0.00	0.59	25.26	16.60	18.05	15.44	16.52	4.86	2.64	0.04	100.00
高陵镇	耕地面积（亩）	0.00	356.43	3 973.09	4 045.92	12 616.52	5 436.88	32 472.10	12 761.60	1 777.65	85.55	73 525.74
	面积比例（%）	0.00	0.49	5.40	5.50	17.16	7.39	44.16	17.36	2.42	0.12	100.00
观水镇	耕地面积（亩）	0.00	36.20	518.95	529.45	1 697.01	3 414.17	9 101.12	11 961.40	9 237.89	5 055.39	41 551.58
	面积比例（%）	0.00	0.09	1.25	1.27	4.08	8.22	21.90	28.79	22.23	12.17	100.00
姜格庄街道	耕地面积（亩）	0.00	62.88	530.40	4 663.00	12 446.23	7 618.65	13 277.18	10 352.40	5 479.12	378.76	54 808.62
	面积比例（%）	0.00	0.11	0.97	8.51	22.71	13.90	24.22	18.89	10.00	0.69	100.00
莒格庄镇	耕地面积（亩）	0.00	0.00	118.91	908.73	2 015.30	3 285.25	7 240.99	9 980.86	8 188.78	11 940.60	43 679.42
	面积比例（%）	0.00	0.00	0.27	2.08	4.61	7.52	16.58	22.85	18.75	27.34	100.00
昆嵛区	耕地面积（亩）	0.00	0.00	172.91	173.73	128.29	1 125.01	1 797.86	8 357.29	6 173.79	2 276.83	20 205.71
	面积比例（%）	0.00	0.00	0.86	0.86	0.63	5.57	8.90	41.36	30.55	11.27	100.00
龙泉镇	耕地面积（亩）	0.00	0.00	67.29	1 258.88	5 603.99	3 444.02	7 724.07	3 761.41	1 083.51	4.23	22 947.40
	面积比例（%）	0.00	0.00	0.29	5.49	24.42	15.01	33.66	16.39	4.72	0.02	100.00
宁海街道	耕地面积（亩）	0.00	0.00	157.52	525.81	952.42	1 583.10	793.80	833.27	251.44	0.00	5 097.36
	面积比例（%）	0.00	0.00	3.09	10.32	18.68	31.06	15.57	16.35	4.93	0.00	100.00
水道镇	耕地面积（亩）	0.00	15.03	2 025.91	2 663.22	5 692.20	7 541.28	19 810.40	21 914.98	14 204.88	4 265.43	78 133.33
	面积比例（%）	0.00	0.02	2.59	3.41	7.29	9.65	25.35	28.05	18.18	5.46	100.00
王格庄镇	耕地面积（亩）	0.00	0.00	71.62	123.95	190.29	312.17	2 802.35	4 878.08	3 472.72	3 301.23	15 152.41
	面积比例（%）	0.00	0.00	0.47	0.82	1.26	2.06	18.49	32.19	22.92	21.79	100.00

（续）

镇名称	属性	一等	二等	三等	四等	五等	六等	七等	八等	九等	十等	合计
文化街道	耕地面积（亩）	0.00	0.00	1 508.07	431.54	514.52	657.03	2 000.91	1 685.54	0.00	0.00	6 797.61
	面积比例（%）	0.00	0.00	22.18	6.35	7.57	9.67	29.43	24.80	0.00	0.00	100.00
武宁街道	耕地面积（亩）	0.00	420.05	2 625.47	2 349.02	5 633.22	3 077.04	4 266.16	1 129.53	50.75	0.00	19 551.24
	面积比例（%）	0.00	2.15	13.43	12.01	28.81	15.74	21.82	5.78	0.26	0.00	100.00
玉林店街道	耕地面积（亩）	0.00	34.38	2 086.45	1 679.60	3 799.79	2 167.57	6 903.35	9 119.18	1 425.16	116.55	27 332.03
	面积比例（%）	0.00	0.13	7.63	6.15	13.90	7.93	25.26	33.36	5.21	0.43	100.00
合计	耕地面积（亩）	0.00	996.32	16 899.58	21 353.20	53 464.46	41 523.11	110 180.57	97 321.43	51 663.72	27 429.21	420 831.60
	面积比例（%）	0.00	0.24	4.01	5.07	12.70	9.87	26.18	23.13	12.28	6.52	100.00

见表 6-75。

表 6-75　二等地各利用类型面积情况

利用类型	评价单元（个）	面积（亩）	占耕地总面积（%）	占二等地面积（%）
水浇地	202	996.32	0.24	100.00
总计	202	996.32	0.24	100.00

二等地土壤类型以潮土为主，兼有潮棕壤和典型棕壤分布。土壤耕层质地主要为轻壤。质地构型主要为通体壤，兼有夹黏型分布。地貌类型以倾斜平地为主，兼有微斜平地分布。土层深厚，土壤理化性状良好，可耕性强。农田水利设施完善，灌溉能力达到满足和充分满足，灌溉条件好。土壤有机质养分含量属于中等水平，土壤有效磷和速效钾养分含量均属于中等偏上水平，见表 6-76。

表 6-76　二等地主要养分含量

项目	有机质（克/千克）	有效磷（毫克/千克）	速效钾（毫克/千克）
平均值	13.41	61.57	164.31
范围值	10.57~17.48	27.29~102.31	76.00~309.00
含量水平	中等	中等偏上	中等偏上

二等地是牟平区重要的优质耕地，主要的粮食、蔬菜生产基地，但是要实现农业高产高效发展和粮食需求，需在农业生产中应注意培肥提质，其他注意问题同烟台市二等地。

2. 三等地

三等地耕地面积为 16 899.58 亩，占全区总耕地面积的 4.01%。其中水浇地 16 898.82 亩，水田 0.76 亩，分别占三等地总面积的 99.99%、0.01%，见表 6-77。

表 6-77　三等地各利用类型面积情况

利用类型	评价单元（个）	面积（亩）	占耕地总面积（%）	占三等地面积（%）
水浇地	2 396	16 898.82	4.00	99.99
水田	1	0.76	0.01	0.01
总计	2 397	16 899.58	4.01	100.00

三等地土壤类型以潮土为主，兼有潮棕壤和典型棕壤分布。土壤耕层质地主要为轻壤。质地构型主要为通体壤和夹黏型，兼有少量薄层型分布。地貌类型以微斜平地为主，兼有缓岗、倾斜平地和山间泊地。土层深厚，土壤理化性状良好，可耕性强。农田水利设施较完善，灌溉条件较好，基本达到了旱能浇、涝能排生产条件。土壤有机质养分含量属于中等水平，土壤有效磷和速效钾养分含量均属于中等偏上水平，见表 6-78。

表6-78　三等地主要养分含量

项目	有机质（克/千克）	有效磷（毫克/千克）	速效钾（毫克/千克）
平均值	13.56	57.51	156.15
范围值	7.57～20.66	12.12～189.62	64.00～394.00
含量水平	中等	中等偏上	中等偏上

　　三等地是牟平区重要的优质耕地，主要的粮食、蔬菜生产基地，但生产条件及土壤肥力状况与一、二等地还有一定差距，重点应完善农业生产条件、提高耕地肥力水平。生产利用中应注意问题同烟台市三等地。

3. 四等地

　　四等地耕地面积为21 353.20亩，占全区总耕地面积的5.07%。其中旱地3 242.30亩，水浇地18 110.90亩，分别占四等地总面积的15.18%、84.82%，见表6-79。

表6-79　四等地各利用类型面积情况

利用类型	评价单元（个）	面积（亩）	占耕地总面积（%）	占四等地面积（%）
旱地	449	3 242.30	0.77	15.18
水浇地	2 780	18 110.90	4.30	84.82
总计	3 229	21 353.20	5.07	100.00

　　四等地土壤类型以潮土为主，兼有潮棕壤、典型棕壤和棕壤性土分布。土壤耕层质地主要为轻壤，兼有砂壤分布。质地构型主要为夹黏型，兼有通体壤、通体砂和薄层型。地貌类型以岭地为主，兼有滨海缓平地、河滩地、缓岗、近山阶地、沙丘、倾斜平地、微斜平地和山间泊地。土层深厚，农田水利设施较完善，灌排条件较好，基本达到了旱能浇、涝能排生产条件。土壤有机质养分含量属于中等水平，土壤有效磷和速效钾养分含量均属于中等偏上水平，见表6-80。

表6-80　四等地主要养分含量

项目	有机质（克/千克）	有效磷（毫克/千克）	速效钾（毫克/千克）
平均值	12.96	57.33	147.23
范围值	6.13～20.05	11.86～177.28	50.00～377.00
含量水平	中等	中等偏上	中等偏上

　　四等地是牟平区的主要粮食生产基地，产量水平中等偏上。部分耕地存在缺素问题、灌排能力较低等问题。合理利用措施同烟台市四等地。

4. 五等地

　　五等地耕地面积为53 464.46亩，占全区总耕地面积的12.70%。其中旱地18 425.55亩，水浇地35 038.73亩，水田0.18亩，分别占五等地总面积的34.46%、65.53%、0.01%，见6-81。

表 6 - 81　五等地各利用类型面积情况

利用类型	评价单元（个）	面积（亩）	占耕地总面积（%）	占五等地面积（%）
旱地	3 567	18 425.55	4.37	34.46
水浇地	5 056	35 038.73	8.32	65.53
水田	1	0.18	0.01	0.01
总计	8 624	53 464.46	12.70	100.00

　　五等地土壤类型以潮土为主，兼有潮棕壤、典型棕壤、淹育水稻土和棕壤性土分布。土壤耕层质地主要为轻壤，兼有砂壤分布。质地构型主要为夹黏型，兼有通体壤、通体砂和薄层型。地貌类型以山间泊地为主，兼有滨海缓平地、滨海洼地、河滩地、缓岗、近山阶地、倾斜平地、岭地和微斜平地。土壤理化性状较好，可耕性较强。部分耕地灌溉条件的灌溉保证率较低。土壤有机质养分含量属于中等水平，土壤有效磷和速效钾养分含量均属于中等偏上水平，见表 6 - 82。

表 6 - 82　五等地主要养分含量

项目	有机质（克/千克）	有效磷（毫克/千克）	速效钾（毫克/千克）
平均值	13.12	59.68	146.31
范围值	6.19～20.93	8.11～170.03	55.00～398.00
含量水平	中等	中等偏上	中等偏上

　　五等地产量水平中等。部分耕地农田水利设施不完善，灌排条件较差。总体来讲土壤养分含量不高，部分耕地有缺素问题。改良利用措施同烟台市五等地。

5. 六等地

　　六等地耕地面积为 41 523.11 亩，占全区总耕地面积的 9.87%。其中旱地 20 839.75亩，水浇地 20 683.36 亩，分别占六等地总面积的 50.19%、49.81%，见表 6 - 83。

表 6 - 83　六等地各利用类型面积情况

利用类型	评价单元（个）	面积（亩）	占耕地总面积（%）	占六等地面积（%）
旱地	4 693	20 839.75	4.95	50.19
水浇地	3 293	20 683.36	4.92	49.81
总计	7 986	41 523.11	9.87	100.00

　　六等地土壤类型以典型棕壤为主，兼有潮棕壤、普通褐土、潮土、淹育水稻土、棕壤性土和盐化潮土分布。土壤耕层质地主要为砂壤，兼有中壤和轻壤。质地构型主要为夹黏型，兼有通体壤、通体砂和薄层型。地貌类型以山间泊地为主，兼有滨海缓平地、滨海洼地、河滩地、缓岗、近山阶地、岭地、倾斜平地和微斜平地。部分耕地水源和农田水利设施条件差，有灌溉条件的部分耕地灌溉保证率较低。土壤有机质养分含量属于中等水平，土壤有效磷和速效钾养分含量均属于中等偏上水平，见表 6 - 84。

表 6 - 84　六等地主要养分含量

项目	有机质（克/千克）	有效磷（毫克/千克）	速效钾（毫克/千克）
平均值	12.41	59.02	150.17
范围值	5.85～18.68	9.12～176.30	49.00～372.00
含量水平	中等	中等偏上	中等偏上

六等地部分水源保障较差，农田水利设施不完善，灌溉条件较差。部分耕地土壤保肥保水性差、土壤养分含量偏低。改良利用措施同烟台市六等地。

6. 七等地

七等地耕地面积为 110 180.57 亩，占全区总耕地面积的 26.18％。其中旱地89 673.65 亩，水浇地 20 506.48 亩，水田 0.44 亩，分别占七等地总面积的 81.38％、18.61％、0.01％，见表 6 - 85。

表 6 - 85　七等地各利用类型面积情况

利用类型	评价单元（个）	面积（亩）	占耕地总面积（%）	占七等地面积（%）
旱地	19 029	89 673.65	21.30	81.38
水浇地	2 881	20 506.48	4.87	18.61
水田	3	0.44	0.01	0.01
总计	21 913	110 180.57	26.18	100.00

七等地土壤类型以酸性粗骨土为主，兼有潮棕壤、潮土、普通褐土、典型棕壤、钙质粗骨土、褐土性土、淹育水稻土、中性粗骨土、棕壤性土、滨海潮滩盐土、滨海风沙土和盐化潮土分布。土壤耕层质地主要为轻壤，兼有中壤、砂土和砂壤分布。质地构型主要为夹黏型，兼有通体壤、通体砂和薄层型。地貌类型以岭地为主，兼有滨海缓平地、滨海洼地、河滩地、缓岗、荒坡岭、近山阶地、岭坡梯田、坡麓梯田、倾斜平地、沙丘、微斜平地和山间泊地。农田水利设施较差，灌溉条件较差，部分耕地水源和农田水利设施条件差，有灌溉条件的部分耕地灌溉保证率较低。土壤有机质、有效磷和速效钾养分含量均属于中等水平，见表 6 - 86。

表 6 - 86　七等地主要养分含量

项目	有机质（克/千克）	有效磷（毫克/千克）	速效钾（毫克/千克）
平均值	12.85	60.88	151.47
范围值	6.61～20.57	7.76～216.36	51.00～398.00
含量水平	中等	中等	中等

七等地的土壤灌排条件差、土壤肥力偏低，耕层较薄等。主要改良利用措施同烟台市

七等地。

7. 八等地

八等地耕地面积为 97 321.43 亩，占全区总耕地面积的 23.13%。其中旱地 91 455.87 亩，水浇地 5 865.56 亩，分别占八等地总面积的 93.97%、6.03%，见表 6-87。

表 6-87　八等地各利用类型面积情况

利用类型	评价单元（个）	面积（亩）	占耕地总面积（%）	占八等地面积（%）
旱地	19 462	91 455.87	21.73	93.97
水浇地	963	5 865.56	1.40	6.03
总计	20 425	97 321.43	23.13	100.00

八等地土壤类型以酸性粗骨土为主，兼有潮棕壤、潮土、普通褐土、典型棕壤、钙质粗骨土、褐土性土、淹育水稻土、中性粗骨土、棕壤性土、滨海风沙土和盐化潮土分布。土壤耕层质地主要为轻壤，兼有中壤、砂土和砂壤。质地构型主要为薄层型，兼有通体壤、通体砂和夹黏型分布。地貌类型以岭地为主，兼有河滩地、荒坡岭、近山阶地、岭坡梯田、坡麓梯田、倾斜平地、沙丘、微斜平地和山间泊地。农田水利设施较差，部分耕地灌溉保证率较低。土壤有机质、有效磷和速效钾养分含量均属于中等水平，见表 6-88。

表 6-88　八等地主要养分含量

项目	有机质（克/千克）	有效磷（毫克/千克）	速效钾（毫克/千克）
平均值	12.10	59.65	153.83
范围值	5.76~20.35	8.85~195.95	46.00~389.00
含量水平	中等	中等	中等

八等地农田水利设施不完善，灌溉条件较差，部分耕地土层较薄，影响作物的正常生长发育。改良利用措施同烟台市八等地。

8. 九等地

九等地耕地面积为 51 663.72 亩，占全区总耕地面积的 12.28%。其中旱地 49 414.89 亩，水浇地 2 248.83 亩，分别占九等地总面积的 95.65%、4.35%，见表 6-89。

表 6-89　九等地各利用类型面积情况

利用类型	评价单元（个）	面积（亩）	占耕地总面积（%）	占九等地面积（%）
旱地	10 707	49 414.89	11.74	95.65
水浇地	477	2 248.83	0.54	4.35
总计	11 184	51 663.72	12.28	100.00

九等地土壤类型以酸性粗骨土为主，兼有潮棕壤、潮土、普通褐土、典型棕壤、褐土性土、淹育水稻土、中性粗骨土、棕壤性土、滨海盐土、滨海风沙土和盐化潮土分布。土壤耕层质地主要为砂土，兼有中壤、轻壤和砂壤。质地构型主要为薄层型，兼有通体壤、

通体砂和夹黏型分布。地貌类型以岭地为主，兼有滨海缓平地、滨海洼地、光板地、河滩地、荒坡岭、近山阶地、岭坡梯田、坡麓梯田、倾斜平地、沙丘、微斜平地和山间泊地，土层较薄。农田水利设施与灌溉条件差。土壤有机质、有效磷和速效钾养分含量均属于中等水平，见表6-90。

表6-90 九等地主要养分含量

项目	有机质（克/千克）	有效磷（毫克/千克）	速效钾（毫克/千克）
平均值	11.88	59.72	148.17
范围值	5.22~20.02	5.80~184.20	53.00~358.00
含量水平	中等	中等	中等

九等地立地条件和土壤物理条件较差，大部分耕地土层较薄，产量低而不稳，因此部分耕地可调整耕地以种植水果、苗木为主。其他改良措施同烟台市九等地。

9. 十等地

十等地耕地面积为27 429.21亩，占全区总耕地面积的6.52%。其中旱地27 413.98亩，水浇地15.23亩，分别占十等地总面积的99.94%、0.06%，见表6-91。

表6-91 十等地各利用类型面积情况

利用类型	评价单元（个）	面积（亩）	占耕地总面积（%）	占十等地面积（%）
旱地	6 751	27 413.98	6.51	99.94
水浇地	9	15.23	0.01	0.06
总计	6 760	27 429.21	6.52	100.00

十等地土壤类型以酸性粗骨土为主，兼有潮棕壤、潮土、典型棕壤、中性粗骨土、滨海风沙土和棕壤性土分布。土壤耕层质地主要为砂土，兼有轻壤和砂壤。质地构型主要为薄层型，兼有通体壤、通体砂和夹黏型分布。地貌类型以岭地为主，兼有荒坡岭、近山阶地、岭坡梯田、坡麓梯田、倾斜平地、沙丘、微斜平地和山间泊地，农田水利设施差，耕地灌溉保证率低。土壤有机质、有效磷和速效钾养分含量均属于中等水平，见表6-92。

表6-92 十等地主要养分含量

项目	有机质（克/千克）	有效磷（毫克/千克）	速效钾（毫克/千克）
平均值	11.24	62.62	150.62
范围值	5.44~18.85	8.28~159.15	45.00~340.00
含量水平	中等	中等	中等

十等地立地条件和土壤物理条件较差，土壤肥力低，大部分耕地土层薄，基本靠天吃饭，产量低而不稳。改良利用的重点同烟台市十等地。

第六节 蓬莱区耕地质量等级评价

一、蓬莱区概况

（一）地理位置与行政区划

烟台市蓬莱区，古称登州，隶属于山东省烟台市，位于胶东半岛最北端，濒临黄、渤二海，素以"人间仙境"著称于世。辖区陆域面积 1 007 千米²，海域面积 506 千米²，海岸线长 74.5 千米，人口 43 万，辖 5 个街道、6 个镇和 1 处国家级旅游度假区、1 处国家农业科技园区、1 处省级经济开发区、1 处省级化工园区。

（二）地形地貌

烟台市蓬莱区位于胶东半岛北部突出部分，地处渤海、黄海之滨，其地势南高北低，属低山丘陵地貌，以山前冲洪积、丘陵剥蚀平地为主。地势南高北低，南部多丘陵山地、中部多为丘陵、北部沿海较为平坦。境内海岸线长 64 千米，海拔 500 米以上的山峰 11座，300～500 米的山峰 36 座，300 米以下的丘陵 157 座，其中最高山峰艾山海拔 819 米，平均海拔高度在 15～25 米之间，区内的主要地层结构为强风化玄武岩层，持力层的容许承载力一般为 30 万帕。

（三）气候条件

1. 气温与光照

烟台市蓬莱区地处北半球中纬度地区，属暖温带季风区大陆性气候，年平均气温12.5℃，年平均日最高气温 28.8℃，年平均日最低气温－2.3℃，极端最高气温 38.8℃，极端最低气温－14.9℃，年平均日照量 2 826 小时，无霜期平均 206 天，相对湿度 65％，年均风速 5.2 米/秒，无洪水，不受台风影响。

2. 降水

烟台市蓬莱区年平均降水量 664 毫米。

（四）农业生产现状

2022 年烟台市蓬莱区全年农林牧渔业实现总值 62.17 亿元，同比增长 8.7％。粮食作物播种面积 8 905.3 公顷，其中，小麦种植面积 2 300 公顷，玉米种植面积 4 913.3 公顷，大豆种植面积 608 公顷。油料播种面积 4 488.2 公顷。蔬菜播种面积 3 236.1 公顷。粮食总产量 5.15 万吨，其中，小麦 1.33 万吨，玉米 2.86 万吨，大豆 0.19 万吨；油料总产量2.01 万吨。园林水果总产量 152.12 万吨；蔬菜、瓜果总产量 18.96 万吨。水产品总产量21.33 万吨，肉类总产量 6.23 万吨，奶类总产量 0.83 万吨。全区森林面积 11 344.8 公顷，全年人工造林（更新）面积 15.3 公顷。自然保护区面积 10 045.4 公顷。全区农机总动力 69.58 万千瓦。

（五）水文

烟台市蓬莱区境内分布黄水河、平畅河、战山河、平山河等主要河流，河流多为季节性间歇河，源短流急，自南向北注入渤、黄二海，流域面积大于 50 千米² 的河流 6 条，50 千米² 以下的河流 22 条。现有邱山水库、战山水库、平山水库 3 座中型水库，另有小型水库 124 座、塘坝 345 座。区域内地下水资源较为丰富，水质较好，雨季防汛排涝畅通。

二、耕地质量等级

（一）耕地质量等级总体情况

蓬莱区耕地面积为 220 013.00 亩。其耕地质量等级由高到低依次划分为二至十等地（表 6-93）。其中，二等地耕地质量最好，十等地耕地质量最差。采用耕地质量等级面积加权法，计算得到蓬莱区耕地质量平均等级为 6.67 等。

评价结果为二至三等的高产田耕地面积为 3 533.57 亩，占蓬莱区耕地总面积的 1.60%，主要分布在东部地区。高产田的耕地地力较高，农田设施条件好，应加强耕地保育和利用，确保耕地质量稳中有升。评价为四至六等的中产田耕地面积为 107 993.75 亩，占蓬莱区耕地总面积的 49.09%，主要分布在西北部、中部和东部地区。这部分耕地立地条件较好，具备一定的农田基础设施，是发展粮食、蔬菜和经济作物的重点生产区域。今后应重点加强地力培育，提高耕地有效养分，完善灌溉条件。评价为七至十等的低产田耕地面积为 108 485.68 亩，占蓬莱区耕地总面积的 49.31%，主要分布在西部和南部地区。立地条件较差，大部分耕地灌溉困难，基础地力较低，部分耕地存在障碍因素，应大力开展农田基础设施建设，改良土壤，培肥地力。

表 6-93　耕地质量等级面积统计

耕地质量等级	耕地面积（亩）	比例（%）
一等	0.00	0.00
二等	25.62	0.01
三等	3 507.95	1.59
四等	8 030.56	3.65
五等	44 724.40	20.33
六等	55 238.79	25.11
七等	36 998.50	16.82
八等	45 205.67	20.55
九等	13 713.75	6.23
十等	12 567.76	5.71
合计	220 013.00	100.00

（二）耕地质量等级乡镇分布特征

将蓬莱区耕地质量等级分布图与行政区划图进行叠加分析，从耕地质量等级的行政区域数据库中，按照权属字段检索出所有等级在各个乡镇的记录，统计出二至十等地在各乡镇的分布状况（表 6-94）。

从表中看出二、三等高产田耕地面积所占比例在各乡镇均分布较少；四、五、六等中产田耕地面积所占比例较高的乡镇主要为北沟镇、潮水镇、登州街道、刘家沟镇、小门家镇、新港街道；七、八、九、十等低产田耕地面积所占比例较高的乡镇主要为村里集镇、

表 6－94　蓬莱区耕地质量等级分布特征

镇名称	属性	一等	二等	三等	四等	五等	六等	七等	八等	九等	十等	合计
北沟镇	耕地面积（亩）	0.00	0.00	490.97	3 578.80	16 818.45	8 267.24	6 984.81	3 561.93	3 186.27	3 114.53	46 003.00
	面积比例（%）	0.00	0.00	1.07	7.78	36.56	17.97	15.18	7.74	6.93	6.77	100.00
潮水镇	耕地面积（亩）	0.00	0.00	2 693.58	2 433.24	2 798.94	4 352.96	1 113.35	2 218.22	1 193.53	30.58	16 834.40
	面积比例（%）	0.00	0.00	16.00	14.45	16.63	25.86	6.61	13.18	7.09	0.18	100.00
村里集镇	耕地面积（亩）	0.00	0.00	0.00	20.66	2 162.11	2 069.20	5 511.09	9 986.27	2 369.42	3 109.57	25 228.32
	面积比例（%）	0.00	0.00	0.00	0.08	8.57	8.20	21.85	39.58	9.39	12.33	100.00
大柳行镇	耕地面积（亩）	0.00	0.00	32.45	725.37	1 549.91	6 494.23	2 190.91	12 170.80	113.55	2 777.86	26 055.08
	面积比例（%）	0.00	0.00	0.12	2.78	5.95	24.93	8.41	46.71	0.44	10.66	100.00
大辛店镇	耕地面积（亩）	0.00	0.00	70.67	337.87	4 590.76	14 339.08	13 012.46	11 830.05	3 142.95	1 813.17	49 137.01
	面积比例（%）	0.00	0.00	0.14	0.69	9.34	29.18	26.48	24.08	6.40	3.69	100.00
登州街道	耕地面积（亩）	0.00	0.00	0.00	17.15	321.11	296.43	370.34	0.00	2.54	0.00	1 007.57
	面积比例（%）	0.00	0.00	0.00	1.70	31.87	29.42	36.76	0.00	0.25	0.00	100.00
刘家沟镇	耕地面积（亩）	0.00	0.00	5.60	304.44	6 706.23	7 765.51	1 166.18	864.73	464.88	15.58	17 293.15
	面积比例（%）	0.00	0.00	0.03	1.76	38.78	44.91	6.74	5.00	2.69	0.09	100.00
南王街道	耕地面积（亩）	0.00	0.00	81.21	168.34	717.07	1 860.57	2 643.61	1 415.54	2 263.89	841.17	9 991.40
	面积比例（%）	0.00	0.00	0.81	1.68	7.18	18.62	26.46	14.17	22.66	8.42	100.00
蓬莱阁街道	耕地面积（亩）	0.00	0.00	0.00	0.00	42.25	183.60	45.58	73.90	135.04	113.03	593.40
	面积比例（%）	0.00	0.00	0.00	0.00	7.12	30.94	7.68	12.45	22.76	19.05	100.00
小门家镇	耕地面积（亩）	0.00	25.62	120.66	196.54	5 626.39	7 364.37	2 599.10	2 679.67	714.11	484.63	19 811.09
	面积比例（%）	0.00	0.13	0.61	0.99	28.40	37.17	13.12	13.53	3.60	2.45	100.00
新港街道	耕地面积（亩）	0.00	0.00	12.81	248.15	3 381.12	2 006.61	440.77	39.74	0.00	0.00	6 129.20
	面积比例（%）	0.00	0.00	0.21	4.05	55.16	32.74	7.19	0.65	0.00	0.00	100.00
紫荆山街道	耕地面积（亩）	0.00	0.00	0.00	0.00	10.07	238.99	920.31	364.81	127.56	267.64	1 929.38
	面积比例（%）	0.00	0.00	0.00	0.00	0.52	12.39	47.70	18.91	6.61	13.87	100.00
合计	耕地面积（亩）	0.00	25.62	3 507.95	8 030.56	44 724.40	55 238.79	36 998.50	45 205.67	13 713.75	12 567.76	220 013.00
	面积比例（%）	0.00	0.01	1.59	3.65	20.33	25.11	16.82	20.55	6.23	5.71	100.00

大柳行镇、大辛店镇、南王街道、蓬莱阁街道、紫荆山街道。

(三) 耕地质量等级分布现状

1. 二等地

二等地耕地面积为 25.62 亩，占全区总耕地面积的 0.01%。全部为水浇地（表 6-95）。

表 6-95　二等地各利用类型面积情况

利用类型	评价单元（个）	面积（亩）	占耕地总面积（%）	占二等地面积（%）
水浇地	10	25.62	0.01	100.00
总计	10	25.62	0.01	100.00

二等地土壤类型以潮土为主，兼有典型棕壤分布。土壤耕层质地主要为轻壤。质地构型主要为夹黏型。地貌类型以倾斜平地为主，土层深厚，土壤理化性状良好，可耕性强。农田水利设施完善，灌溉能力达到充分满足，灌溉条件好。土壤有机质养分含量属于中等水平，有效磷和速效钾养分含量均属于中等偏上水平（表 6-96）。

表 6-96　二等地主要养分含量

项目	有机质（克/千克）	有效磷（毫克/千克）	速效钾（毫克/千克）
平均值	12.10	67.50	172.40
范围值	10.00~15.00	40.00~103.00	144.00~192.00
含量水平	中等	中等偏上	中等偏上

二等地是蓬莱区的重要优质耕地，是主要的粮食、蔬菜生产基地，但是要实现农业高产高效发展和粮食需求与一等地水平有一定差距。在农业生产中应注意问题同烟台市二等地。

2. 三等地

三等地耕地面积为 3 507.95 亩，占全区总耕地面积的 1.59%。全部为水浇地（表 6-97）。

表 6-97　三等地各利用类型面积情况

利用类型	评价单元（个）	面积（亩）	占耕地总面积的比例（%）	占三等地面积的比例（%）
水浇地	642	3 507.95	1.59	100.00
总计	642	3 507.95	1.59	100.00

三等地土壤类型以潮土为主，兼有潮棕壤、普通褐土和典型棕壤分布。土壤耕层质地主要为轻壤，兼有中壤分布。质地构型主要为夹黏型，兼有薄层型和通体壤分布。地貌类型以倾斜平地为主，兼有微斜平地分布，土层深厚，土壤理化性状良好，可耕性强。农田水利设施较完善，灌溉条件较好，基本达到了旱能浇、涝能排生产条件。土壤有机质养分含量属于中等水平，有效磷和速效钾养分含量均属于中等偏上水平（表 6-98）。

三等地是蓬莱区重要的优质耕地，是主要的粮食、蔬菜生产基地，但从生产条件及土壤肥力状况来看，与一、二等地水平还有一定差距，重点应完善农业生产条件、提高耕地肥力水平。生产利用中应注意问题同烟台市三等地。

表 6-98　三等地主要养分含量

项目	有机质（克/千克）	有效磷（毫克/千克）	速效钾（毫克/千克）
平均值	12.13	51.27	159.03
范围值	9.00～17.00	27.00～125.00	78.00～297.00
含量水平	中等	中等偏上	中等偏上

3. 四等地

四等地耕地面积为 8 030.56 亩，占全区总耕地面积的 3.65%。其中旱地 2 064.15 亩，水浇地 5 966.41 亩，分别占四等地总面积的 25.70%、74.30%（表 6-99）。

表 6-99　四等地各利用类型面积情况

利用类型	评价单元（个）	面积（亩）	占耕地总面积的比例（%）	占四等地面积的比例（%）
旱地	272	2 064.15	0.94	25.70
水浇地	1 033	5 966.41	2.71	74.30
总计	1 305	8 030.56	3.65	100.00

四等地土壤类型以潮土为主，兼有潮棕壤、普通褐土、典型棕壤、褐土性土和棕壤性土分布。土壤耕层质地主要为轻壤，兼有砂壤和中壤分布。质地构型主要为夹黏型，兼有薄层型和通体壤分布。地貌类型以岭地为主，兼有河滩地、缓平地、近山阶地、倾斜平地、微斜平地和沿河阶地分布，土层深厚，农田水利设施较完善，灌溉条件较好，基本达到了旱能浇、涝能排生产条件。土壤有机质养分含量属于中等水平，有效磷和速效钾养分含量均属于中等偏上水平（表 6-100）。

表 6-100　四等地主要养分含量

项目	有机质（克/千克）	有效磷（毫克/千克）	速效钾（毫克/千克）
平均值	12.49	60.37	166.97
范围值	8.00～23.00	11.00～212.00	64.00～350.00
含量水平	中等	中等偏上	中等偏上

四等地是蓬莱区的主要粮食生产基地，产量水平中等偏上。合理利用措施同烟台市四等地。

4. 五等地

五等地耕地面积为 44 724.40 亩，占全区总耕地面积的 20.33%。其中旱地 41 645.47 亩，水浇地 3 078.93 亩，分别占五等地总面积的 93.12%、6.88%（表 6-101）。

　　五等地土壤类型以典型棕壤为主，兼有潮棕壤、潮土、普通褐土、褐土性土、淋溶褐土、湿潮土和棕壤性土分布。土壤耕层质地主要为轻壤，兼有砂壤和中壤分布。质地构型主要为夹黏型，兼有薄层型和通体壤分布。地貌类型以河滩地为主，兼有缓平地、近山阶地、岭地、倾斜平地、微斜平地和沿河阶地分布，土壤理化性状较好，可耕性较强。部分耕地灌溉条件的灌溉保证率较低。土壤有机质养分含量属于中等水平，有效磷和速效钾养分含量均属于中等偏上水平（表6-102）。

表6-101　五等地各利用类型面积情况

利用类型	评价单元（个）	面积（亩）	占耕地总面积的比例（%）	占五等地面积的比例（%）
旱地	7 388	41 645.47	18.93	93.12
水浇地	528	3 078.93	1.40	6.88
总计	7 916	44 724.40	20.33	100.00

表6-102　五等地主要养分含量

项目	有机质（克/千克）	有效磷（毫克/千克）	速效钾（毫克/千克）
平均值	12.41	69.06	181.67
范围值	7.00~23.00	12.00~258.00	52.00~400.00
含量水平	中等	中等偏上	中等偏上

　　五等地产量水平中等。部分耕地水源无保障，农田水利设施不完善，灌溉条件较差；部分耕地土壤保肥保水性差。改良利用措施同烟台市五等地。

5. 六等地

　　六等地耕地面积为55 238.79亩，占全区总耕地面积的25.11%。其中旱地52 778.56亩，水浇地2 460.23亩，分别占六等地总面积的95.55%、4.45%（表6-103）。

表6-103　六等地各利用类型面积情况

利用类型	评价单元（个）	面积（亩）	占耕地总面积的比例（%）	占六等地面积的比例（%）
旱地	10 524	52 778.56	23.99	95.55
水浇地	400	2 460.23	1.12	4.45
总计	10 924	55 238.79	25.11	100.00

　　六等地土壤类型以典型棕壤为主，兼有潮棕壤、潮土、普通褐土、褐土性土、淋溶褐土、湿潮土、盐化潮土和棕壤性土分布。土壤耕层质地主要为轻壤，兼有砂壤和中壤分布。质地构型主要为夹黏型，兼有薄层型和通体壤分布。地貌类型以河滩地为主，兼有缓平地、近山阶地、岭地、倾斜平地、微斜平地和沿河阶地分布，部分耕地水源和农田水利设施条件差，有灌溉条件的部分耕地灌溉保证率较低。土壤有机质养分含量属于中等水平，有效磷和速效钾养分含量均属于中等偏上水平（表6-104）。

表 6 - 104　六等地主要养分含量

项目	有机质（克/千克）	有效磷（毫克/千克）	速效钾（毫克/千克）
平均值	11.93	63.39	172.32
范围值	7.00～24.00	8.00～255.00	48.00～400.00
含量水平	中等	中等偏上	中等偏上

六等地部分水源保障较差，农田水利设施不完善，灌溉条件较低。改良利用措施同烟台市六等地。

6. 七等地

七等地耕地面积为 36 998.50 亩，占全区总耕地面积的 16.82%。全部为旱地（表 6 - 105）。

表 6 - 105　七等地各利用类型面积情况

利用类型	评价单元（个）	面积（亩）	占耕地总面积的比例（%）	占七等地面积的比例（%）
旱地	6 830	36 998.50	16.82	100.00
总计	6 830	36 998.50	16.82	100.00

七等地土壤类型以酸性粗骨土为主，兼有潮棕壤、潮土、普通褐土、典型棕壤、钙质粗骨土、褐土性土、淋溶褐土、湿潮土、盐化潮土、中性粗骨土和棕壤性土分布。土壤耕层质地主要为砂壤，兼有轻壤、砂土和中壤分布。质地构型主要为薄层型，兼有通体壤和夹黏型分布。地貌类型以岭地为主，兼有河滩地、荒坡岭、近山阶地、岭坡梯田、坡麓梯田、倾斜平地和沿河阶地分布，农田水利设施较差，灌溉条件较差，部分耕地水源和农田水利设施条件差，有灌溉条件的部分耕地灌溉保证率较低。土壤有机质、有效磷和速效钾养分含量均属于中等偏下水平（表 6 - 106）。

表 6 - 106　七等地主要养分含量

项目	有机质（克/千克）	有效磷（毫克/千克）	速效钾（毫克/千克）
平均值	11.55	60.77	166.55
范围值	7.00～20.00	12.00～184.00	51.00～369.00
含量水平	中等偏下	中等偏下	中等偏下

七等地的土壤，灌溉条件差、土壤肥力偏低。主要改良利用措施同烟台市七等地。

7. 八等地

八等地耕地面积为 45 205.67 亩，占全区总耕地面积的 20.55%。全部为旱地（表 6 - 107）。

表 6 - 107　八等地各利用类型面积情况

利用类型	评价单元（个）	面积（亩）	占耕地总面积的比例（%）	占八等地面积的比例（%）
旱地	8 201	45 205.67	20.55	100.00
总计	8 201	45 205.67	20.55	100.00

八等地土壤类型以酸性粗骨土为主，兼有潮棕壤、潮土、普通褐土、典型棕壤、钙质粗骨土、褐土性土、淋溶褐土、湿潮土、盐化潮土、中性粗骨土和棕壤性土分布。土壤耕层质地主要为砂壤，兼有轻壤、砂土和中壤分布。质地构型主要为薄层型，兼有通体壤和夹黏型分布。地貌类型以岭地为主，兼有河滩地、缓平地、荒坡岭、近山阶地、岭坡梯田、坡麓梯田、倾斜平地、沙滩地和沿河阶地分布，农田水利设施较差，部分耕地灌溉保证率较低。土壤有机质、有效磷和速效钾养分含量均属于中等偏下水平（表6-108）。

表6-108　八等地主要养分含量

项目	有机质（克/千克）	有效磷（毫克/千克）	速效钾（毫克/千克）
平均值	11.26	57.94	161.28
范围值	7.00～20.00	10.00～282.00	48.00～392.00
含量水平	中等偏下	中等偏下	中等偏下

八等地农田水利设施不完善，灌溉条件较差，耕地土层薄。改良利用措施同烟台市八等地。

8. 九等地

九等地耕地面积为13 713.75亩，占全区总耕地面积的6.23%。全部为旱地（表6-109）。

表6-109　九等地各利用类型面积情况

利用类型	评价单元（个）	面积（亩）	占耕地总面积的比例（%）	占九等地面积的比例（%）
旱地	2 468	13 713.75	6.23	100.00
总计	2 468	13 713.75	6.23	100.00

九等地土壤类型以酸性粗骨土为主，兼有潮棕壤、潮土、普通褐土、典型棕壤、钙质粗骨土、褐土性土、淋溶褐土、湿潮土、中性粗骨土和棕壤性土分布。土壤耕层质地主要为砂壤，兼有轻壤、砂土和中壤分布。质地构型主要为薄层型，兼有通体壤和夹黏型分布。地貌类型以荒坡岭为主，兼有河滩地、近山阶地、岭地、岭坡梯田、坡麓梯田和微斜平地分布，土层较薄。农田水利设施与灌溉条件差。土壤有机质、有效磷和速效钾养分含量均属于中等偏下水平（表6-110）。

表6-110　九等地主要养分含量

项目	有机质（克/千克）	有效磷（毫克/千克）	速效钾（毫克/千克）
平均值	11.54	60.15	176.23
范围值	8.00～23.00	12.00～166.00	62.00～399.00
含量水平	中等偏下	中等偏下	中等偏下

九等地立地条件和土壤物理条件较差，产量低而不稳，部分土壤肥力低，耕地土层薄，改良措施同烟台市九等地。

9. 十等地

十等地耕地面积为 12 567.76 亩，占全区总耕地面积的 5.71%。全部为旱地（表 6 - 111）。

表 6 - 111 十等地各利用类型面积情况

利用类型	评价单元（个）	面积（亩）	占耕地总面积的比例（%）	占十等地面积的比例（%）
旱地	2 294	12 567.76	5.71	100.00
总计	2 294	12 567.76	5.71	100.00

十等地土壤类型以酸性粗骨土为主，兼有潮土、普通褐土、典型棕壤、钙质粗骨土、褐土性土、盐化潮土、中性粗骨土和棕壤性土分布。土壤耕层质地主要为砂壤，兼有轻壤、砂土和中壤分布。质地构型主要为薄层型，兼有通体壤和夹黏型分布。地貌类型以荒坡岭为主，兼有河滩地、近山阶地、岭地、岭坡梯田、坡麓梯田、微斜平地、沙滩地和沿河阶地分布，农田水利设施差，耕地灌溉保证率低。土壤有机质、有效磷和速效钾养分含量均属于中等偏下水平（表 6 - 112）。

表 6 - 112 十等地主要养分含量

项目	有机质（克/千克）	有效磷（毫克/千克）	速效钾（毫克/千克）
平均值	10.89	53.61	149.51
范围值	8.00～26.00	9.00～192.00	52.00～350.00
含量水平	中等偏下	中等偏下	中等偏下

十等地立地条件和土壤物理条件较差，土壤肥力低，部分耕地土层薄，基本靠天吃饭，产量低而不稳。改良利用的重点同烟台市十等地。

第七节 龙口市耕地质量等级评价

一、龙口市概况

（一）地理位置与行政区划

龙口市位于胶东半岛西北部、渤海湾南岸，东与蓬莱区毗邻，南与栖霞市、招远市接壤，西、北濒渤海，隔海与天津、大连相望。地理坐标介于东经 120°13′～120°44′，北纬 37°27′～37°47′。辖区东西最大横距 46.08 千米，南北最大纵距 37.43 千米，总面积 901 千米²。

（二）地形地貌

龙口市处胶东低山丘陵北部，地势东南高、西北低，呈台阶式下降，东南部多低山丘陵，西北部为滨海平原。市域状若枫叶。全市地貌形态可分为山地、丘陵、平原三种类型：境内东南部为低山区，面积计 155.62 千米²，占全市总面积的 17.47%，共有大小山头 311 座，其中海拔 600 米以上的 9 座，500～599 米的 6 座，400～499 米的 8 座；丘陵主要分布在南部低山北缘，属构造侵蚀和构造剥蚀类型，由于长期风化侵蚀，山顶呈浑圆状，山坡平缓，沟谷浅而宽，呈 U 形，沟谷内冲洪积物发育，土层较厚，面积 281.12 千米²，占全市总面积的 31.56%；平原根据成因及地貌特点，可分为山间河谷冲积平原、山前冲积平原和滨海堆积平原三种类型，总面积为 454.03 千米²，占全市总面积的 50.97%。

（三）气候条件

龙口市地处胶东半岛西北部，属于北温带东亚季风型大陆性气候区。年平均气温 12.8℃；年平均降水量 583.4 毫米，降水主要集中在夏季；年平均日照时数 2 781.9 小时；一月平均气温－1.7℃，七月平均气温 25.8℃，极端高温 39.2℃（2009 - 6 - 25），极端低温－17.1℃（1990 - 1 - 25）；年均无霜期 207 天。

（四）农业生产现状

2022 年全年粮食作物总播种面积 15 334 公顷，比上年增加 9 公顷。粮食总产 9.9 万吨，油料总产量 0.65 万吨，蔬菜和瓜果类总产量 26.1 万吨，园林水果总产量 57.2 万吨，全年造林面积 7.0 公顷，森林抚育面积 307 公顷。全年禽蛋产量 2.4 万吨，牛奶产量 2.2 万吨，生猪存栏 23.8 万头，生猪出栏 36.5 万头，家禽存栏 433.9 万只，出栏 1 184.3 万只。全年水产品产量 4.9 万吨，其中：海水产品产量 4.8 万吨，淡水产品产量 319 吨。全市农业机械总动力 64.9 万千瓦；全年化肥施用量（折纯后）3.306 1 万吨，比上年减少 456 吨。

（五）水文及灌溉

1. 水库

目前全市有大型水库 1 座，中型水库 2 座，小型水库 74 座，塘坝 306 座，蓄水量可达 1.342 2 亿米³。塘坝总库容 980 万米³，可提供给农业用水 682 万米³。

2. 河流

龙口市域内河流皆源于东、南部山区，曲折向西北行，共有大小 23 条河流，包括黄水河、泳汶河、南栾河、龙口河、北马河、八里沙河，均为季节性河流。除黄水河、八里沙河外，其余河流皆为境内河流，属季风雨源型。龙口市多年平均水资源总量 2.48 亿米³，其中地表水主要为河川径流，资源量 1.75 亿米³，地下水为空隙水和裂缝水，资源量 1.3 亿米³，全市人均占有水资源量 365 米³，仅相当于全国人均水平的 1/6，为资源性缺水。

3. 地下水

龙口市建有地下水库 2 座，大口井 573 眼，各类机电井 7 548 眼，固定机电排灌站 86 处。平原区平均每平方千米有机井 17 眼，机井密度较大，企业自备水井 180 眼。提水总动力 11.9 万千瓦。

二、耕地质量等级

（一）龙口市耕地质量等级总体情况

龙口市耕地面积为 247 639.95 亩。其耕地质量等级由高到低依次划分为一至十等地（表 6 - 113）。其中，一等地耕地质量最好，十等地耕地质量最差。采用耕地质量等级面积加权法，计算得到龙口市耕地质量平均等级为 4.35 等。

评价结果为一至三等的高产田耕地面积为 125 358.57 亩，占龙口市评价耕地总面积的 50.62%，主要分布在西北部地区。高产田的耕地地力较高，农田设施条件好，应加强耕地保育和利用，确保耕地质量稳中有升。评价为四至六等的中产田耕地面积为 76 476.82 亩，占龙口市评价耕地总面积的 30.89%，主要分布在北部、西南部和东部地区。这部分耕地立地条件较好，具备一定的农田基础设施，是发展粮食、蔬菜和经济作物的重点生产区域。今后应重点加强地力培育，提高耕地有效养分，完善灌溉条件。评价为七至十等的低产田耕地面积为 45 804.56 亩，占龙口市评价耕地总面积的 18.49%，主要分布在西南部和东南部丘陵区。立地条件较差，大部分耕地灌溉困难，基础地力较低，部分耕地存在障碍因素，应大力开展农田基础设施建设，改良土壤，培肥地力。

表 6-113　耕地质量等级面积统计

耕地质量等级	耕地面积（亩）	比例（%）
一等	2 371.04	0.96
二等	50 864.05	20.54
三等	72 123.48	29.12
四等	45 235.34	18.27
五等	13 783.10	5.57
六等	17 458.38	7.05
七等	10 151.61	4.10
八等	9 213.80	3.72
九等	6 774.86	2.73
十等	19 664.29	7.94
合计	247 639.95	100.00

（二）耕地质量等级乡镇分布特征

将龙口市耕地质量等级分布图与行政区划图进行叠加分析，从耕地质量等级的行政区域数据库中，按照权属字段检索出所有等级在各个乡镇的记录，统计出一至十等地在各乡镇的分布状况（表 6-114）。

从表中看出一、二、三等高产田耕地面积所占比例较高的乡镇主要为北马镇、东江街道、东莱街道、龙港街道、芦头镇、新嘉街道、诸由观镇；四、五、六等中产田耕地面积所占比例较高的乡镇主要为兰高镇、下丁家镇、徐福街道；七、八、九、十等低产田耕地面积所占比例较高的乡镇主要为黄山馆镇、七甲镇、石良镇。

（三）耕地质量等级分布现状

1. 一等地

一等地耕地面积为 2 371.04 亩，占全市总耕地面积的 0.96%。全部为水浇地（表 6-115）。

一等地土壤类型主要以潮棕壤为主，兼有潮褐土、潮土、典型棕壤和砂姜黑土分布。土壤耕层质地主要为中壤，兼有轻壤分布。质地构型以夹黏型为主，兼有夹层型和通体壤

表6-114 龙口市耕地质量等级分布特征

镇名称	属性	一等	二等	三等	四等	五等	六等	七等	八等	九等	十等	合计
北马镇	耕地面积（亩）	0.00	19 495.49	9 734.13	6 731.05	1 338.88	3 060.68	1 261.99	1 478.26	1 118.84	7 006.26	51 225.58
	面积比例（%）	0.00	38.06	19.00	13.14	2.61	5.98	2.46	2.89	2.18	13.68	100.00
东江街道	耕地面积（亩）	53.70	2 431.73	2 684.43	1 141.95	1 228.95	447.24	1 305.64	472.51	508.80	796.06	11 071.01
	面积比例（%）	0.49	21.96	24.25	10.31	11.10	4.04	11.79	4.27	4.60	7.19	100.00
东莱街道	耕地面积（亩）	768.43	4 760.77	2 841.92	56.41	83.64	3.46	24.33	18.31	34.70	0.00	8 591.97
	面积比例（%）	8.94	55.41	33.08	0.66	0.97	0.04	0.28	0.21	0.41	0.00	100.00
黄山馆镇	耕地面积（亩）	21.44	424.69	1 889.43	1 525.33	57.50	311.33	0.00	284.93	647.76	2 077.51	7 239.92
	面积比例（%）	0.30	5.87	26.10	21.07	0.79	4.30	0.00	3.93	8.95	28.69	100.00
兰高镇	耕地面积（亩）	4.63	304.64	5 621.11	5 731.21	2 631.62	2 214.72	259.20	741.64	605.55	830.14	18 944.46
	面积比例（%）	0.02	1.61	29.67	30.25	13.89	11.69	1.37	3.92	3.20	4.38	100.00
龙港街道	耕地面积（亩）	1 321.58	6 541.85	3 844.81	389.10	247.43	771.71	377.77	668.20	9.60	399.09	14 571.14
	面积比例（%）	9.07	44.90	26.39	2.67	1.70	5.30	2.59	4.58	0.06	2.74	100.00
芦头镇	耕地面积（亩）	0.00	2 008.57	6 997.85	1 894.17	34.70	313.93	38.44	264.46	207.23	140.17	11 899.52
	面积比例（%）	0.00	16.88	58.81	15.92	0.29	2.64	0.32	2.22	1.74	1.18	100.00
七甲镇	耕地面积（亩）	0.00	0.00	131.75	256.98	285.00	1 585.18	1 758.29	1 383.86	969.83	3 634.55	10 005.44
	面积比例（%）	0.00	0.00	1.32	2.57	2.85	15.84	17.57	13.83	9.69	36.33	100.00
石良镇	耕地面积（亩）	0.00	114.47	1 247.64	4 297.62	1 875.23	2 946.33	2 656.70	612.45	1 823.33	4 606.59	20 180.36
	面积比例（%）	0.00	0.57	6.18	21.30	9.29	14.60	13.16	3.03	9.04	22.83	100.00
下丁家镇	耕地面积（亩）	0.00	0.00	0.81	17.37	30.48	116.97	34.35	56.76	23.84	10.97	291.55
	面积比例（%）	0.00	0.00	0.28	5.96	10.45	40.12	11.78	19.47	8.18	3.76	100.00

（续）

镇名称	属性	一等	二等	三等	四等	五等	六等	七等	八等	九等	十等	合计
新嘉街道	耕地面积（亩）	79.43	8 544.87	9 412.10	2 819.96	309.63	790.76	0.00	0.00	0.00	0.00	21 956.75
	面积比例（%）	0.36	38.92	42.87	12.84	1.41	3.60	0.00	0.00	0.00	0.00	100.00
徐福街道	耕地面积（亩）	121.83	1 080.12	9 539.49	10 767.85	1 712.24	1 255.59	671.38	0.00	0.00	0.00	25 148.50
	面积比例（%）	0.48	4.30	37.93	42.82	6.81	4.99	2.67	0.00	0.00	0.00	100.00
诸由观镇	耕地面积（亩）	0.00	5 156.85	18 178.01	9 606.34	3 947.80	3 640.48	1 763.52	3 232.42	825.38	162.95	46 513.75
	面积比例（%）	0.00	11.09	39.08	20.65	8.49	7.83	3.79	6.95	1.77	0.35	100.00
合计	耕地面积（亩）	2 371.04	50 864.05	72 123.48	45 235.34	13 783.10	17 458.38	10 151.61	9 213.80	6 774.86	19 664.29	247 639.95
	面积比例（%）	0.96	20.54	29.12	18.27	5.57	7.05	4.10	3.72	2.73	7.94	100.00

分布。地貌类型以山前倾斜平地为主，兼有微斜平地分布，土层深厚，土壤理化性状良好，可耕性强。农田水利设施完善，灌溉能力达到充分满足，灌溉条件好。土壤有机质、有效磷和速效钾养分含量水平见表6-116。

一等地是龙口市重要的优质耕地，主要的粮食、蔬菜生产基地，土层深厚，土壤理化性状良好，可耕性强。改良利用措施同烟台市一等地。

表6-115 一等地各利用类型面积情况

利用类型	评价单元（个）	面积（亩）	占耕地总面积的比例（%）	占一等地面积的比例（%）
水浇地	138	2 371.04	0.96	100.00
总计	138	2 371.04	0.96	100.00

表6-116 一等地主要养分含量

项目	有机质（克/千克）	有效磷（毫克/千克）	速效钾（毫克/千克）
平均值	16.95	70.58	208.63
范围值	13.32~23.40	42.88~119.45	139.00~382.00
平均含量水平	中等	丰富	丰富

2. 二等地

二等地耕地面积为50 864.05亩，占全市总耕地面积的20.54%。全部为水浇地（表6-117）。

表6-117 二等地各利用类型面积情况

利用类型	评价单元（个）	面积（亩）	占耕地总面积的比例（%）	占二等地面积的比例（%）
水浇地	2 666	50 864.05	20.54	100.00
总计	2 666	50 864.05	20.54	100.00

二等地土壤类型以潮棕壤为主，兼有潮褐土、潮土、普通褐土、典型棕壤、淋溶褐土、湿潮土和砂姜黑土分布。土壤耕层质地主要为中壤，兼有轻壤分布。质地构型主要为夹黏型，兼有夹层型和通体壤分布。地貌类型以微斜平地为主，兼有缓平地、倾斜平地和极少量泊地分布，土层深厚，土壤理化性状良好，可耕性强。农田水利设施完善，灌溉能力达到满足和充分满足，灌溉条件好。土壤有机质、有效磷和速效钾养分含量水平见表6-118。

表6-118 二等地主要养分含量

项目	有机质（克/千克）	有效磷（毫克/千克）	速效钾（毫克/千克）
平均值	17.41	77.18	207.02
范围值	10.62~31.18	27.31~249.46	47.00~384.00
平均含量水平	中等	丰富	丰富

二等地是龙口市重要的优质耕地，主要的粮食、蔬菜生产基地，但是要实现农业高产高效发展和粮食需求，与一等地水平有一定差距。在农业生产中应注意问题同烟台市二等地。

3. 三等地

三等地耕地面积为 72 123.48 亩，占全市总耕地面积的 29.12%。全部为水浇地（表 6 - 119）。

表 6 - 119 三等地各利用类型面积情况

利用类型	评价单元（个）	面积（亩）	占耕地总面积的比例（%）	占三等地面积的比例（%）
水浇地	4 146	72 123.48	29.12	100.00
总计	4 146	72 123.48	29.12	100.00

三等地土壤类型以潮棕壤为主，兼有潮褐土、潮土、普通褐土、典型棕壤、淋溶褐土、砂姜黑土和极少量湿潮土分布。土壤耕层质地主要为轻壤，兼有中壤分布。质地构型主要为通体壤，兼有夹层型、夹黏型和极少量上松下紧型分布。地貌类型以微斜平地为主，兼有缓岗、缓平地、泊地和倾斜平地分布，土层深厚，土壤理化性状良好，可耕性强。农田水利设施较完善，灌溉条件较好，基本达到了旱能浇、涝能排生产条件。土壤有机质、有效磷和速效钾养分含量水平见表 6 - 120。

表 6 - 120 三等地主要养分含量

项目	有机质（克/千克）	有效磷（毫克/千克）	速效钾（毫克/千克）
平均值	15.89	73.50	189.71
范围值	8.36～31.69	18.32～267.50	50.00～394.00
平均含量水平	中等	丰富	较丰富

三等地是龙口市重要的优质耕地，主要的粮食、蔬菜生产基地，但从生产条件及土壤肥力状况来看，与一、二等地水平还有一定差距，重点应完善农业生产条件、提高耕地肥力水平。生产利用中应注意问题同烟台市三等地。

4. 四等地

四等地耕地面积为 45 235.34 亩，占全市总耕地面积的 18.27%。其中旱地 392.75 亩，水浇地 44 842.59 亩，分别占四等地总面积的 0.87%、99.13%（表 6 - 121）。

表 6 - 121 四等地各利用类型面积情况

利用类型	评价单元（个）	面积（亩）	占耕地总面积的比例（%）	占四等地面积的比例（%）
旱地	73	392.75	0.16	0.87
水浇地	3 182	44 842.59	18.11	99.13
总计	3 255	45 235.34	18.27	100.00

四等地土壤类型以典型棕壤为主，兼有潮褐土、潮棕壤、潮土、普通褐土、淋溶褐

土、砂姜黑土、棕壤性土和极少量湿潮土分布。土壤耕层质地主要为轻壤，兼有砂壤和中壤分布。质地构型主要为通体壤，兼有夹层型、夹黏型、上松下紧型、通体砂和极少量薄层型分布。地貌类型以缓平地为主，兼有河滩地、缓岗、岭地、泊地、倾斜平地、洼地和微斜平地分布，土层深厚，农田水利设施较完善，灌溉条件较好，基本达到了旱能浇、涝能排生产条件。土壤有机质、有效磷和速效钾养分含量水平见表 6 - 122。

表 6 - 122　四等地主要养分含量

项目	有机质（克/千克）	有效磷（毫克/千克）	速效钾（毫克/千克）
平均值	14.85	78.57	179.77
范围值	4.93~32.10	10.29~235.12	36.00~395.00
平均含量水平	中等	丰富	较丰富

四等地是龙口市的主要粮食生产基地，产量水平中等偏上。部分耕地存在缺素、灌溉能力较低等问题。合理利用措施同烟台市四等地。

5. 五等地

五等地耕地面积为 13 783.10 亩，占全市总耕地面积的 5.57%。其中旱地 1 687.98 亩，水浇地 12 095.12 亩，分别占五等地总面积的 12.25%、87.75%（表 6 - 123）。

表 6 - 123　五等地各利用类型面积情况

利用类型	评价单元（个）	面积（亩）	占耕地总面积的比例（%）	占五等地面积的比例（%）
旱地	256	1 687.98	0.68	12.25
水浇地	1 169	12 095.12	4.89	87.75
总计	1 425	13 783.10	5.57	100.00

五等地土壤类型以潮土为主，兼有潮棕壤、普通褐土、典型棕壤、淋溶褐土、湿潮土、棕壤性土和极少量砂姜黑土分布。土壤耕层质地主要为砂壤，兼有轻壤和中壤分布。质地构型主要为通体壤，兼有夹层型、夹黏型、通体砂和极少量上松下紧型分布。地貌类型以岭地为主，兼有河滩地、缓岗、缓平地、近山阶地、泊地、倾斜平地、沙丘、洼地和微斜平地分布，土壤理化性状较好，可耕性较强。部分耕地灌溉条件的灌溉保证率较低。土壤有机质、有效磷和速效钾养分含量水平见表 6 - 124。

表 6 - 124　五等地主要养分含量

项目	有机质（克/千克）	有效磷（毫克/千克）	速效钾（毫克/千克）
平均值	15.01	76.29	177.21
范围值	5.17~32.11	17.51~271.48	52.00~395.00
平均含量水平	中等	丰富	较丰富

五等地产量水平中等。部分耕地水源无保障，农田水利设施不完善，灌溉条件相对较差；部分耕地土壤保肥保水性差。改良措施同烟台市五等地。

6. 六等地

六等地耕地面积为 17 458.38 亩，占全市总耕地面积的 7.05%。其中旱地 6 477.00 亩，水浇地 10 981.38 亩，分别占六等地总面积的 37.10%、62.90%（表 6-125）。

表 6-125 六等地各利用类型面积情况

利用类型	评价单元（个）	面积（亩）	占耕地总面积的比例（%）	占六等地面积的比例（%）
旱地	1 142	6 477.00	2.62	37.10
水浇地	837	10 981.38	4.43	62.90
总计	1 979	17 458.38	7.05	100.00

六等地土壤类型以典型棕壤为主，兼有潮棕壤、潮土、砂姜黑土、棕壤性土和极少量潮褐土、普通褐土、湿潮土分布。土壤耕层质地主要为轻壤，兼有壤质砾石土、砂壤和中壤分布。质地构型主要为夹黏型，兼有夹层型、薄层型、通体壤和通体砂分布。地貌类型以岭地为主，兼有河滩地、缓岗、缓平地、近山阶地、泊地、倾斜平地、沙丘、极少量洼地和微斜平地分布，部分耕地水源和农田水利设施条件差，有灌溉条件的部分耕地灌溉保证率较低。土壤有机质、有效磷和速效钾养分含量水平见表 6-126。

表 6-126 六等地主要养分含量

项目	有机质（克/千克）	有效磷（毫克/千克）	速效钾（毫克/千克）
平均值	15.26	75.11	181.43
范围值	9.40~24.57	20.90~269.14	49.00~393.00
平均含量水平	中等	丰富	较丰富

六等地部分水源保障较差，农田水利设施不完善，灌溉条件较低。部分土壤养分含量偏低。改良利用措施同烟台市六等地。

7. 七等地

七等地耕地面积为 10 151.61 亩，占全市总耕地面积的 4.10%。其中旱地 5 220.47 亩，水浇地 4 931.14 亩，分别占七等地总面积的 51.43%、48.57%（表 6-127）。

表 6-127 七等地各利用类型面积情况

利用类型	评价单元（个）	面积（亩）	占耕地总面积的比例（%）	占七等地面积的比例（%）
旱地	690	5 220.47	2.11	51.43
水浇地	422	4 931.14	1.99	48.57
总计	1 112	10 151.61	4.10	100.00

七等地土壤类型以棕壤性土为主，兼有潮土、典型棕壤、钙质粗骨土、酸性粗骨土、中性粗骨土、极少量潮棕壤和淋溶褐土分布。土壤耕层质地主要为轻壤，兼有砾质砂土、壤质砾石土、砂壤、砂土和中壤分布。质地构型主要为薄层型，兼有夹层型、夹黏型、通体壤和通体砂分布。地貌类型以岭地为主，兼有沟谷梯田、河滩地、荒坡岭、近山阶地、岭坡梯田、坡麓梯田、泊地、倾斜平地、沙丘和沙滩地分布，农田水利设施较差，灌溉条件较差，部分耕地水源和农田水利设施条件差，有灌溉条件的部分耕地灌溉保证率较低。

土壤有机质、有效磷和速效钾养分含量水平见表6-128。

表6-128　七等地主要养分含量

项目	有机质（克/千克）	有效磷（毫克/千克）	速效钾（毫克/千克）
平均值	14.83	77.71	163.32
范围值	5.82~31.57	23.35~206.51	35.00~399.00
平均含量水平	中等	丰富	较丰富

七等地的土壤，灌溉条件差、土壤肥力偏低。主要改良利用措施同烟台市七等地。

8. 八等地

八等地耕地面积为9 213.80亩，占全市总耕地面积的3.72%。其中旱地2 220.60亩，水浇地6 993.20亩，分别占八等地总面积的24.10%、75.90%（表6-129）。

表6-129　八等地各利用类型面积情况

利用类型	评价单元（个）	面积（亩）	占耕地总面积的比例（%）	占八等地面积的比例（%）
旱地	300	2 220.60	0.90	24.10
水浇地	577	6 993.20	2.82	75.90
总计	877	9 213.80	3.72	100.00

八等地土壤类型以酸性粗骨土为主，兼有潮棕壤、潮土、典型棕壤、钙质粗骨土、中性粗骨土、棕壤性土和极少量淋溶褐土分布。土壤耕层质地主要为壤质砾石土，兼有轻壤、砂壤、砂质砾石土、极少量砾质砂土和中壤分布。质地构型主要以薄层型为主，兼有通体砂分布。地貌类型以岭地为主，兼有沟谷梯田、河滩地、缓岗、荒坡岭、近山阶地、岭坡梯田、坡麓梯田、泊地、倾斜平地和极少量沙滩地分布，农田水利设施较差，部分耕地灌溉保证率较低。土壤有机质、有效磷和速效钾养分含量水平见表6-130。

八等地农田水利设施不完善，灌溉条件较差。改良利用措施同烟台市八等地。

表6-130　八等地主要养分含量

项目	有机质（克/千克）	有效磷（毫克/千克）	速效钾（毫克/千克）
平均值	15.45	69.11	183.78
范围值	6.74~28.38	17.08~165.42	41.00~391.00
平均含量水平	中等	丰富	较丰富

9. 九等地

九等地耕地面积为6 774.86亩，占全市总耕地面积的2.73%。其中旱地2 691.20亩，水浇地4 083.66亩，分别占九等地总面积的39.72%、60.28%（表6-131）。

表6-131　九等地各利用类型面积情况

利用类型	评价单元（个）	面积（亩）	占耕地总面积的比例（%）	占九等地面积的比例（%）
旱地	438	2 691.20	1.08	39.72
水浇地	430	4 083.66	1.65	60.28
总计	868	6 774.86	2.73	100.00

九等地土壤类型以酸性粗骨土为主，兼有潮土、典型棕壤、中性粗骨土、棕壤性土和极少量潮棕壤、钙质粗骨土、砂姜黑土分布。土壤耕层质地主要为壤质砾石土，兼有轻壤、砂壤、砂质砾石土和极少量中壤分布。质地构型主要以薄层型为主。地貌类型以岭地为主，兼有沟谷梯田、河滩地、缓岗、荒坡岭、岭坡梯田、坡麓梯田和极少量近山阶地、倾斜平地分布，土层较薄。农田水利设施与灌溉条件差。土壤有机质、有效磷和速效钾养分含量水平见表6-132。

表6-132　九等地主要养分含量

项目	有机质（克/千克）	有效磷（毫克/千克）	速效钾（毫克/千克）
平均值	15.36	74.90	183.70
范围值	8.06～27.49	12.65～197.20	31.00～392.00
平均含量水平	中等	丰富	较丰富

九等地立地条件和土壤物理条件较差，部分耕地土层薄，产量低而不稳，部分耕层耕地中有砾石，改良利用措施同烟台市九等地。

10. 十等地

十等地耕地面积为19 664.29亩，占全市总耕地面积的7.94%。其中旱地18 313.65亩，水浇地1 350.64亩，分别占十等地总面积的93.13%、6.87%（表6-133）。

表6-133　十等地各利用类型面积情况

利用类型	评价单元（个）	面积（亩）	占耕地总面积的比例（%）	占十等地面积的比例（%）
旱地	2 357	18 313.65	7.39	93.13
水浇地	127	1 350.64	0.55	6.87
总计	2 484	19 664.29	7.94	100.00

十等地土壤类型以酸性粗骨土为主，兼有潮土、普通褐土、典型棕壤、棕壤性土和极少量潮棕壤、钙质粗骨土、中性粗骨土分布。土壤耕层质地主要为壤质砾石土，兼有砂壤、砂质砾石土和极少量轻壤分布。质地构型主要以薄层型为主。地貌类型以岭地为主，兼有沟谷梯田、荒坡岭、岭坡梯田、坡麓梯田、泊地、极少量河滩地和近山阶地分布，农田水利设施差，耕地灌溉保证率低。土壤有机质、有效磷和速效钾养分含量水平见表6-134。

表6-134　十等地主要养分含量

项目	有机质（克/千克）	有效磷（毫克/千克）	速效钾（毫克/千克）
平均值	14.45	69.58	187.69
范围值	3.57～27.75	16.69～226.57	33.00～397.00
平均含量水平	中等偏下	丰富	较丰富

十等地立地条件和土壤物理条件较差，土壤肥力低，部分耕地土层薄，部分耕层耕地中有砾石，产量低而不稳。改良利用的重点同烟台市十等地。

第八节　莱阳市耕地质量等级评价

一、莱阳市概况

(一) 地理位置与行政区划

莱阳市地处山东半岛中部，蓝（村）烟（台）铁路中段，位于东经 120°31′~120°58′，北纬 36°34′~37°10′。东临海阳市，西接莱西市，北接招远市，南邻即墨区，东南隅濒黄海丁字湾。东西最大横距 35 千米，南北最大纵距 65 千米，总面积 1 732 千米²。截至 2022 年底，全市下辖 5 个街道、13 个镇，常住人口 79.5 万。

(二) 地形地貌

莱阳市地形为低山丘陵区，山丘起伏和缓，沟壑纵横交错，受胶东脊背地形影响，地势由北向南倾斜，北部、东部、中部、东南部、西南部均有互不连接的低山丘陵群，属低山丘陵地貌类型。沿河地带及山群之间，形成互不连片的河谷平原和山间盆地平原。山地占总面积的 21.51%，丘陵占 47.06%，平原占 31.4%。北部旌旗群山，东西走向，主峰旌旗山，海拔 315.3 米；东北部龙门群山，界于莱阳、栖霞、海阳三市之间，南北走向，主峰老寨山，海拔 374.6 米，为全市诸山之冠；东南部垛山群山，北北东向，主峰垛山，海拔 316 米，是莱阳市与海阳市的界山。

(三) 气候条件

莱阳市属暖温带东亚季风半湿润气候，光照充足，四季分明。年平均气温 13.2℃，最高气温 35.2℃，最低气温 −15.4℃。年降水量 760.2 毫米。年日照时数为 2 248.2 小时。

(四) 农业生产现状

2022 年农林牧渔业产值 120.4 亿元，按可比价格计算，增长 6.3%。其中，农业产值 66.4 亿元，增长 8.4%；林业产值 1.44 亿元，减少 1.2%；牧业产值 41 亿元，增长 3.9%；渔业产值 7.35 亿元，增长 6.8%；农林牧渔服务业产值 4.21 亿元，增长 10.7%。各行业产值中，农业、林业、牧业、渔业以及农林牧渔服务业产值占比分别为 55.1%、1.2%、34.1%、6.1%、3.5%。全年农作物种植面积 9.8 万公顷，增长 0.9%。其中，粮食作物种植面积 7.05 万公顷，增长 1%；油料种植面积 1.81 万公顷，下降 4.4%；蔬菜种植面积 0.94 万公顷，增长 4%。全年粮食产量 42.21 万吨，增产 0.8%；油料产量 8.44 万吨，减产 6.1%；蔬菜及食用菌产量 56.78 万吨，增产 6.2%；园林水果产量 56.93 万吨，增产 4.7%；水产品产量 2.2 万吨，增产 4.5%，其中海水产品 2.05 万吨，淡水产品 0.16 万吨。

2022 年年末农业机械总动力 144.44 万千瓦，增长 2.6%，其中大中型拖拉机达到 5 071 台。主要农作物耕种收综合机械化率达到 95.6%。农业用电量 2.08 亿千瓦时，增长 9.4%。全年化肥使用量（折纯后）4.7 万吨，下降 6.5%。

全年完成造林面积 66.67 公顷，下降 300%。2022 年年末全市森林面积 1.17 万公顷，森林覆盖率达到 6.8%。自然保护区面积 0.54 万公顷。

(五) 水文

莱阳市河流多属季风雨源性河流，基本都有源短流急、涨落急剧的特点。春秋降水量少，经常断流，夏季雨量大且集中，易成水灾。境内河流遍布成网，大小水库星罗棋布，因地势北高南低，多为北源南流。500 米以上的河流、沟溪共 187 条，其中流长 15 千米（莱阳市境内流长 9 千米）以上的河流 13 条，内有 11 条归为五龙河水系；西部有潴河、七星河 2 条归为莱西境的大沽河水系。五龙河水系中的五龙河，为胶东第一大河流，上游有白龙河、蚬河、清水河、墨水河、富水河 5 大支流，于照旺庄镇五龙村附近的峡口汇聚后始称五龙河，其南下又纳嵯阳河、玉带河、金水河，流经照旺庄、古柳、昌格庄、团旺、姜疃、高格庄、穴坊、羊郡 8 个镇街，后流入黄海丁字湾，莱阳市境内流长 63 千米，河床宽 100～400 米，流域面积 393.3 千米²。

二、耕地质量等级

（一）耕地质量等级总体情况

莱阳市耕地面积为 1 243 918.20 亩。其耕地质量等级由高到低依次划分为一至十等地（表 6－135）。其中，一等地耕地质量最好，十等地耕地质量最差。采用耕地质量等级面积加权法，计算得到莱阳市耕地质量平均等级为 6.32 等。

评价结果为一至三等的高产田耕地面积为 85 505.60 亩，占莱阳市评价耕地总面积的 6.87%，主要分布在中部地区。高产田的耕地地力较高，农田设施条件好，应加强耕地保育和利用，确保耕地质量稳中有升。评价为四至六等的中产田耕地面积为 452 319.49 亩，占莱阳市评价耕地总面积的 36.36%，主要分布在中南部和全市大部分地区。这部分耕地立地条件较好，具备一定的农田基础设施，是发展粮食、蔬菜和经济作物的重点生产区域。今后应重点加强地力培育，提高耕地有效养分，完善灌溉条件。评价为七至十等的低产田耕地面积为 706 093.11 亩，占莱阳市评价耕地总面积的 56.77%，主要分布在北部和南部地区。立地条件较差，大部分耕地灌溉困难，基础地力较低，部分耕地存在障碍因素，应大力开展农田基础设施建设，改良土壤，培肥地力。

表 6－135　耕地质量等级面积统计

耕地质量等级	耕地面积（亩）	比例（%）
一等	224.01	0.02
二等	17 828.98	1.43
三等	67 452.61	5.42
四等	84 250.94	6.77
五等	185 642.15	14.92
六等	182 426.40	14.67
七等	433 127.68	34.82
八等	224 660.15	18.06
九等	46 208.07	3.72
十等	2 097.21	0.17
合计	1 243 918.20	100.00

（二）耕地质量等级乡镇分布特征

将莱阳市耕地质量等级分布图与行政区划图进行叠加分析，从耕地质量等级的行政区域数据库中，按照权属字段检索出所有等级在各个乡镇的记录，统计出一至十等地在各乡镇的分布状况（表 6－136）。

表 6 - 136 莱阳市耕地质量等级分布特征

镇名称	属性	一等	二等	三等	四等	五等	六等	七等	八等	九等	十等	合计
柏林庄街道	耕地面积（亩）	33.43	0.00	7 098.18	1 644.65	12 516.93	8 813.65	8 857.25	6 133.51	1 414.83	0.00	46 512.43
	面积比例（%）	0.07	0.00	15.26	3.54	26.91	18.95	19.04	13.19	3.04	0.00	100.00
城厢街道	耕地面积（亩）	6.45	850.66	419.74	1 433.15	842.08	718.40	1 302.28	2 687.21	1 458.61	0.00	9 718.58
	面积比例（%）	0.07	8.75	4.32	14.75	8.66	7.39	13.40	27.65	15.01	0.00	100.00
大夼镇	耕地面积（亩）	0.00	0.00	283.33	432.65	6 454.27	22 722.63	19 510.70	27 479.99	342.17	0.00	77 225.74
	面积比例（%）	0.00	0.00	0.37	0.56	8.36	29.43	25.26	35.58	0.44	0.00	100.00
高格庄镇	耕地面积（亩）	0.00	0.00	567.39	8 629.56	20 339.40	1 387.36	23 801.86	251.40	0.00	0.00	54 976.97
	面积比例（%）	0.00	0.00	1.03	15.70	37.00	2.52	43.29	0.46	0.00	0.00	100.00
古柳街道	耕地面积（亩）	173.76	7 391.48	25 658.21	14 618.16	11 370.45	4 475.07	13 062.12	38.08	0.52	0.00	76 787.85
	面积比例（%）	0.23	9.62	33.41	19.04	14.81	5.83	17.01	0.04	0.01	0.00	100.00
姜疃镇	耕地面积（亩）	0.00	0.00	31.62	2 082.83	9 871.99	12 939.30	36 257.56	39 179.46	0.00	0.00	100 362.76
	面积比例（%）	0.00	0.00	0.03	2.07	9.84	12.89	36.13	39.04	0.00	0.00	100.00
龙旺庄街道	耕地面积（亩）	0.00	281.49	4 690.31	3 514.08	3 214.52	2 200.01	15 614.90	12 085.73	12 407.15	0.00	54 008.19
	面积比例（%）	0.00	0.52	8.69	6.51	5.95	4.07	28.91	22.38	22.97	0.00	100.00
吕格庄镇	耕地面积（亩）	0.00	0.00	4 755.37	6 502.14	6 313.72	6 094.99	16 109.97	1 252.15	1 659.47	0.00	42 687.81
	面积比例（%）	0.00	0.00	11.14	15.23	14.79	14.28	37.74	2.93	3.89	0.00	100.00
冰浴店镇	耕地面积（亩）	0.00	227.87	926.96	2 221.44	7 446.82	3 555.55	17 016.55	20 880.24	12 651.87	741.47	65 668.77
	面积比例（%）	0.00	0.35	1.41	3.38	11.34	5.41	25.91	31.80	19.27	1.13	100.00
山前店镇	耕地面积（亩）	0.00	391.74	2 619.01	2 785.17	5 593.41	8 650.63	12 664.45	19 536.65	857.08	0.00	53 098.14
	面积比例（%）	0.00	0.74	4.93	5.25	10.53	16.29	23.85	36.79	1.62	0.00	100.00

（续）

镇名称	属性	一等	二等	三等	四等	五等	六等	七等	八等	九等	十等	合计
谭格庄镇	耕地面积（亩）	10.37	21.97	729.70	6 648.78	6 835.02	22 815.83	46 915.42	32 448.76	4 317.73	1 355.74	122 099.32
	面积比例（%）	0.01	0.02	0.60	5.45	5.60	18.69	38.42	26.57	3.53	1.11	100.00
团旺镇	耕地面积（亩）	0.00	0.00	12 408.12	12 733.88	28 671.05	18 083.05	50 738.85	33 892.83	2 009.27	0.00	158 537.05
	面积比例（%）	0.00	0.00	7.83	8.03	18.08	11.41	32.00	21.38	1.27	0.00	100.00
万第镇	耕地面积（亩）	0.00	0.00	2 974.82	11 147.86	23 504.98	39 656.23	55 814.07	9 955.32	5 579.75	0.00	148 633.03
	面积比例（%）	0.00	0.00	2.00	7.50	15.82	26.68	37.55	6.70	3.75	0.00	100.00
穴坊镇	耕地面积（亩）	0.00	0.00	174.63	5 065.34	21 349.86	13 026.39	57 429.89	13 263.48	3 460.79	0.00	113 770.38
	面积比例（%）	0.00	0.00	0.15	4.45	18.77	11.45	50.48	11.66	3.04	0.00	100.00
羊郡镇	耕地面积（亩）	0.00	0.00	0.00	1 167.96	6 489.09	699.25	28 943.77	2 171.92	38.83	0.00	39 510.82
	面积比例（%）	0.00	0.00	0.00	2.95	16.42	1.77	73.26	5.50	0.10	0.00	100.00
照旺庄镇	耕地面积（亩）	0.00	8 663.78	4 115.22	3 623.28	14 828.57	16 588.05	29 088.06	3 403.42	9.98	0.00	80 320.36
	面积比例（%）	0.00	10.79	5.12	4.51	18.46	20.65	36.22	4.24	0.01	0.00	100.00
合计	耕地面积（亩）	224.01	17 828.98	67 452.61	84 250.94	185 642.15	182 426.40	433 127.68	224 660.15	46 208.07	2 097.21	1 243 918.20
	面积比例（%）	0.02	1.43	5.42	6.77	14.92	14.67	34.82	18.06	3.72	0.17	100.00

从表中看出一、二、三等高产田耕地面积所占比例较高的乡镇主要为古柳街道；四、五、六等中产田耕地面积所占比例较高的乡镇主要为柏林庄街道、高格庄镇、万第镇、照旺庄镇；七、八、九、十等低产田耕地面积所占比例较高的乡镇主要为城厢街道、大夼镇、姜疃镇、龙旺庄街道、吕格庄镇、沐浴店镇、山前店镇、谭格庄镇、团旺镇、穴坊镇、羊郡镇。

（三）耕地质量等级分布现状

1. 一等地

一等地耕地面积为 224.01 亩，占全市总耕地面积的 0.02%。全部为水浇地（表 6 - 137）。

表 6 - 137　一等地各利用类型面积情况

利用类型	评价单元（个）	面积（亩）	占耕地总面积的比例（%）	占一等地面积的比例（%）
水浇地	14	224.01	0.02	100.00
总计	14	224.01	0.02	100.00

一等地土壤类型主要以潮土为主，兼有潮褐土和普通褐土分布。土壤耕层质地主要为轻壤。质地构型以通体壤为主，兼有夹黏型分布。地貌类型以微斜平地为主，兼有少量泊地分布。土层深厚，土壤理化性状良好，可耕性强。农田水利设施完善，灌溉能力达到充分满足，灌溉条件好。土壤有机质养分含量属于中等水平，有效磷和速效钾养分含量均属于中等偏上水平（表 6 - 138）。

表 6 - 138　一等地主要养分含量

项目	有机质（克/千克）	有效磷（毫克/千克）	速效钾（毫克/千克）
平均值	14.50	35.36	151.71
范围值	8.00~18.00	29.00~50.00	126.00~189.00
含量水平	中等	中等偏上	中等偏上

一等地是莱阳市重要的优质耕地，主要的粮食、蔬菜生产基地，土层深厚，土壤理化性状良好，可耕性强。改良措施同烟台市一等地。

2. 二等地

二等地耕地面积为 17 828.98 亩，占全市总耕地面积的 1.43%。全部为水浇地（表 6 - 139）。

表 6 - 139　二等地各利用类型面积情况

利用类型	评价单元（个）	面积（亩）	占耕地总面积的比例（%）	占二等地面积的比例（%）
水浇地	734	17 828.98	1.43	100.00
总计	734	17 828.98	1.43	100.00

二等地土壤类型以潮棕壤为主，兼有潮褐土、潮土、普通褐土和典型棕壤分布。土

壤耕层质地主要为轻壤，兼有中壤和砂壤。质地构型主要为通体壤，兼有极少量薄层型和夹黏型分布。地貌类型以微斜平地为主，兼有少量泊地分布。土层深厚，土壤理化性状良好，可耕性强。农田水利设施完善，灌溉能力达到满足和充分满足，灌溉条件好。土壤有机质养分含量属于中等水平，有效磷和速效钾养分含量均属于中等偏上水平（表6-140）。

表6-140　二等地主要养分含量

项目	有机质（克/千克）	有效磷（毫克/千克）	速效钾（毫克/千克）
平均值	13.82	41.93	152.30
范围值	4.00～27.00	8.00～75.00	60.00～390.00
含量水平	中等	中等偏上	中等偏上

二等地是莱阳市重要的优质耕地，主要的粮食、蔬菜生产基地，但是要实现农业高产高效发展和粮食需求，与一等地水平有一定差距。改良措施同烟台市二等地。

3. 三等地

三等地耕地面积为67 452.61亩，占全市总耕地面积的5.42%。全部为水浇地（表6-141）。

表6-141　三等地各利用类型面积情况

利用类型	评价单元（个）	面积（亩）	占耕地总面积的比例（%）	占三等地面积的比例（%）
水浇地	2 326	67 452.61	5.42	100.00
总计	2 326	67 452.61	5.42	100.00

三等地土壤类型以潮棕壤和砂姜黑土为主，兼有潮褐土、潮土、普通褐土、典型棕壤和褐土性土分布。土壤耕层质地主要为中壤和轻壤，兼有少量砂壤分布。质地构型主要为夹黏型，兼有薄层型和通体壤分布。地貌类型以微斜平地为主，兼有泊地分布。土层深厚，土壤理化性状良好，可耕性强。农田水利设施较完善，灌溉条件较好，基本达到了旱能浇、涝能排生产条件。土壤有机质养分含量属于中等水平，有效磷和速效钾养分含量均属于中等偏上水平（表6-142）。

表6-142　三等地主要养分含量

项目	有机质（克/千克）	有效磷（毫克/千克）	速效钾（毫克/千克）
平均值	14.50	40.62	161.75
范围值	6.00～31.00	15.00～82.00	79.00～398.00
含量水平	中等	中等偏上	中等偏上

三等地是莱阳市重要的优质耕地，主要的粮食、蔬菜生产基地，但从生产条件及土壤肥力状况来看，与一、二等地水平还有一定差距，改良措施同烟台市三等地。

4. 四等地

四等地耕地面积为 84 250.94 亩，占全市总耕地面积的 6.77％。其中旱地 9 983.75 亩，水浇地 74 267.19 亩，分别占四等地总面积的 11.85％、88.15％（表 6-143）。

表 6-143 四等地各利用类型面积情况

利用类型	评价单元（个）	面积（亩）	占耕地总面积的比例（％）	占四等地面积的比例（％）
旱地	282	9 983.75	0.80	11.85
水浇地	3 095	74 267.19	5.97	88.15
总计	3 377	84 250.94	6.77	100.00

四等地土壤类型以典型棕壤为主，兼有潮褐土、潮棕壤、潮土、普通褐土、砂姜黑土、盐化潮土、棕壤性土和褐土性土分布。土壤耕层质地主要为轻壤，兼有中壤和砂壤分布。质地构型主要为夹黏型，兼有薄层型和通体壤分布。地貌类型以岭地为主，兼有河滩地、缓平地、泊地和微斜平地分布。土层深厚，农田水利设施较完善，灌溉条件较好，基本达到了旱能浇、涝能排生产条件。土壤有机质养分含量属于中等水平，有效磷和速效钾养分含量均属于中等偏上水平（表 6-144）。

表 6-144 四等地主要养分含量

项目	有机质（克/千克）	有效磷（毫克/千克）	速效钾（毫克/千克）
平均值	12.52	40.25	151.00
范围值	4.00～35.00	9.00～83.00	43.00～397.00
含量水平	中等	中等偏上	中等偏上

四等地是莱阳市的主要粮食生产基地，产量水平中等偏上。部分耕地存在缺素、灌溉能力较低等问题。合理利用措施同烟台市四等地。

5. 五等地

五等地耕地面积为 185 642.15 亩，占全市总耕地面积的 14.92％。其中旱地 102 628.64 亩，水浇地 83 013.51 亩，分别占五等地总面积的 55.28％、44.72％（表 6-145）。

五等地土壤类型以典型棕壤为主，兼有潮褐土、潮棕壤、潮土、普通褐土、砂姜黑土、盐化潮土、棕壤性土和褐土性土分布。土壤耕层质地主要为轻壤，兼有中壤和砂壤分布。质地构型主要为夹黏型，兼有薄层型、夹层型和通体壤分布。地貌类型以岭地为主，兼有河滩地、缓平地、泊地和微斜平地分布。土壤理化性状较好，可耕性较强。部分耕地灌溉保证率较低。土壤有机质养分含量属于中等水平，有效磷和速效钾养分含量均属于中等偏上水平（表 6-146）。

表 6-145 五等地各利用类型面积情况

利用类型	评价单元（个）	面积（亩）	占耕地总面积的比例（％）	占五等地面积的比例（％）
旱地	3 303	102 628.64	8.25	55.28
水浇地	2 948	83 013.51	6.67	44.72
总计	6 251	185 642.15	14.92	100.00

表6-146 五等地主要养分含量

项目	有机质（克/千克）	有效磷（毫克/千克）	速效钾（毫克/千克）
平均值	12.13	38.98	153.52
范围值	4.00～25.00	9.00～85.00	45.00～398.00
含量水平	中等	中等偏上	中等偏上

五等地产量水平中等。部分耕地土层较薄、水源无保障，农田水利设施不完善，灌溉条件较差。改良利用措施同烟台市五等地。

6. 六等地

六等地耕地面积为182 426.40亩，占全市总耕地面积的14.67%。其中旱地157 700.03亩，水浇地24 726.37亩，分别占六等地总面积的86.45%、13.55%（表6-147）。

表6-147 六等地各利用类型面积情况

利用类型	评价单元（个）	面积（亩）	占耕地总面积的比例（%）	占六等地面积的比例（%）
旱地	5 571	157 700.03	12.68	86.45
水浇地	1 096	24 726.37	1.99	13.55
总计	6 667	182 426.40	14.67	100.00

六等地土壤类型以棕壤性土为主，兼有潮褐土、潮棕壤、潮土、普通褐土、典型棕壤、砂姜黑土、盐化潮土和褐土性土分布。土壤耕层质地主要为轻壤，兼有中壤和砂壤分布。质地构型主要为通体壤，兼有薄层型、夹层型和夹黏型分布。地貌类型以泊地为主，兼有河滩地、缓平地、岭地和微斜平地分布。部分耕地灌溉保证率较低。土壤有机质养分含量属于中等水平，有效磷和速效钾养分含量均属于中等偏上水平（表6-148）。

表6-148 六等地主要养分含量

项目	有机质（克/千克）	有效磷（毫克/千克）	速效钾（毫克/千克）
平均值	12.53	38.17	160.19
范围值	5.00～24.00	6.00～84.00	36.00～397.00
含量水平	中等	中等偏上	中等偏上

六等地的水源保障较差，农田水利设施不完善，灌溉条件较差。部分耕地土壤保肥保水性差等。改良利用措施同烟台市六等地。

7. 七等地

七等地耕地面积为433 127.68亩，占全市总耕地面积的34.82%。其中旱地416 465.40亩，水浇地16 662.28亩，分别占七等地总面积的96.15%、3.85%（表6-149）。

表 6 - 149 七等地各利用类型面积情况

利用类型	评价单元（个）	面积（亩）	占耕地总面积的比例（%）	占七等地面积的比例（%）
旱地	15 280	416 465.40	33.48	96.15
水浇地	766	16 662.28	1.34	3.85
总计	16 046	433 127.68	34.82	100.00

七等地土壤类型以棕壤性土为主，兼有潮褐土、潮棕壤、潮土、普通褐土、典型棕壤、钙质粗骨土、酸性粗骨土、盐化潮土、中性粗骨土、草甸风沙土、滨海盐土和褐土性土分布。土壤耕层质地主要为轻壤，兼有中壤、砂壤和砂土分布。质地构型主要为夹黏型和通体壤，兼有夹层型和薄层型。地貌类型以岭地为主，兼有沟谷梯田、河滩地、缓平地、荒坡岭、岭坡梯田、泊地和微斜平地。农田水利设施较差，灌溉条件较差，大部分耕地无水源和农田水利设施条件，有灌溉条件的部分耕地灌溉保证率较低。土壤有机质、有效磷和速效钾养分含量均属于中等偏下水平（表 6 - 150）。

表 6 - 150 七等地主要养分含量

项目	有机质（克/千克）	有效磷（毫克/千克）	速效钾（毫克/千克）
平均值	11.76	38.91	149.43
范围值	4.00～24.00	4.00～126.00	31.00～398.00
含量水平	中等偏下	中等偏下	中等偏下

七等地的土壤，灌溉条件差、土壤肥力偏低。主要改良利用措施同烟台市七等地。

8. 八等地

八等地耕地面积为 224 660.15 亩，占全市总耕地面积的 18.06%。其中旱地 224 422.03 亩，水浇地 238.12 亩，分别占八等地总面积的 99.89%、0.11%（表 6 - 151）。

表 6 - 151 八等地各利用类型面积情况

利用类型	评价单元（个）	面积（亩）	占耕地总面积的比例（%）	占八等地面积的比例（%）
旱地	11 555	224 422.03	18.04	99.89
水浇地	32	238.12	0.02	0.11
总计	11 587	224 660.15	18.06	100.00

八等地土壤类型以棕壤性土为主，兼有潮褐土、潮棕壤、潮土、普通褐土、典型棕壤、钙质粗骨土、酸性粗骨土、盐化潮土、中性粗骨土、草甸风沙土、滨海盐土和褐土性土分布。土壤耕层质地主要为轻壤，兼有中壤、砂壤和砂土分布。质地构型主要为薄层型，兼有夹层型、夹黏型和通体壤。地貌类型以岭地为主，兼有沟谷梯田、河滩地、缓平地、荒坡岭、岭坡梯田、泊地和微斜平地。农田水利设施较差，大部分耕地土层较薄，灌溉保证率较低。土壤有机质、有效磷和速效钾养分含量均属于中等偏下水平（表 6 - 152）。

表 6-152　八等地主要养分含量

项目	有机质（克/千克）	有效磷（毫克/千克）	速效钾（毫克/千克）
平均值	12.99	41.57	183.58
范围值	5.00～25.00	7.00～78.00	38.00～399.00
含量水平	中等偏下	中等偏下	中等偏下

八等地大部分耕地土层较薄，农田水利设施不完善，灌溉条件较差。改良利用措施同烟台市八等地。

9. 九等地

九等地耕地面积为 46 208.07 亩，占全市总耕地面积的 3.72%。全部为旱地（表 6-153）。

表 6-153　九等地各利用类型面积情况

利用类型	评价单元（个）	面积（亩）	占耕地总面积的比例（%）	占九等地面积的比例（%）
旱地	3 076	46 208.07	3.72	100.00
总计	3 076	46 208.07	3.72	100.00

九等地土壤类型以酸性粗骨土为主，兼有潮褐土、潮棕壤、潮土、普通褐土、典型棕壤、钙质粗骨土、棕壤性土、中性粗骨土和褐土性土分布。土壤耕层质地主要为砂土，兼有中壤、轻壤和砂壤。质地构型主要以薄层型为主，兼有夹黏型和通体壤。地貌类型以岭地为主，兼有沟谷梯田、河滩地、荒坡岭、岭坡梯田、泊地和微斜平地。土层较薄，农田水利设施与灌溉条件差。土壤有机质、有效磷和速效钾养分含量均属于中等偏下水平（表 6-154）。

表 6-154　九等地主要养分含量

项目	有机质（克/千克）	有效磷（毫克/千克）	速效钾（毫克/千克）
平均值	13.67	45.53	210.08
范围值	6.00～26.00	12.00～79.00	33.00～398.00
含量水平	中等偏下	中等偏下	中等偏下

九等地立地条件和土壤物理条件较差，大部分耕地土层较薄，产量低而不稳，因此部分耕地可调整以种植水果、苗木为主。改良利用措施同烟台市九等地。

10. 十等地

十等地耕地面积为 2 097.21 亩，占全市总耕地面积的 0.17%。全部为旱地（表 6-155）。

表 6-155　十等地各利用类型面积情况

利用类型	评价单元（个）	面积（亩）	占耕地总面积的比例（%）	占十等地面积的比例（%）
旱地	156	2 097.21	0.17	100.00
总计	156	2 097.21	0.17	100.00

十等地土壤类型以酸性粗骨土为主，兼有潮土分布。土壤耕层质地主要为砂土。质地构型主要以薄层型为主。地貌类型以岭地为主，兼有沟谷梯田、河滩地和荒坡岭。农田水利设施差，耕地灌溉保证率低。土壤有机质、有效磷和速效钾养分含量均属于中等偏下水平（表6-156）。

表6-156 十等地主要养分含量

项目	有机质（克/千克）	有效磷（毫克/千克）	速效钾（毫克/千克）
平均值	11.26	50.42	190.97
范围值	7.00～15.00	38.00～79.00	89.00～389.00
含量水平	中等偏下	中等偏下	中等偏下

十等地立地条件和土壤物理条件较差，土壤肥力低，大部分耕地土层薄，产量低而不稳。改良利用的重点同烟台市十等地。

第九节　莱州市耕地质量等级评价

一、莱州市概况

（一）地理位置与行政区划

莱州市位于烟台市西部，西临渤海莱州湾，介于东经119°33′～120°18′，北纬36°59′～37°28′之间。莱州市属胶东丘陵，地势东南高、西北低。全市陆域面积1 928千米²，海岸线108千米。截至2022年10月，莱州市下辖6个街道、11个镇。2022年年末公安部门登记人口82.02万人，比2021年下降0.8%。

（二）地形地貌

莱州市地形复杂，根据地形特点，按照地貌划分的标准，有山区、丘陵、缓丘、平原、滨海洼地和海域滩涂等地貌类型，地势由东南向西北倾斜，呈阶梯式下降。境内有山18座，较大的有文峰山、大基山、福禄山、崮山、马山等，最高为东南大泽山的胡家顶，高程690.5米。莱州市海岸线长108千米，百里海岸沙滩连绵，海水澄净。有三山岛、石虎嘴、刁龙嘴、海庙后、虎头崖、太平湾等自然港湾。莱州湾浅海水域离岸6千米，有一面积为0.35千米²的芙蓉岛。

全市微地貌细分为石质山岭、荒坡岭、岭坡梯田、坡麓梯田、岭地、山前倾斜平地、山前微斜平地、沿河阶地、河滩地、滨海缓平地、滨海洼地、滨海沙滩地、滨海盐荒地、滨海光板地共14种类型。

莱州市境内主要山脉自南向北有马山山脉、吴家大山山脉、云峰山脉，自东向西有仓石山脉、大沟山脉，天齐山脉、崮山山脉。这些山脉分布集中，构成了天然屏障，阻挡了从南而来的江淮气流，影响着莱州的气温和降水。境内地势东南高、西北低，分为五种主要地貌类型。

1. 滨海低地

主要分布于南阳河口以北及虎头崖以西的沿海地带，面积408.53千米²，占全市总面积的 21.75%，海拔高度在 10 米以下，地面坡度小于 1°。滨海地区尚有一些次级的地貌类型，如三山、单山、魏山、土山等侵蚀丘陵，在仓上—过西、三山—西由间分布有古泻湖构成的低洼地；土山以西分布有古海岸沙丘等。

2. 洪积、冲积平原

主要分布于滨海低地以东，面积 409.7 千米²，占全市总面积的 21.81%。海拔高度大致在 10～50 米之间，地面坡度一般小于 2°，主要由王河、白沙河、朱桥河、南阳河的第四纪洪积冲积物构成，厚度一般在 50 米。

3. 山前岗地

呈不规则带状分布于平原与丘陵之间，属平原与丘陵的过渡地带。面积 409.7 千米²，占全市总面积的 21.81%。海拔高度大致在 50～100 米之间，地面坡度一般小于 5°，谷底与岗面间的相对高度一般小于 30 米，由前古生代变质岩构成基底。岗面平坦，沉积物主要由黄土状冲积物及坡积物构成，厚度一般小于 10 米。

4. 剥蚀丘陵

主要分布于东南及东北部山地周围，面积 464.1 千米²，占全市总面积的 24.71%。海拔在 100～200 米之间，地面坡度变化稍大，一般陵面坡度在 5°左右，陵谷的谷坡区在 5～10°之间，近山地的边缘地带坡度大于 10°，但多不超过 15°，谷底与陵面之间相对高差一般小于 60 米。丘陵主要由花岗岩组成。

5. 侵蚀低山

主要分布在莱州市境东及东南，面积 186.07 千米²，占全市总面积的 9.91%，全部由花岗岩及花岗闪长岩构成。海拔高度在 200 米以上，地面坡度大于 15°，谷底与谷肩相对高差在 60 米以上。山间的谷底平原，分布在市境东南低山区小沽河上游的山间盆地，海拔高度在 120～150 米之间，地面坡度大于 20°，平原主体部分较大处宽度为 1～1.5 千米，谷底平原沉积层厚度 5～10 米，地下水埋深较浅，约 1 米。

（三）气候条件

莱州市属暖温带东亚季风区大陆性气候。春季约 56 天，始于 4 月 11 日，止于 6 月 5 日；夏季约 92 天，始于 6 月 6 日，止于 9 月 5 日；秋季约 61 天，始于 9 月 6 日，止于 11 月 5 日；冬季约 156 天，始于 11 月 6 日，止于 4 月 10 日。四季气候变化明显，由于濒临渤海受海洋的调节作用，大陆度为 61.7%。

春季风大雨少、气候干燥，平均风速为全年之冠，大于等于 8 级大风的日数为 8.6 天，占全年大风日数的 44%，全季雨量占全年总雨量的 14%。春季蒸发量为全年最大季节，平均相对湿度在 56%。春旱的年份较多，同时由于寒潮的侵袭，常常出现倒春寒及晚霜冻危害。夏季一般受暖温的海洋气团控制，为年降水量最多的季节，总水量占年降水量的 62%，特别是在 7、8 两月，雨量集中，暴雨日数多，一日最大降水量可达 300 毫米以上，是灾害性天气最多的季节。夏季平均温度 25℃，极端最高气温达 39℃。秋季晴好天气较多，降水量占全年总降水量的 20%。冬季一般受强大的蒙古冷高压控制，气压高、气温低，雨雪稀少。降水量占年总降水量的 4%。冬季平均温度－1.5℃，极端最低气温－17℃。

（四）农业生产现状

2022 年农林牧渔业产值 182.69 亿元，同比增长 6.2%。其中，农业产值 63.64 亿元，同比增长 2.5%；林业产值 2.20 亿元，同比增长 7.0%；牧业产值 36.03 亿元，同比增长 16.7%；渔业产值 54.67 亿元，同比增长 3.9%；农林牧渔服务业产值 26.15 亿元，同比增长 9.2%。

2022 年全年粮食种植面积 8.3 万公顷，保持稳定。其中，小麦种植面积 3.7 万公顷，保持稳定；玉米种植面积 4.4 万公顷，保持稳定。油料种植面积 0.94 万公顷，减少 0.07 公顷。蔬菜种植面积 0.65 万公顷，减少 0.3 万公顷。

2022 年全年粮食产量 53.43 万吨，增产 0.9%。其中，夏粮产量 23.30 万吨，增产 0.4%；秋粮产量 30.13 万吨，增产 1.4%。油料产量 4.07 万吨，减产 7.3%。蔬菜产量 40.87 万吨，减产 5.6%。水果（含瓜果类）产量 34.99 万吨，增产 1.6%，其中苹果产量 21.87 万吨，减产 1.4%。

2022 年全年肉类产量 13.07 万吨，比上年增长 8.9%。其中，猪肉产量 7.75 万吨，同比减少 1.9%；禽肉产量 3.45 万吨，同比增长 0.6%。

2022 年全年水产品产量 28.10 万吨，比上年增长 3.0%，全部为海水产品。

（五）水文及灌溉

莱州市境内水系总长 313.7 千米，流域面积 1 586 千米²，有南阳河、王河、朱桥河、龙泉河、苏郭河、龙王河、沙河、胶莱河等河流 16 条，除胶莱河外，其余河流皆发源于莱州市的东南山区，源近流短，属季节性河流。王河旧称万岁河，主要发源于招远市塔山，经三元乡、驿道镇、平里店镇、过西镇到三山岛村南入渤海，全长 50 千米，流域面积 326.8 千米²。南阳河又称掖西河，古称掖水，发源大基山前店子村南，流经前店子、后河、东洼子、毛家庄子、山岭子、南关、阳关、河套、泗河等地区，到海庙姜家村入渤海，全长 23 千米，流域面积 113.8 千米²。胶莱河又称北胶河或胶莱运河。源出胶州市北，流经莱州市西南边境，北流入莱州湾，为莱州市与昌邑县的界河，长 9 千米。

1. 地表水

地形和沿海影响，决定了莱州市河短流急、呈放射状水系的季节性河流特征，全市共有大小河流 51 条，主要有小沽河、王河、白沙河、南阳河、胶莱河等 15 条。除小沽河经莱西市东入黄海外，其余河流均向西北注入渤海莱州湾。

受地形和降水影响，河流水文有以下特点：因降雨不均，汛期雨多时河道水流大，春秋冬季则枯竭，对地下水的补给期短；山陡坡大，洪水倾泻直下，河水峰高量大，水土流失严重，常夹带大量泥沙，造成河道、水库淤积。

2. 水文地质

莱州市地下水大部分为基岩裂隙水类型。潜水运动多呈散流状态，市域内潜水埋深由陆向海变小，差异较大，从地理位置看，山谷地带、河流两边以及近海地带一般 2～5 米，山前平原 4～12 米，城港路街道、虎头崖镇一带 10～20 米。不同时间地下水埋深变化也很大，一年中两起两落，1 月、8 月上升，6 月、12 月下降，降幅 2～7 米。

地下水矿化度与自然地理条件密切相关，自东南山区到西北平原随高度降低，矿化度逐渐增大。土山镇的西北部，矿化度高为 95～248.6 克/升。

3. 灌溉水源

莱州市降水量少、蒸发量大，是山东省干旱较为严重的地区之一，且无客水流入，降水是地表水的唯一来源，因而水资源短缺，人均水资源占有量是全省人均占有量的 1/4。多年来，干旱是制约莱州市农业发展、社会经济发展的重要因素。莱州市平原的灌溉水源为地下水，丘陵和山区以地表水、大口井为主，整体是大口井、深井和地表水混合的灌溉类型。

二、耕地质量等级

（一）耕地质量等级总体情况

莱州市耕地面积为 1 112 548.35 亩。其耕地质量等级由高到低依次划分为一至十等地（表 6-157）。其中一等地耕地质量最好，十等地耕地质量最差。采用耕地质量等级面积加权法，计算得到莱州市耕地质量平均等级为 5.28 等。

评价结果为一至三等的高产田耕地面积为 395 872.91 亩，占莱州市耕地总面积的 35.59%。高产田的耕地地力较高，农田设施条件好，应加强耕地保育和利用，确保耕地质量稳中有升。四至六等的中产田耕地面积为 376 783.43 亩，占莱州市耕地总面积的 33.86%。这部分耕地立地条件较好，具备一定的农田基础设施，是发展粮食、蔬菜和经济作物的重点生产区域。今后应重点加强地力培育，提高耕地有效养分，完善灌溉条件。七至十等的低产田耕地面积为 339 892.01 亩，占莱州市耕地总面积的 30.55%。立地条件较差，大部分耕地灌溉困难，基础地力较低，部分耕地存在障碍因素，应大力开展农田基础设施建设，改良土壤，培肥地力。

表 6-157　耕地质量等级面积统计

耕地质量等级	耕地面积（亩）	比例（%）
一等	4 162.61	0.38
二等	73 639.91	6.62
三等	318 070.39	28.59
四等	213 430.32	19.18
五等	90 151.23	8.10
六等	73 201.88	6.58
七等	99 157.03	8.91
八等	22 825.19	2.05
九等	25 574.01	2.30
十等	192 335.78	17.29
合计	1 112 548.35	100.00

（二）耕地质量等级乡镇分布特征

将莱州市耕地质量等级分布图与行政区划图进行叠加分析，从耕地质量等级的行政区域数据库中，按照权属字段检索出所有等级在各个乡镇的记录，统计出一至十等地在各乡镇的分布状况（表 6-158）。

表 6-158 莱州市耕地质量等级分布特征

镇名称	属性	一等	二等	三等	四等	五等	六等	七等	八等	九等	十等	合计
城港路街道	耕地面积（亩）	0.00	93.54	50 267.71	7 578.29	2 612.22	85.34	196.84	383.24	0.00	1.26	61 218.44
	面积比例（%）	0.00	0.15	82.11	12.38	4.27	0.14	0.32	0.62	0.00	0.01	100.00
程郭镇	耕地面积（亩）	0.00	1 404.27	13 374.58	19 840.70	21 595.89	10 358.87	1 108.82	4 698.07	7 435.70	15 489.10	95 306.00
	面积比例（%）	0.00	1.48	14.03	20.82	22.66	10.87	1.16	4.93	7.80	16.25	100.00
郭家店镇	耕地面积（亩）	0.00	0.00	0.00	2 429.44	7 240.16	18 618.94	47 891.05	4 856.12	2 448.31	56 972.32	140 456.34
	面积比例（%）	0.00	0.00	0.00	1.73	5.15	13.26	34.10	3.46	1.74	40.56	100.00
虎头崖镇	耕地面积（亩）	0.00	0.00	11 788.28	23 428.47	12 027.30	5 195.16	2 760.96	2 404.73	4 191.90	7 685.94	69 482.74
	面积比例（%）	0.00	0.00	16.97	33.72	17.31	7.48	3.97	3.46	6.03	11.06	100.00
金仓街道	耕地面积（亩）	0.00	1 654.36	5 566.49	8 148.51	3 229.60	1 268.70	975.94	760.78	1.05	0.00	21 605.43
	面积比例（%）	0.00	7.66	25.76	37.71	14.95	5.87	4.52	3.52	0.01	0.00	100.00
金城镇	耕地面积（亩）	0.00	0.00	21 429.37	18 478.35	1 388.09	522.23	32.38	675.03	650.13	1 091.59	44 267.17
	面积比例（%）	0.00	0.00	48.41	41.74	3.14	1.18	0.07	1.52	1.47	2.47	100.00
平里店镇	耕地面积（亩）	748.24	19 285.08	47 141.46	1 705.79	1 219.47	17.01	0.00	0.00	0.00	7.23	70 124.28
	面积比例（%）	1.07	27.50	67.23	2.43	1.74	0.02	0.00	0.00	0.00	0.01	100.00
三山岛街道	耕地面积（亩）	4.61	5 501.28	41 014.49	19 204.03	3 435.50	557.30	5.79	0.00	0.00	0.00	69 723.00
	面积比例（%）	0.01	7.89	58.82	27.54	4.93	0.80	0.01	0.00	0.00	0.00	100.00
沙河镇	耕地面积（亩）	1 725.53	24 935.24	44 880.67	17 969.74	4 320.53	860.65	1 084.61	787.13	1 032.31	804.85	98 401.26
	面积比例（%）	1.75	25.34	45.61	18.26	4.39	0.88	1.10	0.80	1.05	0.82	100.00
土山镇	耕地面积（亩）	0.00	632.56	38 909.88	7 632.20	1 108.23	6 108.89	2 407.42	589.40	615.95	1 022.19	59 026.72
	面积比例（%）	0.00	1.07	65.92	12.93	1.88	10.35	4.08	1.00	1.04	1.73	100.00

（续）

镇名称	属性	一等	二等	三等	四等	五等	六等	七等	八等	九等	十等	合计
文昌路街道	耕地面积（亩）	0.00	5.43	10.78	1 514.44	1 401.77	2 402.27	912.41	64.66	445.63	1 909.74	8 667.13
	面积比例（%）	0.00	0.06	0.12	17.48	16.17	27.72	10.53	0.75	5.14	22.03	100.00
文峰路街道	耕地面积（亩）	0.00	0.00	0.00	8 203.21	1 191.78	1 837.58	565.32	1 166.67	466.62	1 349.55	14 780.73
	面积比例（%）	0.00	0.00	0.00	55.50	8.06	12.43	3.83	7.89	3.16	9.13	100.00
夏邱镇	耕地面积（亩）	0.00	3 093.13	12 343.13	14 949.69	3 810.05	908.95	587.09	1 619.41	935.04	1 209.27	39 455.76
	面积比例（%）	0.00	7.84	31.28	37.89	9.66	2.30	1.49	4.10	2.37	3.07	100.00
驿道镇	耕地面积（亩）	0.00	611.32	1 771.16	22 205.74	10 258.76	13 729.97	17 304.05	341.61	3 396.34	68 251.97	137 870.92
	面积比例（%）	0.00	0.44	1.29	16.11	7.44	9.96	12.55	0.25	2.46	49.50	100.00
永安路街道	耕地面积（亩）	0.00	230.69	2 445.73	4 701.91	522.50	267.93	505.55	0.00	76.78	103.30	8 854.39
	面积比例（%）	0.00	2.60	27.62	53.10	5.90	3.03	5.71	0.00	0.87	1.17	100.00
柞村镇	耕地面积（亩）	0.00	0.00	311.32	9 181.80	7 780.66	4 474.09	11 917.04	3 739.35	3 035.64	10 426.34	50 866.24
	面积比例（%）	0.00	0.00	0.61	18.05	15.30	8.79	23.43	7.35	5.97	20.50	100.00
朱桥镇	耕地面积（亩）	1 684.23	16 193.01	26 815.34	26 258.01	7 008.72	5 988.00	10 901.76	738.99	842.61	26 011.13	122 441.80
	面积比例（%）	1.38	13.23	21.90	21.45	5.72	4.89	8.90	0.60	0.69	21.24	100.00
合计	耕地面积（亩）	4 162.61	73 639.91	318 070.39	213 430.32	90 151.23	73 201.88	99 157.03	22 825.19	25 574.01	192 335.78	1 112 548.35
	面积比例（%）	0.38	6.62	28.59	19.18	8.10	6.58	8.91	2.05	2.30	17.29	100.00

从表中看出一、二、三等高产田耕地面积所占比例较高的乡镇主要为城港路街道、金城镇、平里店镇、三山岛街道、沙河镇、土山镇、朱桥镇；四、五、六等中产田耕地面积所占比例较高的乡镇主要为程郭镇、虎头崖镇、金仓街道、文昌路街道、文峰路街道、夏邱镇、永安路街道；七、八、九、十等低产田耕地面积所占比例较高的乡镇主要为郭家店镇、驿道镇、柞村镇。

（三）耕地质量等级分布现状

1. 一等地

一等地耕地面积为 4 162.61 亩，占全市总耕地面积的 0.38%。其中水浇地 4 162.61 亩，见表 6-159。

表 6-159　一等地各利用类型面积情况

利用类型	评价单元（个）	面积（亩）	占耕地总面积（%）	占一等地面积（%）
水浇地	120	4 162.61	0.38	100.00
总计	120	4 162.61	0.38	100.00

一等地土壤类型主要以石灰性砂姜黑土为主，兼有潮褐土、潮棕壤、潮土、普通褐土、典型棕壤和淋溶褐土分布。土壤耕层质地主要为中壤，兼有轻壤分布。质地构型以夹黏型为主，兼有通体壤分布。地貌类型以山前倾斜平原为主，兼有滨海冲积平原分布。土层深厚，土壤理化性状良好，可耕性强。农田水利设施完善，灌溉能力达到充分满足，灌溉条件好。土壤有机质、有效磷和速效钾养分含量均属于中等偏上水平，见表 6-160。

表 6-160　一等地主要养分含量

项目	有机质（克/千克）	有效磷（毫克/千克）	速效钾（毫克/千克）
平均值	20.41	65.34	223.98
范围值	15.32~34.55	43.12~121.42	97.00~400.00
含量水平	中等偏上	中等偏上	中等偏上

一等地是莱州市重要的优质耕地，主要的粮食、蔬菜生产基地，土层深厚，土壤理化性状良好，可耕性强。要实现农业高产高效发展和粮食需求，在农业生产中应注意同烟台市一等地。

2. 二等地

二等地耕地面积为 73 639.91 亩，占全市总耕地面积的 6.62%。全部为水浇地，见表 6-161。

表 6-161　二等地各利用类型面积情况

利用类型	评价单元（个）	面积（亩）	占耕地总面积（%）	占二等地面积（%）
水浇地	2 278	73 639.91	6.62	100.00
总计	2 278	73 639.91	6.62	100.00

　　二等地土壤类型主要以典型棕壤为主，兼有潮褐土、潮棕壤、潮土、普通褐土、淋溶褐土和石灰性砂姜黑土分布。土壤耕层质地主要为中壤，兼有轻壤和砂壤分布。质地构型以夹黏型为主，兼有通体壤分布。地貌类型以山前倾斜平原为主，兼有滨海冲积平原和缓丘分布。土层深厚，土壤理化性状良好，可耕性强。农田水利设施完善，灌溉条件好。土壤有机质、有效磷和速效钾养分含量均属于中等偏上水平，见表6-162。

表6-162　二等地主要养分含量

项目	有机质（克/千克）	有效磷（毫克/千克）	速效钾（毫克/千克）
平均值	16.27	57.62	141.29
范围值	10.07～32.51	15.75～131.68	41.00～398.00
含量水平	中等偏上	中等偏上	中等偏上

　　二等地是莱州市重要的优质耕地，主要的粮食、蔬菜生产基地，但是要实现农业高产高效发展和粮食需求，与一等地有一定差距。在农业生产中应注意问题同烟台市二等地。

　　3. 三等地

　　三等地耕地面积为318 070.39亩，占全市总耕地面积的28.59%。全部为水浇地，见表6-163。

表6-163　三等地各利用类型面积情况

利用类型	评价单元（个）	面积（亩）	占耕地总面积（%）	占三等地面积（%）
水浇地	11 567	318 070.39	28.59	100.00
总计	11 567	318 070.39	28.59	100.00

　　三等地土壤类型主要以潮土为主，兼有潮褐土、潮棕壤、普通褐土、典型棕壤、淋溶褐土和石灰性砂姜黑土分布。土壤耕层质地主要为轻壤，兼有中壤和砂壤分布。质地构型以夹黏型为主，兼有夹层型和通体壤分布。地貌类型以滨海冲积平原为主，兼有缓丘、丘陵和山前倾斜平原分布。土层深厚，土壤理化性状良好，可耕性强。农田水利设施较完善，灌溉条件较好，基本达到了旱能浇、涝能排生产条件。土壤有机质、有效磷和速效钾养分含量均属于中等偏上水平，见表6-164。

表6-164　三等地主要养分含量

项目	有机质（克/千克）	有效磷（毫克/千克）	速效钾（毫克/千克）
平均值	15.73	50.53	130.05
范围值	9.29～34.59	8.21～150.30	38.00～400.00
含量水平	中等偏上	中等偏上	中等偏上

　　三等地是莱州市重要的优质耕地，主要的粮食、蔬菜生产基地，但生产条件及土壤肥力状况与一、二等地还有一定差距，重点应完善农业生产条件、提高耕地肥力水平。生产利用中应注意问题同烟台市三等地。

4. 四等地

四等地耕地面积为213 430.32亩，占全市总耕地面积的19.18%。其中旱地1.34亩，水浇地213 428.98亩，分别占四等地总面积的0.01%、99.99%，见表6-165。

表6-165 四等地各利用类型面积情况

利用类型	评价单元（个）	面积（亩）	占耕地总面积（%）	占四等地面积（%）
旱地	2	1.34	0.01	0.01
水浇地	9 694	213 428.98	19.17	99.99
总计	9 696	213 430.32	19.18	100.00

四等地土壤类型主要以典型棕壤为主，兼有潮褐土、潮棕壤、潮土、普通褐土、褐土性土、淋溶褐土、石灰性砂姜黑土和棕壤性土分布。土壤耕层质地主要为轻壤，兼有砂壤、和中壤分布。质地构型以夹黏型为主，兼有夹层型、通体壤和通体砂分布。地貌类型以滨海冲积平原为主，兼有滨海滩地、碟形洼地、缓丘、丘陵、山地和山前倾斜平原分布。土层深厚，农田水利设施较完善，灌溉条件较好，基本达到了旱能浇、涝能排生产条件。土壤有机质养分含量属于中等水平，土壤有效磷和速效钾养分含量均属于中等偏上水平，见表6-166。

表6-166 四等地主要养分含量

项目	有机质（克/千克）	有效磷（毫克/千克）	速效钾（毫克/千克）
平均值	14.94	46.96	122.57
范围值	8.26~28.11	9.82~150.02	30.00~400.00
含量水平	中等	中等偏上	中等偏上

四等地是莱州市的主要粮食生产基地，产量水平中等偏上。部分耕层耕地中有砾石，土壤养分含量不高，部分耕地存在缺素问题、灌排能力较低等问题。合理利用措施为：一是重视农田基本设施建设，推广畦灌、管灌节水灌溉措施。二是大力提倡测土施肥技术，增施有机肥料，针对不同的缺素问题，调氮磷比例，补施磷肥、钾肥和中微量元素肥料。

5. 五等地

五等地，耕地面积为90 151.23亩，占全市总耕地面积的8.10%。其中旱地2 352.31亩，水浇地87 798.92亩，分别占五等地总面积的2.61%、97.39%，见表6-167。

表6-167 五等地各利用类型面积情况

利用类型	评价单元（个）	面积（亩）	占耕地总面积（%）	占五等地面积（%）
旱地	235	2 352.31	0.21	2.61
水浇地	4 455	87 798.92	7.89	97.39
总计	4 690	90 151.23	8.10	100.00

五等地土壤类型主要以典型棕壤为主，兼有潮褐土、潮棕壤、潮土、普通褐土、淋溶褐土、石灰性砂姜黑土、盐化潮土和棕壤性土分布。土壤耕层质地主要为轻壤，兼有砂壤和中壤分布。质地构型以夹黏型为主，兼有薄层型、夹层型、通体壤和通体砂分布。地貌类型以缓丘为主，兼有滨海冲积平原、滨海滩地、丘陵、山地和山前倾斜平原分布。土壤理化性状较好，可耕性较强。部分耕地灌溉条件的灌溉保证率较低。土壤有机质和速效钾养分含量均属于中等水平，土壤有效磷养分含量属于中等水平，见表 6 - 168。

表 6 - 168　五等地主要养分含量

项目	有机质（克/千克）	有效磷（毫克/千克）	速效钾（毫克/千克）
平均值	14.25	41.60	113.97
范围值	7.91～39.23	9.79～115.31	35.00～400.00
含量水平	中等	中等偏上	中等

五等地是莱州市的产量水平中等。部分耕层耕地中有砾石，部分耕地水源无保障，农田水利设施不完善，灌排条件较差；部分耕地土壤保肥保水性差。总体来讲土壤养分含量不高，部分耕地有缺素问题。改良利用措施为：一是发展旱作农业；在有灌溉水源的地方，完善田间水利设施，发展节水灌溉，扩大灌溉面积。二是增加对耕地的投入，推广深耕、秸秆还田、增施有机肥料、平衡施肥等技术，调氮磷比例，补施磷肥、钾肥和中微量元素肥料。改良土壤理化性状，提高耕地生产能力。

6. 六等地

六等地，耕地面积为 73 201.88 亩，占全市总耕地面积的 6.58%。其中旱地 24 425.74 亩，水浇地 48 776.14 亩，分别占六等地总面积的 33.37%、66.63%，见表 6 - 169。

表 6 - 169　六等地各利用类型面积情况

利用类型	评价单元（个）	面积（亩）	占耕地总面积（%）	占六等地面积（%）
旱地	1 551	24 425.74	2.20	33.37
水浇地	2 467	48 776.14	4.38	66.63
总计	4 018	73 201.88	6.58	100.00

六等地土壤类型主要以典型棕壤为主，兼有潮褐土、潮棕壤、潮土、普通褐土、淋溶褐土、石灰性砂姜黑土和棕壤性土分布。土壤耕层质地主要为轻壤，兼有砂壤和中壤分布。质地构型以夹黏型为主，兼有夹层型、通体壤、通体砂和少量薄层型分布。地貌类型以丘陵为主，兼有滨海冲积平原、滨海滩地、碟形洼地、缓丘、山地和山前倾斜平原分布。部分耕地水源和农田水利设施条件差，有灌溉条件的部分耕地灌溉保证率较低。土壤有机质和速效钾养分含量均属于中等水平，土壤有效磷养分含量属于中等水平，见表 6 - 170。

表6-170　六等地主要养分含量

项目	有机质（克/千克）	有效磷（毫克/千克）	速效钾（毫克/千克）
平均值	14.20	43.80	118.92
范围值	7.20~37.32	9.65~138.56	30.00~336.00
含量水平	中等	中等偏上	中等

六等地的水源保障较差，农田水利设施不完善，灌溉条件较差，农业生产主要靠天灌溉。部分耕地土壤保肥保水性差、土壤养分含量偏低，部分耕层耕地中有砾石，影响作物的正常生长发育。改良利用措施为：一是因地制宜兴修水利，完善灌排设施。二是实行测土配方施肥，校正施肥，增施有机肥，特别是磷肥、钾肥等，实行有机无机结合，改良结构，提高土壤养分。

7. 七等地

七等地，耕地面积为99 157.03亩，占全市总耕地面积的8.91%。其中旱地92 689.70亩，水浇地6 467.33亩，分别占七等地总面积的93.48%、6.52%，见表6-171。

表6-171　七等地各利用类型面积情况

利用类型	评价单元（个）	面积（亩）	占耕地总面积（%）	占七等地面积（%）
旱地	5 274	92 689.70	8.33	93.48
水浇地	340	6 467.33	0.58	6.52
总计	5 614	99 157.03	8.91	100.00

七等地土壤类型主要以典型棕壤为主，兼有滨海潮滩盐土、潮褐土、潮棕壤、潮土、普通褐土、钙质粗骨土、褐土性土、淋溶褐土、酸性粗骨土、盐化潮土和棕壤性土分布。土壤耕层质地主要为轻壤，兼有砂壤、砂土和中壤分布。质地构型以夹黏型为主，兼有薄层型、夹层型、通体壤和通体砂分布。地貌类型以丘陵为主，兼有滨海冲积平原、滨海滩地、固定沙丘、缓丘、山地和山前倾斜平原分布。农田水利设施较差，灌溉条件较差，部分耕地水源和农田水利设施条件差，有灌溉条件的部分耕地灌溉保证率较低。土壤有机质、有效磷和速效钾养分含量均属于中等偏下水平，见表6-172。

表6-172　七等地主要养分含量

项目	有机质（克/千克）	有效磷（毫克/千克）	速效钾（毫克/千克）
平均值	13.52	40.92	110.56
范围值	8.02~22.60	10.71~112.63	30.00~303.00
含量水平	中等偏下	中等偏下	中等偏下

七等地的土壤，灌排条件差、土壤肥力偏低等。部分耕层耕地中有砾石，影响作物的

正常生长发育。主要改良利用措施为：一是加大土地治理力度，提高土壤保水保肥能力。二是因地制宜调整农业种植结构，发展耐旱耐贫瘠作物，发展果园种植，实行多种经营，增加农民收入。三是推广秸秆还田、保护性耕作技术，加强农田防护林网建设，平整土地，健全排水设施。四是增施有机肥料，增施磷肥、钾肥，提高土壤养分，选用适宜的肥料品种，均衡养分状况。

8. 八等地

八等地，耕地面积为 22 825.19 亩，占全市总耕地面积的 2.05％。其中旱地 6 428.79 亩，水浇地 16 396.40 亩，分别占八等地总面积的 28.17％、71.83％，见表 6-173。

表 6-173 八等地各利用类型面积情况

利用类型	评价单元（个）	面积（亩）	占耕地总面积（％）	占八等地面积（％）
旱地	512	6 428.79	0.58	28.17
水浇地	834	16 396.40	1.47	71.83
总计	1 346	22 825.19	2.05	100.00

八等地土壤类型主要以棕壤性土为主，兼有滨海潮滩盐土、潮棕壤、潮土、普通褐土、典型棕壤、钙质粗骨土、淋溶褐土、酸性粗骨土和盐化潮土分布。土壤耕层质地主要为轻壤，兼有壤质砾石土、砂壤、砂土、砂质砾石土和中壤分布。质地构型以薄层型为主，兼有夹层型、夹黏型、通体壤和通体砂分布。地貌类型以丘陵为主，兼有滨海冲积平原、滨海滩地、固定沙丘、缓丘、山地和山前倾斜平原分布。农田水利设施较差，部分耕地灌溉保证率较低。土壤有机质、有效磷和速效钾养分含量均属于中等偏下水平，见表 6-174。

表 6-174 八等地主要养分含量

项目	有机质（克/千克）	有效磷（毫克/千克）	速效钾（毫克/千克）
平均值	13.21	36.25	99.26
范围值	6.80～23.92	11.53～107.90	30.00～252.00
含量水平	中等偏下	中等偏下	中等偏下

八等地，农田水利设施不完善，灌溉条件较差，部分耕层耕地中有砾石，影响作物的正常生长发育。改良利用措施为：一是加强农田基本建设，平整土地，结合水资源特点，兴修农田水利，提高自然降水利用率，发展节水灌溉，提高灌溉保障能力。二是发展旱作农业技术，推广春膜秋覆、起垄种植等旱作蓄水积水技术，种植耐瘠抗旱作物和品种。三是平衡施肥和矫正施肥，增施磷肥、钾肥等，提高土壤养分含量，平衡养分结构。四是在坡度较大的耕地进行梯田改造，增加土层厚度，防止水土流失。

9. 九等地

九等地，耕地面积为 25 574.01 亩，占全市总耕地面积的 2.30％。其中旱地 1 443.71 亩，水浇地 24 130.30 亩，分别占九等地总面积的 5.65％、94.35％，见表 6-175。

表 6－175　九等地各利用类型面积情况

利用类型	评价单元（个）	面积（亩）	占耕地总面积（%）	占九等地面积（%）
旱地	92	1 443.71	0.13	5.65
水浇地	1 177	24 130.30	2.17	94.35
总计	1 269	25 574.01	2.30	100.00

　　九等地土壤类型主要以棕壤性土为主，兼有滨海潮滩盐土、潮褐土、潮棕壤、潮土、普通褐土、典型棕壤、钙质粗骨土、淋溶褐土、酸性粗骨土和盐化潮土分布。土壤耕层质地主要为轻壤，兼有壤质砾石土、砂壤、砂土、砂质砾石土和中壤分布。质地构型以薄层型为主，兼有夹层型和通体砂分布。地貌类型以丘陵为主，兼有滨海冲积平原、滨海滩地、碟形洼地、固定沙丘、缓丘、山地和山前倾斜平原分布。土层较薄。农田水利设施与灌溉条件差。土壤有机质、有效磷和速效钾养分含量均属于中等偏下水平，，见表 6－176。

表 6－176　九等地主要养分含量

项目	有机质（克/千克）	有效磷（毫克/千克）	速效钾（毫克/千克）
平均值	13.92	44.13	108.79
范围值	8.26～23.28	12.93～117.54	34.00～211.00
含量水平	中等偏下	中等偏下	中等偏下

　　九等地立地条件和土壤物理条件较差，大部分耕地土层较薄，部分耕层耕地中有砾石，因此部分耕地可调整耕地以种植水果、苗木为主。调整种植业结构，因地制宜地发展林果业，实行多种经营。综合整治山水林田路，整修梯田，营造水土保持林，提高综合控制水土的能力。提倡施用有机无机复合肥，根据作物需肥特点和缺素状况，平衡养分结构，科学施肥，重视大量元素的施用。

10. 十等地

　　十等地，耕地面积为 192 335.78 亩，占全市总耕地面积的 17.29%。其中旱地 152 718.28 亩，水浇地 39 617.50 亩，分别占十等地总面积的 79.40%、20.60%，见表 6－177。

表 6－177　十等地各利用类型面积情况

利用类型	评价单元（个）	面积（亩）	占耕地总面积（%）	占十等地面积（%）
旱地	8 985	152 718.28	13.73	79.40
水浇地	2 070	39 617.50	3.56	20.60
总计	11 055	192 335.78	17.29	100.00

　　十等地土壤类型主要以酸性粗骨土为主，兼有滨海潮滩盐土、潮褐土、潮棕壤、潮土、普通褐土、典型棕壤、钙质粗骨土、褐土性土、淋溶褐土和棕壤性土分布。土壤耕层质地主要为壤质砾石土，兼有轻壤、砂壤、砂土、砂质砾石土和中壤分布。质地构型以薄层型为主，兼有通体砂分布。地貌类型以丘陵为主，兼有滨海冲积平原、固定沙丘、缓丘、山地和山前倾斜平原分布。农田水利设施差，耕地灌溉保证率低。土壤有机质、有效

磷和速效钾养分含量均属于中等偏下水平，见表6-178。

表6-178　十等地主要养分含量

项目	有机质（克/千克）	有效磷（毫克/千克）	速效钾（毫克/千克）
平均值	13.76	45.33	104.93
范围值	7.80～22.74	9.47～137.01	31.00～366.00
含量水平	中等偏下	中等偏下	中等偏下

十等地立地条件和土壤物理条件较差，土壤肥力低，大部分耕地土层薄，部分耕层耕地中有砾石，基本靠天吃饭，产量低而不稳。改良利用的重点，一是加强治理和土地开发整理，因地制宜地平整土地，修筑梯田，适当增加土体厚度，有条件的地方可修筑集雨池，拦蓄地面径流，进行集雨补灌。二是调整种植业结构，因地制宜地发展林果业，实行多种经营。三是加大荒山治理力度，综合整治山水林田路，整修梯田，营造水土保持林，提高综合控制水土的能力。四是提倡施用有机无机复合肥，根据作物需肥特点和缺素状况，科学施肥，重视大量元素的施用。

第十节　招远市耕地质量等级评价

一、招远市概况

（一）地理位置与行政区划

招远市地处山东半岛西北部，位于东经120°08′～120°38′，北纬37°05′～37°33′之间。东接栖霞市，西靠莱州市，南与莱阳市、莱西市接壤，北与龙口市相接，西北濒临渤海，海岸线长13.5千米。辖5个街道9个镇。截至2022年底，招远市人口数为547 568人。

（二）地形地貌

招远市地处胶东低山丘陵地带，山区、丘陵分别占总面积的32.9%和38.4%，山丘连绵，沟壑纵横。东北部、中部和西部地势偏高，东北部的罗山山脉高为群首，主峰海拔759米。周围分布有海拔500米以上的山头21个。

（三）气候条件

1. 气温与光照

招远市属暖温带季风区大陆性半湿润气候，四季分明，光照充足，全年平均气温12.4℃。冬无严寒，夏无酷暑，春秋季节阳光充足而不曝，适于北方水果生长；空气湿润而干净，风力柔和。

2. 降水

招远市全年平均降水量988.5毫米。

（四）农业生产现状

招远市农林牧渔业发展稳步提升。2022年全年完成农林牧渔业总产值118.58亿元，增长6.7%。内部各行业协调发展，农业产值59.03亿元，增长4.0%；林业产值5.68亿元，增长16.3%；牧业产值24.36亿元，增长12.0%；渔业产值16.53亿元，增长

4.8%；农林牧渔服务业产值 12.98 亿元，增长 15.3%。

主要农产品产量稳定增长。2022 年全年粮食播种面积 56.73 万亩，增加 0.27 万亩，粮食产量 22.41 万吨，增产 2.8%；粮食单产 395.1 千克/亩，增产 2.3%；花生产量 6.82 万吨，增产 2.4%；蔬菜、瓜果产量 19.42 万吨，增产 2.8%；果品产量 75.53 万吨，增产 2.8%，其中苹果 69.73 万吨，增产 2.6%。

肉类、禽蛋产量增长较好。2022 年年末生猪存栏 30.10 万头，增长 0.9%；牛存栏 2.15 万头，增长 6.2%；羊存栏 4.31 万只，下降 14.1%；家禽存栏 479.46 万只，增长 5.1%。全年生猪出栏 43.64 万头，增长 5.9%；牛出栏 2.69 万头，增长 5.2%；羊出栏 10.55 万只，增长 5.1%；家禽出栏 984.69 万只，增长 9.2%。猪牛羊禽肉产量 5.47 万吨，增长 6.3%。其中，猪肉产量 3.47 万吨，增长 6.9%；牛肉产量 5 789 吨，增长 8.3%；羊肉产量 1 550 吨，增长 30.9%；禽肉产量 1.27 万吨，增长 1.7%。禽蛋产量 2.97 万吨，增长 19.7%。牛奶产量 7 833 吨，增长 2.4%。

水产品产量小幅增长。全市水产品养殖面积 5 308 公顷，与上年持平，水产品总产量 8.00 万吨，增长 0.2%，其中海水产品 7.84 万吨，增长 0.2%，淡水产品 1 608 吨，增长 0.3%。在海水产品中，海洋捕捞 3 153 吨，增长 1.8%，海水养殖 7.52 万吨，增长 0.2%。

农业生产条件和农村基础设施持续加强。全市农业机械总动力 92.94 万千瓦，增长 4.1%；全年化肥施用量（折纯量）4.13 万吨，下降 1.7%；耕地有效灌溉面积 3.0 万公顷。2022 年年末，全市 710 个行政村全部通电、通有线电视、通宽带。

（五）水文

招远市内地表水主要是河流，共有 160 余条，11 个流域。东北部的罗山山脉，中部的丘陵和北、南部的低山，构成一个反 S 形分水岭。西北一侧为渤海水系，10 个流域，直接入渤海的有界河、诸流河、淘金河、曲马河；东南一侧为黄海水系，1 个流域，即胶东半岛最大河流大沽河。全市干流长度大于 5 千米的河流 51 条，总长 548.8 千米，平均河网密度达 0.38 千米^2。绝大部分河流为源短流急的时令河，地下水主要分布于界河、大沽河、诸流河河谷平原和滨海平原以及山间小型冲沟内。含水层主要为第四系松散砂砾石及黏质砂土，其中河谷平原古河道砂层富集带，为具有供水意义的地区。

招远市多年平均水资源总量（除去潜水蒸发量）为 35 471 万米^3；年径流深为 217.7 毫米；年河川径流量为 31 133 万米^3；平均产水模数为 24.8 万米^3/千米^2。平均每亩耕地占有水量 411 米^3，约为全国平均每亩占有水量 1 760 米^3 的 23%，但高于山东省每亩平均占有 350 米^3 的水平。按人口计算，平均每人占有 655 米^3，远低于全国人均 2 709 米^3，但高于全省人均占有 520 米^3 水平。

二、耕地质量等级

（一）耕地质量等级总体情况

招远市耕地面积为 678 149.82 亩。其耕地质量等级由高到低依次划分为二至十等地（表 6-179）。其中，二等地耕地质量最好，十等地耕地质量最差。采用耕地质量等级面积加权法，计算得到招远市耕地质量平均等级为 6.61 等。

评价结果为二至三等的高产田耕地面积为 47 628.95 亩,占招远市评价耕地总面积的 7.03%,主要分布在北部地区。高产田的耕地地力较高,农田设施条件好,应加强耕地保育和利用,确保耕地质量稳中有升。评价为四至六等的中产田耕地面积为 290 384.52 亩,占招远市评价耕地总面积的 42.82%,主要分布在西北部和南部地区。这部分耕地立地条件较好,具备一定的农田基础设施,是发展粮食、蔬菜和经济作物的重点生产区域。今后应重点加强地力培育,提高耕地有效养分,完善灌溉条件。评价为七至十等的低产田耕地面积为 340 136.35 亩,占招远市评价耕地总面积的 50.15%,主要分布在中部和全市大部分地区。立地条件较差,大部分耕地灌溉困难,基础地力较低,部分耕地存在障碍因素,应大力开展农田基础设施建设,改良土壤,培肥地力。

表 6 - 179　耕地质量等级面积统计

耕地质量等级	耕地面积（亩）	比例（%）
一等	0.00	0.00
二等	21 944.57	3.24
三等	25 684.38	3.79
四等	63 377.88	9.35
五等	145 623.52	21.47
六等	81 383.12	12.00
七等	82 691.00	12.19
八等	87 883.83	12.96
九等	87 313.75	12.88
十等	82 247.77	12.12
合计	678 149.82	100.00

（二）耕地质量等级乡镇分布特征

将招远市耕地质量等级分布图与行政区划图进行叠加分析,从耕地质量等级的行政区域数据库中,按照权属字段检索出所有等级在各个乡镇的记录,统计出二至十等地在各乡镇的分布状况（表 6 - 180）。

从表中看出二、三等高产田耕地面积所占比例在各乡镇均分布较少;四、五、六等中产田耕地面积所占比例较高的乡镇主要为毕郭镇、大秦家街道、玲珑镇、齐山镇、夏甸镇、辛庄镇、张星镇;七、八、九、十等低产田耕地面积所占比例较高的乡镇主要为蚕庄镇、阜山镇、金岭镇、罗峰街道、梦芝街道、泉山街道、温泉街道。

（三）耕地质量等级分布现状

1. 二等地

二等地耕地面积为 21 944.57 亩,占全市总耕地面积的 3.24%。全部为水浇地（表 6 - 181）。

表6-180 招远市耕地质量等级分布特征

镇名称	属性	一等	二等	三等	四等	五等	六等	七等	八等	九等	十等	合计
毕郭镇	耕地面积（亩）	0.00	639.45	2 699.77	17 687.51	12 195.13	7 485.48	4 747.68	8 067.93	4 930.79	3 655.59	62 109.33
	面积比例（%）	0.00	1.03	4.35	28.48	19.63	12.05	7.64	12.99	7.94	5.89	100.00
蚕庄镇	耕地面积（亩）	0.00	1 431.12	770.78	969.70	19 902.18	5 111.89	7 642.11	7 164.17	7 358.55	15 509.55	65 860.32
	面积比例（%）	0.00	2.17	1.17	1.47	30.22	7.76	11.60	10.88	11.18	23.55	100.00
大秦家街道	耕地面积（亩）	0.00	11.91	1 310.15	1 211.20	8 278.75	19 545.61	767.55	1 217.46	1 328.48	2 902.00	36 573.11
	面积比例（%）	0.00	0.03	3.58	3.31	22.64	53.44	2.10	3.33	3.63	7.94	100.00
阜山镇	耕地面积（亩）	0.00	0.00	1.27	134.87	8 613.27	2 191.35	11 734.29	15 782.42	14 269.77	18 244.01	70 971.25
	面积比例（%）	0.00	0.00	0.01	0.19	12.13	3.09	16.53	22.24	20.10	25.71	100.00
金岭镇	耕地面积（亩）	0.00	589.24	73.22	1 795.52	5 797.20	2 401.57	12 878.94	13 347.75	15 413.20	10 561.06	62 857.70
	面积比例（%）	0.00	0.94	0.12	2.86	9.22	3.82	20.49	21.23	24.52	16.80	100.00
玲珑镇	耕地面积（亩）	0.00	823.81	587.52	3 763.99	2 080.87	3 369.02	1 482.01	1 602.98	3 872.27	1 144.93	18 727.40
	面积比例（%）	0.00	4.40	3.14	20.10	11.11	17.99	7.91	8.56	20.68	6.11	100.00
罗峰街道	耕地面积（亩）	0.00	0.00	0.00	528.29	223.19	516.79	2 281.69	659.61	1 730.89	4 259.68	10 200.14
	面积比例（%）	0.00	0.00	0.00	5.18	2.19	5.06	22.37	6.47	16.97	41.76	100.00
梦芝街道	耕地面积（亩）	0.00	0.00	0.00	615.93	238.21	424.57	638.11	490.53	4 200.04	1 327.37	7 934.76
	面积比例（%）	0.00	0.00	0.00	7.77	3.00	5.35	8.04	6.18	52.93	16.73	100.00
齐山镇	耕地面积（亩）	0.00	1 129.83	3 796.42	15 696.73	27 056.97	10 936.70	13 998.82	9 873.24	15 049.37	4 640.95	102 179.03
	面积比例（%）	0.00	1.11	3.72	15.36	26.48	10.70	13.70	9.66	14.73	4.54	100.00
泉山街道	耕地面积（亩）	0.00	0.00	0.00	412.48	802.58	243.66	4 000.95	347.70	2 774.70	4 155.33	12 737.40
	面积比例（%）	0.00	0.00	0.00	3.24	6.30	1.91	31.41	2.73	21.79	32.62	100.00

（续）

镇名称	属性	一等	二等	三等	四等	五等	六等	七等	八等	九等	十等	合计
温泉街道	耕地面积（亩）	0.00	27.51	268.85	782.67	671.05	532.40	2 034.63	55.65	278.13	1 368.95	6 019.84
	面积比例（%）	0.00	0.46	4.47	13.00	11.15	8.84	33.80	0.92	4.62	22.74	100.00
夏甸镇	耕地面积（亩）	0.00	1 714.82	5 596.59	9 715.65	35 534.56	11 354.60	10 141.81	9 858.42	12 335.12	13 861.89	110 113.46
	面积比例（%）	0.00	1.56	5.08	8.83	32.27	10.31	9.21	8.95	11.20	12.59	100.00
辛庄镇	耕地面积（亩）	0.00	2 003.73	5 686.25	4 950.36	12 658.31	5 347.42	3 313.35	12 085.87	1 746.04	236.61	48 027.94
	面积比例（%）	0.00	4.17	11.84	10.31	26.36	11.13	6.90	25.16	3.64	0.49	100.00
张星镇	耕地面积（亩）	0.00	13 573.15	4 893.57	5 112.99	11 571.26	11 922.04	7 029.07	7 330.09	2 026.12	379.85	63 838.14
	面积比例（%）	0.00	21.26	7.66	8.01	18.13	18.68	11.01	11.48	3.17	0.60	100.00
合计	耕地面积（亩）	0.00	21 944.57	25 684.38	63 377.88	145 623.52	81 383.12	82 691.00	87 883.83	87 313.75	82 247.77	678 149.82
	面积比例（%）	0.00	3.24	3.79	9.35	21.47	12.00	12.19	12.96	12.88	12.12	100.00

表 6-181　二等地各利用类型面积情况

利用类型	评价单元（个）	面积（亩）	占耕地总面积的比例（%）	占二等地面积的比例（%）
水浇地	1 174	21 944.57	3.24	100.00
总计	1 174	21 944.57	3.24	100.00

二等地土壤类型以典型棕壤为主，兼有潮棕壤、潮土、普通褐土和淋溶褐土分布。土壤耕层质地主要为轻壤，兼有中壤和砂壤分布。质地构型主要为夹黏型，兼有通体壤和极少量薄层型分布。地貌类型以泊地为主，兼有近山阶地和倾斜平地分布。土层深厚，土壤理化性状良好，可耕性强。农田水利设施完善，灌排能力达到满足和充分满足，灌排条件好。土壤有机质、有效磷和速效钾养分含量均属于中等偏下水平（表 6-182）。

表 6-182　二等地主要养分含量

项目	有机质（克/千克）	有效磷（毫克/千克）	速效钾（毫克/千克）
平均值	4.73	18.31	56.90
范围值	3.00~25.00	3.00~205.00	30.00~400.00
含量水平	中等偏下	中等偏下	中等偏下

二等地是招远市重要的优质耕地，主要的粮食、蔬菜生产基地，但是要实现农业高产高效发展和粮食需求，与一等地水平有一定差距。改良措施同烟台市二等地。

2. 三等地

三等地耕地面积为 25 684.38 亩，占全市总耕地面积的 3.79%。全部为水浇地（表 6-183）。

表 6-183　三等地各利用类型面积情况

利用类型	评价单元（个）	面积（亩）	占耕地总面积的比例（%）	占三等地面积的比例（%）
水浇地	1 871	25 684.38	3.79	100.00
总计	1 871	25 684.38	3.79	100.00

三等地土壤类型以典型棕壤为主，兼有潮棕壤、潮土、普通褐土、淋溶褐土和淹育水稻土分布。土壤耕层质地主要为轻壤，兼有中壤和砂壤分布。质地构型主要为夹黏型，兼有少量薄层型和通体壤分布。地貌类型以倾斜平地为主，兼有近山阶地和泊地分布。土层深厚，土壤理化性状良好，可耕性强。农田水利设施完善，灌排能力达到满足和充分满足，灌排条件好。土壤有机质和速效钾养分含量均属于中等偏下水平，有效磷养分含量属于中等水平（表 6-184）。

表 6-184　三等地主要养分含量

项目	有机质（克/千克）	有效磷（毫克/千克）	速效钾（毫克/千克）
平均值	4.82	21.46	65.01
范围值	3.00～24.00	3.00～161.00	30.00～367.00
含量水平	中等偏下	中等	中等偏下

三等地是招远市重要的优质耕地，主要的粮食、蔬菜生产基地，但从生产条件及土壤肥力状况来看，与一、二等地水平还有一定差距，重点应完善农业生产条件、提高耕地肥力水平。生产利用中应注意问题同烟台市三等地。

3. 四等地

四等地耕地面积为 63 377.88 亩，占全市总耕地面积的 9.35%。其中旱地 770.71 亩，水浇地 62 607.17 亩，分别占四等地总面积的 1.22%、98.78%（表 6-185）。

表 6-185　四等地各利用类型面积情况

利用类型	评价单元（个）	面积（亩）	占耕地总面积的比例（%）	占四等地面积的比例（%）
旱地	28	770.71	0.12	1.22
水浇地	4 529	62 607.17	9.23	98.78
总计	4 557	63 377.88	9.35	100.00

四等地土壤类型以典型棕壤为主，兼有潮棕壤、潮土、普通褐土、淋溶褐土和棕壤性土分布。土壤耕层质地主要为轻壤，兼有中壤和砂壤分布。质地构型主要为夹黏型，兼有少量薄层型和通体壤分布。地貌类型以岭地为主，兼有河滩地、近山阶地、泊地和倾斜平地分布。土层深厚，农田水利设施较完善，灌排条件较好，基本达到了旱能浇、涝能排的生产条件。土壤有机质和速效钾养分含量均属于中等偏下水平，有效磷养分含量属于中等偏上水平（表 6-186）。

四等地是招远市的主要粮食生产基地，产量水平中等偏上。部分耕地存在缺素、灌溉能力较低等问题。合理利用措施同烟台市四等地。

表 6-186　四等地主要养分含量

项目	有机质（克/千克）	有效磷（毫克/千克）	速效钾（毫克/千克）
平均值	4.82	26.95	73.35
范围值	3.00～19.00	3.00～232.00	30.00～347.00
含量水平	中等偏下	中等偏上	中等偏下

4. 五等地

五等地耕地面积为 145 623.52 亩，占全市总耕地面积的 21.47%。其中旱地 120 611.35亩，水浇地 25 012.17 亩，分别占五等地总面积的 82.82%、17.18%（表 6-187）。

表 6-187　五等地各利用类型面积情况

利用类型	评价单元（个）	面积（亩）	占耕地总面积的比例（%）	占五等地面积的比例（%）
旱地	6 858	120 611.35	17.78	82.82
水浇地	1 780	25 012.17	3.69	17.18
总计	8 638	145 623.52	21.47	100.00

五等地土壤类型以典型棕壤为主，兼有潮棕壤、潮土、普通褐土、淋溶褐土和棕壤性土分布。土壤耕层质地主要为轻壤，兼有中壤和砂壤分布。质地构型主要为夹黏型，兼有薄层型和通体壤分布。地貌类型以河滩地为主，兼有近山阶地、岭地、泊地和倾斜平地分布。土壤理化性状较好，可耕性较强。有灌排条件的部分耕地灌溉保证率较低。土壤有机质和速效钾养分含量均属于中等偏下水平，有效磷养分含量属于中等水平（表6-188）。

表 6-188　五等地主要养分含量

项目	有机质（克/千克）	有效磷（毫克/千克）	速效钾（毫克/千克）
平均值	4.62	22.21	65.61
范围值	3.00~20.00	3.00~263.00	30.00~389.00
含量水平	中等偏下	中等	中等偏下

五等地产量水平中等。有灌排条件的部分耕地灌溉保证率较低；部分耕地土壤保肥保水性差。总体来讲土壤养分含量不高，部分耕地有缺素问题。改良利用措施同烟台市五等地。

5. 六等地

六等地耕地面积为81 383.12亩，占全市总耕地面积的12.00%。其中旱地65 138.51亩，水浇地16 244.61亩，分别占六等地总面积的80.04%、19.96%（表6-189）。

表 6-189　六等地各利用类型面积情况

利用类型	评价单元（个）	面积（亩）	占耕地总面积的比例（%）	占六等地面积的比例（%）
旱地	4 202	65 138.51	9.60	80.04
水浇地	1 280	16 244.61	2.40	19.96
总计	5 482	81 383.12	12.00	100.00

六等地土壤类型以典型棕壤为主，兼有潮棕壤、潮土、普通褐土、淋溶褐土、淹育水稻土和棕壤性土分布。土壤耕层质地主要为轻壤，兼有中壤和砂壤分布。质地构型主要为夹黏型，兼有薄层型和通体壤分布。地貌类型以河滩地为主，兼有近山阶地、岭地、泊地和倾斜平地分布。部分耕地无水源和农田水利设施条件，有灌排条件的部分耕地灌溉保证率较低。土壤有机质、有效磷和速效钾养分含量均属于中等偏下水平（表6-190）。

表 6-190　六等地主要养分含量

项目	有机质（克/千克）	有效磷（毫克/千克）	速效钾（毫克/千克）
平均值	4.39	19.94	61.68
范围值	3.00～19.00	3.00～221.00	30.00～373.00
含量水平	中等偏下	中等偏下	中等偏下

六等地部分耕地水源保障较差，农田水利设施不完善，灌溉条件较差。部分耕地土壤保肥保水性差、土壤养分含量较低。改良利用措施同烟台市六等地。

6. 七等地

七等地耕地面积为 82 691.00 亩，占全市总耕地面积的 12.19%。全部为旱地（表 6-191）。

表 6-191　七等地各利用类型面积情况

利用类型	评价单元（个）	面积（亩）	占耕地总面积的比例（%）	占七等地面积的比例（%）
旱地	7 019	82 691.00	12.19	100.00
总计	7 019	82 691.00	12.19	100.00

七等地土壤类型以典型棕壤为主，兼有潮棕壤、潮土、普通褐土、淋溶褐土、酸性粗骨土、中性粗骨土和棕壤性土分布。土壤耕层质地主要为轻壤，兼有中壤、砂壤和砂土分布。质地构型主要为薄层型，兼有夹黏型和通体壤分布。地貌类型以坡麓梯田为主，兼有沟谷梯田、河滩地、荒坡岭、近山阶地、岭地、岭坡梯田、泊地和倾斜平地分布。部分耕地土层较薄，农田水利设施较差，灌排条件较差，大部分耕地无水源和农田水利设施条件，有灌排条件的部分耕地灌溉保证率较低。土壤有机质、有效磷和速效钾养分含量均属于中等偏下水平（表 6-192）。

表 6-192　七等地主要养分含量

项目	有机质（克/千克）	有效磷（毫克/千克）	速效钾（毫克/千克）
平均值	4.28	20.14	59.86
范围值	3.00～31.00	3.00～229.00	30.00～383.00
含量水平	中等偏下	中等偏下	中等偏下

七等地的土壤，灌溉条件差、土壤肥力偏低。主要改良利用措施同烟台市七等地。

7. 八等地

八等地耕地面积为 87 883.83 亩，占全市总耕地面积的 12.96%。全部为旱地（表 6-193）。

表 6-193　八等地各利用类型面积情况

利用类型	评价单元（个）	面积（亩）	占耕地总面积的比例（%）	占八等地面积的比例（%）
旱地	7 585	87 883.83	12.96	100.00
总计	7 585	87 883.83	12.96	100.00

八等地土壤类型以典型棕壤为主，兼有潮棕壤、潮土、普通褐土、淋溶褐土、酸性粗骨土、中性粗骨土和棕壤性土分布。土壤耕层质地主要为轻壤，兼有中壤和砂壤分布。质地构型主要为夹黏型，兼有薄层型和通体壤分布。地貌类型以岭地为主，兼有沟谷梯田、河滩地、荒坡岭、近山阶地、岭坡梯田、坡麓梯田、泊地、倾斜平地和沙滩地分布。农田水利设施较差，大部分耕地灌溉保证率较低。土壤有机质、有效磷和速效钾养分含量均属于中等偏下水平（表6-194）。

表6-194 八等地主要养分含量

项目	有机质（克/千克）	有效磷（毫克/千克）	速效钾（毫克/千克）
平均值	4.36	21.26	60.40
范围值	3.00～20.00	3.00～222.00	30.00～313.00
含量水平	中等偏下	中等偏下	中等偏下

八等地农田水利设施不完善，灌溉条件较差。改良利用措施同烟台市八等地。

8. 九等地

九等地耕地面积为87 313.75亩，占全市总耕地面积的12.88%。全部为旱地（表6-195）。

表6-195 九等地各利用类型面积情况

利用类型	评价单元（个）	面积（亩）	占耕地总面积的比例（%）	占九等地面积的比例（%）
旱地	8 137	87 313.75	12.88	100.00
总计	8 137	87 313.75	12.88	100.00

九等地土壤类型以典型棕壤为主，兼有潮棕壤、潮土、普通褐土、钙质粗骨土、淋溶褐土、酸性粗骨土、中性粗骨土和棕壤性土分布。土壤耕层质地主要为轻壤，兼有中壤、砂壤和砂土分布。质地构型主要为薄层型，兼有夹黏型和通体壤分布。地貌类型以岭地为主，兼有沟谷梯田、河滩地、荒坡岭、岭坡梯田、坡麓梯田、泊地、倾斜平地和沙滩地分布。土层较薄。农田水利设施与灌排条件差。土壤有机质、有效磷和速效钾养分含量均属于中等偏下水平（表6-196）。

表6-196 九等地主要养分含量

项目	有机质（克/千克）	有效磷（毫克/千克）	速效钾（毫克/千克）
平均值	4.20	20.59	63.38
范围值	3.00～22.00	3.00～235.00	30.00～381.00
含量水平	中等偏下	中等偏下	中等偏下

九等地立地条件和土壤物理条件较差，部分耕地可调整以种植水果、苗木为主。改良措施同烟台市九等地。

9. 十等地

十等地耕地面积为82 247.77亩，占全市总耕地面积的12.12%。全部为旱地（表6-197）。

表 6 - 197　十等地各利用类型面积情况

利用类型	评价单元（个）	面积（亩）	占耕地总面积的比例（%）	占十等地面积的比例（%）
旱地	8 530	82 247.77	12.12	100.00
总计	8 530	82 247.77	12.12	100.00

　　十等地土壤类型以酸性粗骨土为主，兼有潮棕壤、潮土、典型棕壤、钙质粗骨土、淋溶褐土、中性粗骨土和棕壤性土分布。土壤耕层质地主要为砂壤，兼有中壤、轻壤和砂土分布。质地构型主要为薄层型，兼有夹黏型和通体壤分布。地貌类型以岭地为主，兼有沟谷梯田、河滩地、荒坡岭、岭坡梯田、坡麓梯田、倾斜平地和沙滩地分布。农田水利设施差，耕地灌溉保证率低。土壤有机质、有效磷和速效钾养分含量均属于中等偏下水平（表 6 - 198）。

表 6 - 198　十等地主要养分含量

项目	有机质（克/千克）	有效磷（毫克/千克）	速效钾（毫克/千克）
平均值	4.16	18.53	57.59
范围值	3.00～23.00	3.00～197.00	30.00～387.00
含量水平	中等偏下	中等偏下	中等偏下

　　十等地立地条件和土壤物理条件较差，土壤肥力低，大部分耕地土层薄，产量低而不稳。改良利用的重点同烟台市十等地。

第十一节　栖霞市耕地质量等级评价

一、栖霞市概况

（一）地理位置与行政区划

　　栖霞市，山东省辖县级市，由烟台市代管。位于山东省胶东半岛腹地，东临牟平区、海阳市，西襟招远市、龙口市，南与莱阳市毗邻，北与福山区、蓬莱区接壤。介于北纬37°05′05″～37°29′46″，东经120°32′45″～121°15′58″之间，东西长 63 千米，南北宽 46 千米，总面积为 1 793.25 千米²。截至 2022 年 10 月，栖霞市下辖 3 个街道、11 个镇。截至2022 年末，栖霞市总人口 42.90 万人。

（二）地形地貌

　　栖霞市地处丘陵山区，境内群山起伏，丘陵连绵，有大小山峰 2 500 余座。其中海拔800 米以上山峰 2 座；海拔 600 米以上山峰 10 座，海拔 400 米以上的 108 座，海拔 300 米以上的 67 座。由东向西，依次排列为牙山、唐山、方山、艾山、蚕山等五大山系。以东部之牙山和西北部之艾山两大山系构成境内地形脊背，素有"胶东屋脊"之称。地势最高点为艾山主峰，海拔 814 米，最低点为泗水村及桃村镇陈家疃村一带，海拔 40 米，高差为 774 米，平均海拔 178.72 米。地貌分低山、丘陵、平原三种类型，海拔 300 米以上的低山区为 743.3 千米²，占全市总面积的 36.8%；海拔 100～300 米的丘陵区为 971.1 千米^2，占全市总面积的 48.2%；海拔 100 米以下的平原区为 303.4 千米^2，占全市总面积的 15%。

（三）气候条件

栖霞属暖温带东亚大陆性季风型半湿润气候，四季交替分明，冬无严寒，夏无酷暑。年平均气温 12.9℃，最高气温为 34.3℃，最低气温为－14.2℃。年均日照总时数为 2 153.7 小时。年平均降水量为 818.3 毫米。

（四）农业生产现状

2022 年全年粮食总产量 7.99 万吨；花生总产量 4.9 万吨；水果总产量 219.5 万吨，其中苹果 209.4 万吨。

2022 年年末生猪存栏 19.98 万头；肉牛存栏 0.64 万头，羊存栏 2.94 万只，家禽存栏 236.52 万只。全年猪、牛、羊和家禽分别出栏 29.02 万头、1.09 万头、6.65 万只、1 103.56 万只。肉类总产量达到 1.56 万吨。禽蛋产量达到 1.21 万吨。

淡水水产养殖面积 1 401 公顷，水产品产量达 2 221 吨。

全市 2022 年年末农业机械总动力 77 万千瓦，全市农用拖拉机 3.4 万台，排灌动力机械 3.0 万台，节水灌溉类机械 2 050 台（套）。

（五）水文条件

栖霞市境内河流属于季风雨源型山溪性河流，水流量受降雨量影响而消涨枯旺。境内有大小河谷 3 653 条，河流 114 条。主要有南去的清水河、杨础河、漩河和北去的白洋河、清阳河、黄水河等 6 大河系。最大的白洋河发源于栖霞城东大灵山西麓与城南郭落山之阴，流经境内 5 个镇、街道、园区，过福山区与夹河合流而注入渤海，境内全长 45.9 千米，流域面积 772.53 千米^2。清水河发源于牙山之阳，弯转西行，复折向南，经唐家泊、蛇窝泊两镇而入莱阳市境内，与漩河汇成五龙河注入黄海，境内全长 45 千米，流域面积 340.23 千米^2。清阳河发源于牙山与榆山，迂回曲折，流经海阳市、牟平区后复折回栖霞市境内桃村镇，过福山区汇入外夹河，注入渤海，境内全长 11 千米，流域面积 236.89 千米^2。漩河发源于寺口镇的黄山岭和苏家店镇马蹄夼南山，经观里镇流入莱阳市的漩河，境内全长 32 千米，流域面积 351.24 千米^2。黄水河发源于境内西部山区，曲折多弯，经龙口注入渤海，境内全长 24 千米，流域面积 150.94 千米^2。杨础河发源于翠屏街道的郭落山和铛铛顶，流经杨础镇，南入莱阳市，汇入清水河，境内全长 25 千米，流域面积 104.78 千米^2。

二、耕地质量等级

（一）耕地质量等级总体情况

栖霞市耕地面积为 228 435.98 亩。其耕地质量等级由高到低依次划分为三至十等地（表 6-199）。三等地耕地质量最好，十等地耕地质量最差。采用耕地质量等级面积加权法，计算得到栖霞市耕地质量平均等级为 7.20 等。

评价结果为三等的高产田耕地面积为 15 831.44 亩，占栖霞市评价耕地总面积的 6.93%，主要分布在西南部和东部地区。高产田的耕地地力较高，农田设施条件好，应加强耕地保育和利用，确保耕地质量稳中有升。评价为四至六等的中产田耕地面积为 77 359.95

亩，占栖霞市评价耕地总面积的 33.86%，主要分布在西南部和东部地区。这部分耕地立地条件较好，具备一定的农田基础设施，是发展粮食、蔬菜和经济作物的重点生产区域。今后应重点加强地力培育，提高耕地有效养分，完善灌溉条件。评价为七至十等的低产田耕地面积为 135 244.59 亩，占栖霞市评价耕地总面积的 59.21%，主要分布在中部和全市大部分地区。立地条件较差，大部分耕地灌溉困难，基础地力较低，部分耕地存在障碍因素，应大力开展农田基础设施建设，改良土壤，培肥地力。

表 6-199　耕地质量等级面积统计

耕地质量等级	耕地面积（亩）	比例（%）
一等	0.00	0.00
二等	0.00	0.00
三等	15 831.44	6.93
四等	19 235.14	8.42
五等	31 145.64	13.63
六等	26 979.17	11.81
七等	20 393.71	8.93
八等	24 729.81	10.83
九等	38 474.89	16.84
十等	51 646.18	22.61
合计	228 435.98	100.00

（二）耕地质量等级乡镇分布特征

将栖霞市耕地质量等级分布图与行政区划图进行叠加分析，从耕地质量等级的行政区域数据库中，按照权属字段检索出所有等级在各个乡镇的记录，统计出三至十等地在各乡镇的分布状况（表 6-200）。

从表中看出三等高产田耕地面积所占比例在各乡镇均分布较少；四、五、六等中产田耕地面积所占比例较高的乡镇主要为观里镇、官道镇、苏家店镇；七、八、九、十等低产田耕地面积所占比例较高的乡镇主要为翠屏街道、庙后镇、蛇窝泊镇、寺口镇、松山街道、唐家泊镇、桃村镇、亭口镇、西城镇、杨础镇、庄园街道。

（三）耕地质量等级分布现状

1. 三等地

三等地耕地面积为 15 831.44 亩，占全市总耕地面积的 6.93%。其中旱地 1 741.52 亩，水浇地 14 089.92 亩，分别占三等地总面积的 11.00%、89.00%（表 6-201）。

三等地土壤类型以潮土为主，兼有潮棕壤、普通褐土和典型棕壤分布。土壤耕层质地主要为轻壤，兼有中壤和砂壤分布。质地构型主要为薄层型，兼有通体壤和夹黏型分布。地貌类型以倾斜平地为主，兼有泊地、微斜平地和沿河阶地。土层深厚，土壤理化性状良好，可耕性强。农田水利设施较完善，灌溉条件较好，基本达到了旱能浇、涝能排生产条

表 6 - 200　栖霞市耕地质量等级分布特征

镇名称	属性	一等	二等	三等	四等	五等	六等	七等	八等	九等	十等	合计
翠屏街道	耕地面积（亩）	0.00	0.00	114.32	180.83	300.18	615.85	451.82	700.63	3 151.17	2 974.84	8 489.64
	面积比例（%）	0.00	0.00	1.35	2.13	3.54	7.25	5.32	8.25	37.12	35.04	100.00
观里镇	耕地面积（亩）	0.00	0.00	1 611.71	3 371.87	7 148.42	1 032.45	584.13	371.49	425.38	1 377.84	15 923.29
	面积比例（%）	0.00	0.00	10.12	21.18	44.89	6.49	3.67	2.33	2.67	8.65	100.00
官道镇	耕地面积（亩）	0.00	0.00	5 842.38	7 104.92	7 408.49	1 143.24	1 911.67	228.13	20.50	4 668.75	28 328.08
	面积比例（%）	0.00	0.00	20.62	25.08	26.15	4.04	6.75	0.81	0.07	16.48	100.00
庙后镇	耕地面积（亩）	0.00	0.00	175.70	68.76	130.59	358.26	419.12	581.18	79.26	481.27	2 294.14
	面积比例（%）	0.00	0.00	7.66	3.00	5.69	15.62	18.27	25.33	3.45	20.98	100.00
蛇窝泊镇	耕地面积（亩）	0.00	0.00	909.96	802.34	1 201.70	2 980.32	3 791.88	1 496.62	4 247.00	3 518.75	18 948.57
	面积比例（%）	0.00	0.00	4.80	4.24	6.34	15.73	20.01	7.90	22.41	18.57	100.00
寺口镇	耕地面积（亩）	0.00	0.00	87.21	201.13	495.78	1 635.56	1 038.22	3 901.64	8 591.06	1 487.58	17 438.18
	面积比例（%）	0.00	0.00	0.50	1.15	2.85	9.38	5.95	22.37	49.27	8.53	100.00
松山街道	耕地面积（亩）	0.00	0.00	803.33	1 371.85	2 098.18	1 380.85	2 807.71	4 163.10	606.46	3 778.45	17 009.93
	面积比例（%）	0.00	0.00	4.72	8.06	12.34	8.12	16.51	24.47	3.57	22.21	100.00
苏家店镇	耕地面积（亩）	0.00	0.00	90.90	436.57	2 200.56	4 388.88	326.72	957.68	901.34	2 458.04	11 760.69
	面积比例（%）	0.00	0.00	0.77	3.71	18.71	37.32	2.78	8.14	7.67	20.90	100.00
唐家泊镇	耕地面积（亩）	0.00	0.00	136.61	151.28	707.65	1 487.84	948.14	1 586.87	6 601.66	5 452.46	17 072.51
	面积比例（%）	0.00	0.00	0.80	0.89	4.15	8.71	5.55	9.29	38.67	31.94	100.00
桃村镇	耕地面积（亩）	0.00	0.00	4 514.89	3 940.59	5 051.35	6 905.42	3 399.31	2 518.14	3 489.28	11 628.14	41 447.12
	面积比例（%）	0.00	0.00	10.89	9.51	12.19	16.66	8.20	6.07	8.42	28.06	100.00

（续）

镇名称	属性	一等	二等	三等	四等	五等	六等	七等	八等	九等	十等	合计
亭口镇	耕地面积（亩）	0.00	0.00	784.65	692.88	2 043.49	429.87	1 751.25	5 289.44	291.05	4 244.35	15 526.98
	面积比例（%）	0.00	0.00	5.05	4.46	13.16	2.77	11.28	34.07	1.87	27.34	100.00
西城镇	耕地面积（亩）	0.00	0.00	151.54	101.59	379.53	1 816.58	1 557.62	782.66	3 465.75	4 183.00	12 438.27
	面积比例（%）	0.00	0.00	1.22	0.82	3.05	14.61	12.52	6.29	27.86	33.63	100.00
杨础镇	耕地面积（亩）	0.00	0.00	428.16	616.15	1 724.89	2 002.48	1 005.78	1 630.39	3 109.12	3 373.63	13 890.60
	面积比例（%）	0.00	0.00	3.08	4.44	12.42	14.41	7.24	11.74	22.38	24.29	100.00
庄园街道	耕地面积（亩）	0.00	0.00	180.09	194.38	254.84	801.55	400.34	521.83	3 495.86	2 019.09	7 867.98
	面积比例（%）	0.00	0.00	2.29	2.47	3.24	10.19	5.09	6.63	44.43	25.66	100.00
合计	耕地面积（亩）	0.00	0.00	15 831.44	19 235.14	31 145.64	26 979.17	20 393.71	24 729.81	38 474.89	51 646.18	228 435.98
	面积比例（%）	0.00	0.00	6.93	8.42	13.63	11.81	8.93	10.83	16.84	22.61	100.00

件。土壤有机质养分含量属于中等水平，有效磷和速效钾养分含量均属于中等偏上水平（表6-202）。

三等地是栖霞市重要的优质耕地，主要的粮食、蔬菜生产基地，但从生产条件及土壤肥力状况来看，与一、二等地水平还有一定差距，改良措施同烟台市三等地。

表6-201 三等地各利用类型面积情况

利用类型	评价单元（个）	面积（亩）	占耕地总面积的比例（%）	占三等地面积的比例（%）
旱地	572	1 741.52	0.76	11.00
水浇地	2 664	14 089.92	6.17	89.00
总计	3 236	15 831.44	6.93	100.00

表6-202 三等地主要养分含量

项目	有机质（克/千克）	有效磷（毫克/千克）	速效钾（毫克/千克）
平均值	11.40	56.85	166.73
范围值	5.54～30.98	11.01～221.46	54.00～399.00
含量水平	中等	中等偏上	中等偏上

2. 四等地

四等地耕地面积为19 235.14亩，占全市总耕地面积的8.42%。其中旱地9 524.77亩，水浇地9 710.37亩，分别占四等地总面积的49.52%、50.48%（表6-203）。

表6-203 四等地各利用类型面积情况

利用类型	评价单元（个）	面积（亩）	占耕地总面积的比例（%）	占四等地面积的比例（%）
旱地	2 153	9 524.77	4.17	49.52
水浇地	1 909	9 710.37	4.25	50.48
总计	4 062	19 235.14	8.42	100.00

四等地土壤类型以典型棕壤为主，兼有潮棕壤、普通褐土和潮土分布。土壤耕层质地主要为轻壤，兼有中壤和砂壤分布。质地构型主要为薄层型，兼有通体壤和夹黏型分布。地貌类型以岭地为主，兼有河滩地、泊地、倾斜平地、微斜平地和沿河阶地。土层深厚，土壤理化性状良好，可耕性强。农田水利设施较完善，灌溉条件较好，基本达到了旱能浇、涝能排生产条件。土壤有机质养分含量属于中等水平，有效磷和速效钾养分含量均属于中等偏上水平（表6-204）。

表6-204 四等地主要养分含量

项目	有机质（克/千克）	有效磷（毫克/千克）	速效钾（毫克/千克）
平均值	12.11	60.80	168.04
范围值	5.77～31.34	14.70～212.17	54.00～399.00
含量水平	中等	中等偏上	中等偏上

　　四等地是栖霞市的主要粮食生产基地，产量水平中等偏上。部分土壤养分含量不高，部分耕地存在缺素、灌溉能力较低等问题。合理利用措施同烟台市四等地。

3. 五等地

　　五等地耕地面积为 31 145.64 亩，占全市总耕地面积的 13.63%。其中旱地 28 634.36 亩，水浇地 2 511.28 亩，分别占五等地总面积的 91.94%、8.06%（表 6 - 205）。

表 6 - 205　五等地各利用类型面积情况

利用类型	评价单元（个）	面积（亩）	占耕地总面积的比例（%）	占五等地面积的比例（%）
旱地	7 957	28 634.36	12.53	91.94
水浇地	646	2 511.28	1.10	8.06
总计	8 603	31 145.64	13.63	100.00

　　五等地土壤类型以典型棕壤为主，兼有潮棕壤、普通褐土和潮土分布。土壤耕层质地主要为轻壤，兼有中壤和砂壤分布。质地构型主要为薄层型，兼有通体壤和夹黏型分布。地貌类型以河滩地为主，兼有岭地、泊地、倾斜平地、微斜平地和沿河阶地。土层深厚，土壤理化性状良好，可耕性强。农田水利设施较完善，灌溉条件较好，基本达到了旱能浇、涝能排生产条件。土壤有机质养分含量属于中等水平，有效磷和速效钾养分含量均属于中等偏上水平（表 6 - 206）。

表 6 - 206　五等地主要养分含量

项目	有机质（克/千克）	有效磷（毫克/千克）	速效钾（毫克/千克）
平均值	11.91	60.33	161.90
范围值	5.24～33.81	8.52～228.41	33.00～397.00
含量水平	中等	中等偏上	中等偏上

　　五等地产量水平中等。部分耕地水源无保障，农田水利设施不完善，灌溉条件较差；部分耕地土壤保肥保水性差。总体来讲土壤养分含量不高，部分耕地有缺素问题。改良利用措施同烟台市五等地。

4. 六等地

　　六等地耕地面积为 26 979.17 亩，占全市总耕地面积的 11.81%。全部为旱地（表 6 - 207）。

　　六等地土壤类型以典型棕壤为主，兼有潮棕壤、普通褐土和潮土分布。土壤耕层质地主要为砂壤，兼有中壤和轻壤分布。质地构型主要为薄层型，兼有通体壤和夹黏型分布。地貌类型以河滩地为主，兼有泊地、倾斜平地、微斜平地和沿河阶地。农田水利设施较差，灌溉条件较差，大部分耕地无水源和农田水利设施条件，有灌溉条件的部分耕地灌溉保证率较低。土壤有机质养分含量属于中等水平，有效磷和速效钾养分含量均属于中等偏上水平（表 6 - 208）。

表 6 - 207　六等地各利用类型面积情况

利用类型	评价单元（个）	面积（亩）	占耕地总面积的比例（%）	占六等地面积的比例（%）
旱地	8 005	26 979.17	11.81	100.00
总计	8 005	26 979.17	11.81	100.00

表 6 - 208　六等地主要养分含量

项目	有机质（克/千克）	有效磷（毫克/千克）	速效钾（毫克/千克）
平均值	11.72	57.73	162.81
范围值	5.51~33.56	11.84~235.43	41.00~399.00
含量水平	中等	中等偏上	中等偏上

六等地的水源保障较差，农田水利设施不完善，灌溉条件较低。部分耕地土层较薄，部分土壤养分含量偏低。改良利用措施同烟台市六等地。

5. 七等地

七等地耕地面积为 20 393.71 亩，占全市总耕地面积的 8.93%。全部为旱地（表 6 - 209）。

表 6 - 209　七等地各利用类型面积情况

利用类型	评价单元（个）	面积（亩）	占耕地总面积的比例（%）	占七等地面积的比例（%）
旱地	5 852	20 393.71	8.93	100.00
总计	5 852	20 393.71	8.93	100.00

七等地土壤类型以酸性粗骨土为主，兼有白浆化棕壤、潮棕壤、普通褐土、潮土、典型棕壤、钙质粗骨土和中性粗骨土分布。土壤耕层质地主要为砂壤，兼有中壤、轻壤和砂土分布。质地构型主要为薄层型，兼有通体壤和夹黏型分布。地貌类型以岭地为主，兼有沟谷梯田、河滩地、荒坡岭、泊地、岭坡梯田、倾斜平地、微斜平地和沿河阶地。农田水利设施较差，灌溉条件较差，大部分耕地无水源和农田水利设施条件。土壤有机质、有效磷和速效钾养分含量均属于中等偏下水平（表 6 - 210）。

七等地的土壤，灌溉条件差、土壤肥力偏低。主要改良利用措施同烟台市七等地。

表 6 - 210　七等地主要养分含量

项目	有机质（克/千克）	有效磷（毫克/千克）	速效钾（毫克/千克）
平均值	11.85	59.81	163.58
范围值	5.40~33.97	15.72~218.22	45.00~394.00
含量水平	中等偏下	中等偏下	中等偏下

6. 八等地

八等地耕地面积为 24 729.81 亩，占全市总耕地面积的 10.83%。全部为旱地（表 6 - 211）。

表 6 - 211 八等地各利用类型面积情况

利用类型	评价单元（个）	面积（亩）	占耕地总面积的比例（%）	占八等地面积的比例（%）
旱地	6 702	24 729.81	10.83	100.00
总计	6 702	24 729.81	10.83	100.00

八等地土壤类型以酸性粗骨土为主，兼有潮棕壤、潮土、典型棕壤、钙质粗骨土和中性粗骨土分布。土壤耕层质地主要为砂壤，兼有中壤、轻壤和砂土分布。质地构型主要为薄层型，兼有通体壤和夹黏型分布。地貌类型以岭地为主，兼有河滩地、荒坡岭、岭坡梯田、倾斜平地、微斜平地和沿河阶地。农田水利设施较差，灌溉条件较差，大部分耕地无水源和农田水利设施条件。土壤有机质、有效磷和速效钾养分含量均属于中等偏下水平（表 6 - 212）。

表 6 - 212 八等地主要养分含量

项目	有机质（克/千克）	有效磷（毫克/千克）	速效钾（毫克/千克）
平均值	11.91	58.20	168.75
范围值	5.42～30.38	13.88～222.31	56.00～390.00
含量水平	中等偏下	中等偏下	中等偏下

八等地农田水利设施不完善，灌溉条件较差。改良利用措施同烟台市八等地。

7. 九等地

九等地耕地面积为 38 474.89 亩，占全市总耕地面积的 16.84%。全部为旱地（表 6 - 213）。

表 6 - 213 九等地各利用类型面积情况

利用类型	评价单元（个）	面积（亩）	占耕地总面积的比例（%）	占九等地面积的比例（%）
旱地	10 275	38 474.89	16.84	100.00
总计	10 275	38 474.89	16.84	100.00

九等地土壤类型以酸性粗骨土为主，兼有潮土、典型棕壤、钙质粗骨土和中性粗骨土分布。土壤耕层质地主要为中壤，兼有砂壤、轻壤和砂土分布。质地构型主要为薄层型，兼有通体壤和夹黏型分布。地貌类型以岭地为主，兼有沟谷梯田、河滩地、荒坡岭、岭坡梯田、泊地、倾斜平地、微斜平地和沿河阶地。农田水利设施较差，灌溉条件较差，大部分耕地无水源和农田水利设施条件。土壤有机质、有效磷和速效钾养分含量均属于中等偏下水平（表 6 - 214）。

表 6 - 214 九等地主要养分含量

项目	有机质（克/千克）	有效磷（毫克/千克）	速效钾（毫克/千克）
平均值	11.85	56.01	159.88
范围值	5.37～29.44	12.86～178.46	43.00～375.00
含量水平	中等偏下	中等偏下	中等偏下

九等地立地条件和土壤物理条件较差，大部分耕地产量低而不稳。改良措施同烟台市九等地。

8. 十等地

十等地耕地面积为51 646.18亩，占全市总耕地面积的22.61%。全部为旱地（表6－215）。

表6－215　十等地各利用类型面积情况

利用类型	评价单元（个）	面积（亩）	占耕地总面积的比例（%）	占十等地面积的比例（%）
旱地	12 617	51 646.18	22.61	100.00
总计	12 617	51 646.18	22.61	100.00

十等地土壤类型以酸性粗骨土为主，兼有潮棕壤、潮土、典型棕壤、钙质粗骨土和中性粗骨土分布。土壤耕层质地主要为砂壤，兼有中壤、轻壤和砂土分布。质地构型主要为薄层型，兼有通体壤和夹黏型分布。地貌类型以岭地为主，兼有河滩地、荒坡岭、岭坡梯田、倾斜平地、微斜平地和沿河阶地。农田水利设施较差，灌溉条件较差，大部分耕地无水源和农田水利设施条件。土壤有机质、有效磷和速效钾养分含量均属于中等偏下水平（表6－216）。

表6－216　十等地主要养分含量

项目	有机质（克/千克）	有效磷（毫克/千克）	速效钾（毫克/千克）
平均值	11.92	59.71	164.69
范围值	5.47～29.27	10.36～222.92	48.00～398.00
含量水平	中等偏下	中等偏下	中等偏下

十等地立地条件和土壤物理条件较差，土壤肥力低，大部分耕地土层薄，产量低而不稳。改良利用的重点同烟台市十等地。

第十二节　海阳市耕地质量等级评价

一、海阳市概况

（一）地理位置与行政区划

海阳市位于山东半岛南部，东邻乳山市、牟平区，西接莱阳市，北连栖霞市，南濒黄海，西南隔丁字湾与即墨区相望。介于东经120°50′～121°29′，北纬36°16′～37°10′之间，土地总面积1 909千米²，海域面积1 829千米²，海岸线长212千米。截至2022年10月，海阳市下辖4个街道、10个镇。截至2022年末，海阳市常住人口57.48万人。

（二）地形地貌

海阳市为低山丘陵区。北部徐家店、郭城和发城等镇，山低坡陡，丘陵势缓，间有河谷平原，平均海拔140米；中部朱吴、盘石店、东村等镇街及方圆街道北部，以招虎山脉为主体，形成境内屋脊，平均海拔174米；西部小纪、行村和二十里店等镇山低坡缓，丘陵、平原交错，平均海拔 97 米；南部凤城、辛安、龙山及留格庄等镇街，地势低缓，海拔多在 50 米以下。1984 年农业区划调查，境内山地占总面积的 19.02%，丘陵占 44.20%，平原占 34.38%，海岸占 2.40%。海阳市境内山岭属崂山山系的分支，最大山脉为招虎山山系。该山系以招虎山、垛鱼顶、跑马岭、翅岭、河龙崮为中心，与古寨、黑崮、垛山、黄草顶诸峰，组成大致呈北东、向次为北西向的低山群，绵亘于盘石店、东村、朱吴、方圆街道四处镇街。全市高于 300 米的低山 30 座，多属招虎山山脉，故低山的形成与招虎山花岗岩体有关。由于构造破坏及风化剥蚀等原因，形成峰峦重叠、沟介交错的低山丘陵区。

（三）气候条件

1. 气温与光照

海阳市属暖温带东亚季风型大陆气候区，大陆度为 57，四季分明，气候温和，寒暑显著，昼夜温差小，无霜日期长，雨量集中，夏季多雨，干湿季和季风进退均较明显，降水时空分布不均，光照充足，气候资源丰富。年平均气温为 13.2℃。

2. 降水

海阳市年平均降水量 1 007.8 毫米左右。

（四）农业生产现状

海阳市农业生产平稳增长。2022 年农业总产值 1 833 775 万元，全年粮食总产 302 211 吨，比上年增长 0.4%。其中夏粮总产 106 785 吨，减少 2.6%；秋粮总产 195 426 吨，增长 2.1%。花生总产 82 650 吨，减少 4.4%。蔬菜总产 494 090 吨，增长 3.2%。水果总产 464 907 吨，增长 0.02%。

林业生产不断发展。2022 年人工造林 66.86 公顷。

牧业生产稳中有升。2022 年年末，生猪存栏 48.4 万头，与去年持平；出栏 68.35 万头，增长 1.7%。全年肉类总产量 92 533.1 吨，增长 1.1%；禽蛋产量 22 027 吨，增长 16.0%；奶类产量 6 850 吨，减少 23.7%。

渔业生产基本稳定。全年水产品总产量 317 566 吨，其中海洋捕捞 92 696 吨，海水养殖 224 870 吨。

农业生产条件不断改善。2022 年年末，全市机耕地面积 50 249 公顷；农业机械总动力 88.71 万千瓦，全年农用化肥（折纯后）37 657 吨，地膜覆盖面积 25 767 公顷。

（五）水文

海阳市地表水系不甚发育，只有发源于招虎山山脉的较小河流，以该山脉为分水岭，南流入黄海，北流入五龙河，再入黄海。河流属季风区雨源型，源短流浅，河床坡度较大，河水涨落剧烈，季节变化明显。正常降水年份，多数河流夏、秋有水，冬、春干枯。主要河流有：东村河、留格庄河、纪疃河、白沙河、昌水河、富水河、古现河。

二、耕地质量等级

（一）耕地质量等级总体情况

海阳市耕地面积为 927 400.00 亩。其耕地质量等级由高到低依次划分为二至十等地（表 6-217）。其中，二等地耕地质量最好，十等地耕地质量最差。采用耕地质量等级面积加权法，计算得到海阳市 2022 年耕地质量平均等级为 5.85 等，比海阳市 2021 年耕地质量平均等级 5.87 提升了 0.02。

评价结果为二至三等的高产田耕地面积为 56 974.46 亩，占海阳市耕地总面积的 6.14%，主要分布在东南部地区。高产田的耕地地力较高，农田设施条件好，应加强耕地保育和利用，确保耕地质量稳中有升。评价为四至六等的中产田耕地面积为 630 687.70 亩，占海阳市耕地总面积的 68.01%，主要分布在南部和全市大部分地区。这部分耕地立地条件较好，具备一定的农田基础设施，是发展粮食、蔬菜和经济作物的重点生产区域。今后应重点加强地力培育，提高耕地有效养分，完善灌溉条件。评价为七至十等的低产田耕地面积为 239 737.84 亩，占海阳市耕地总面积的 25.85%，主要分布在北部和南部地区。立地条件较差，大部分耕地灌溉困难，基础地力较低，部分耕地存在障碍因素，应大力开展农田基础设施建设，改良土壤，培肥地力。

表 6-217   耕地质量等级面积统计

耕地质量等级	耕地面积（亩）	比例（%）
一等	0.00	0.00
二等	7 313.34	0.79
三等	49 661.12	5.35
四等	138 882.82	14.98
五等	212 187.86	22.89
六等	279 617.02	30.15
七等	112 416.17	12.12
八等	26 564.39	2.86
九等	41 954.44	4.52
十等	58 802.84	6.34
合计	927 400.00	100.00

（二）耕地质量等级乡镇分布特征

将海阳市耕地质量等级分布图与行政区划图进行叠加分析，从耕地质量等级的行政区域数据库中，按照权属字段检索出所有等级在各个乡镇的记录，统计出二至十等地在各乡镇的分布状况（表 6-218）。

从表中看出二、三等高产田耕地面积所占比例在各乡镇均分布较少；四、五、六等中产田耕地面积所占比例较高的乡镇主要为东村街道、二十里店镇、发城镇、方圆街道、凤城街道、郭城镇、经济开发区、留格庄镇、龙山街道、盘石店镇、小纪镇、辛安镇、行村镇、徐家店镇、朱吴镇；七、八、九、十等低产田耕地面积所占比例在各乡镇均分布较少。

（三）耕地质量等级分布现状

1. 二等地

二等地耕地面积为 7 313.34 亩，占全市总耕地面积的 0.79%。全部为水浇地（表 6-219）。

表 6 - 218　海阳市耕地质量等级分布特征

镇名称	属性	一等	二等	三等	四等	五等	六等	七等	八等	九等	十等	合计
东村街道	耕地面积（亩）	0.00	13.43	1 456.05	11 890.45	3 607.67	3 961.60	5 585.84	239.37	1 442.91	9 011.03	37 208.35
	面积比例（%）	0.00	0.04	3.91	31.96	9.69	10.65	15.01	0.64	3.88	24.22	100.00
二十里店镇	耕地面积（亩）	0.00	75.14	5 896.62	16 358.61	10 979.86	11 563.40	6 677.00	610.02	6 917.35	7 215.71	66 293.71
	面积比例（%）	0.00	0.11	8.90	24.68	16.56	17.44	10.07	0.92	10.43	10.89	100.00
发城镇	耕地面积（亩）	0.00	47.08	2 520.70	8 833.74	10 417.26	36 151.11	11 269.99	214.98	924.43	535.75	70 915.04
	面积比例（%）	0.00	0.07	3.55	12.46	14.69	50.98	15.89	0.30	1.30	0.76	100.00
方圆街道	耕地面积（亩）	0.00	1 302.54	5 699.79	2 249.87	6 991.04	5 418.00	1 485.02	231.83	165.45	3 008.21	26 551.75
	面积比例（%）	0.00	4.91	21.47	8.47	26.33	20.41	5.59	0.87	0.62	11.33	100.00
凤城街道	耕地面积（亩）	0.00	31.57	1 403.56	4 128.76	15 831.49	6 988.25	0.00	0.00	0.00	0.00	28 383.63
	面积比例（%）	0.00	0.11	4.94	14.55	55.78	24.62	0.00	0.00	0.00	0.00	100.00
郭城镇	耕地面积（亩）	0.00	0.00	3 606.31	12 722.19	10 359.78	26 914.27	6 167.85	2 908.85	7 857.66	11 388.26	81 925.17
	面积比例（%）	0.00	0.00	4.40	15.53	12.65	32.85	7.53	3.55	9.59	13.90	100.00
经济开发区	耕地面积（亩）	0.00	0.00	63.31	300.01	2 257.57	729.98	0.00	0.00	4.35	0.00	3 355.22
	面积比例（%）	0.00	0.00	1.89	8.94	67.28	21.76	0.00	0.00	0.13	0.00	100.00
留格庄镇	耕地面积（亩）	0.00	5 479.73	12 402.58	5 233.48	26 967.76	15 255.83	5 398.11	5 279.83	0.00	0.00	76 017.32
	面积比例（%）	0.00	7.21	16.31	6.88	35.48	20.07	7.10	6.95	0.00	0.00	100.00
龙山街道	耕地面积（亩）	0.00	0.00	409.04	3 545.70	28 480.84	7 097.55	117.46	692.03	1.98	0.00	40 344.60
	面积比例（%）	0.00	0.00	1.01	8.79	70.59	17.59	0.29	1.72	0.01	0.00	100.00
盘石店镇	耕地面积（亩）	0.00	178.99	2 437.27	4 803.47	11 261.24	15 251.98	5 818.43	393.68	5 952.36	11 547.66	57 645.08
	面积比例（%）	0.00	0.31	4.23	8.33	19.54	26.46	10.09	0.68	10.33	20.03	100.00

（续）

镇名称	属性	一等	二等	三等	四等	五等	六等	七等	八等	九等	十等	合计
小纪镇	耕地面积（亩）	0.00	118.14	8 462.62	32 331.23	12 882.14	39 017.71	23 517.50	760.35	13 359.17	6 198.59	136 647.45
	面积比例（%）	0.00	0.09	6.19	23.66	9.43	28.55	17.21	0.56	9.78	4.53	100.00
辛安镇	耕地面积（亩）	0.00	66.72	338.52	5 171.94	29 208.64	30 951.77	3 487.21	3 338.35	0.00	0.00	72 563.15
	面积比例（%）	0.00	0.09	0.47	7.13	40.25	42.65	4.81	4.60	0.00	0.00	100.00
行村镇	耕地面积（亩）	0.00	0.00	524.14	15 638.39	32 123.72	23 011.76	11 405.42	6 520.57	0.00	0.00	89 224.00
	面积比例（%）	0.00	0.00	0.59	17.53	36.00	25.79	12.78	7.31	0.00	0.00	100.00
徐家店镇	耕地面积（亩）	0.00	0.00	689.73	4 556.11	6 106.13	27 684.38	4 785.00	3 592.76	3 063.91	5 949.26	56 427.28
	面积比例（%）	0.00	0.00	1.22	8.08	10.82	49.06	8.48	6.37	5.43	10.54	100.00
朱吴镇	耕地面积（亩）	0.00	0.00	3 750.88	11 118.87	4 712.72	29 619.43	26 701.34	1 781.77	2 264.87	3 948.37	83 898.25
	面积比例（%）	0.00	0.00	4.47	13.25	5.62	35.30	31.83	2.12	2.70	4.71	100.00
合计	耕地面积（亩）	0.00	7 313.34	49 661.12	138 882.82	212 187.86	279 617.02	112 416.17	26 564.39	41 954.44	58 802.84	927 400.00
	面积比例（%）	0.00	0.79	5.35	14.98	22.89	30.15	12.12	2.86	4.52	6.34	100.00

二等地土壤类型以潮棕壤为主，兼有潮土和典型棕壤分布。土壤耕层质地主要为轻壤，兼有中壤分布。质地构型主要为夹黏型，兼有薄层型和通体壤分布。地貌类型以倾斜平地为主，土层深厚，土壤理化性状良好，可耕性强。农田水利设施完善，灌溉能力达到满足和充分满足，灌溉条件好。土壤有机质和速效钾养分含量均属于中等水平，有效磷养分含量属于中等偏上水平（表6-220）。

表6-219　二等地各利用类型面积情况

利用类型	评价单元（个）	面积（亩）	占耕地总面积的比例（%）	占二等地面积的比例（%）
水浇地	363	7 313.34	0.79	100.00
总计	363	7 313.34	0.79	100.00

表6-220　二等地主要养分含量

项目	有机质（克/千克）	有效磷（毫克/千克）	速效钾（毫克/千克）
平均值	12.31	45.86	105.64
范围值	3.00～19.00	4.00～105.00	30.00～207.00
含量水平	中等	中等偏上	中等

二等地是海阳市重要的优质耕地，主要的粮食、蔬菜生产基地，但是要实现农业高产高效发展和粮食需求，与一等地水平有一定差距。注意问题同烟台市二等地。

2. 三等地

三等地耕地面积为49 661.12亩，占全市总耕地面积的5.35%。其中旱地19 794.65亩，水浇地29 866.47亩，分别占三等地总面积的39.86%、60.14%（表6-221）。

表6-221　三等地各利用类型面积情况

利用类型	评价单元（个）	面积（亩）	占耕地总面积的比例（%）	占三等地面积的比例（%）
旱地	1 437	19 794.65	2.13	39.86
水浇地	1 646	29 866.47	3.22	60.14
总计	3 083	49 661.12	5.35	100.00

三等地土壤类型以典型棕壤为主，兼有潮棕壤、潮土和普通褐土分布。土壤耕层质地主要为轻壤，兼有中壤分布。质地构型主要为薄层型，兼有夹黏型和通体壤分布。地貌类型以倾斜平地为主，兼有缓平地和微斜平地分布，土层深厚，土壤理化性状良好，可耕性强。农田水利设施较完善，灌溉条件较好，基本达到了旱能浇、涝能排生产条件。土壤有机质和速效钾养分含量均属于中等水平，有效磷养分含量属于中等偏上水平（表6-222）。

三等地是海阳市重要的优质耕地，主要的粮食、蔬菜生产基地，但生产条件及土壤肥力状况与一、二等地水平还有一定差距，重点应完善农业生产条件、提高耕地肥力水平。生产利用中应注意问题同烟台市三等地。

表 6 - 222　三等地主要养分含量

项目	有机质（克/千克）	有效磷（毫克/千克）	速效钾（毫克/千克）
平均值	10.89	41.51	114.46
范围值	3.00～23.00	3.00～153.00	30.00～400.00
含量水平	中等	中等偏上	中等

3. 四等地

四等地耕地面积为 138 882.82 亩，占全市总耕地面积的 14.98%。其中旱地 101 815.75 亩，水田 772.32 亩，水浇地 36 294.75 亩，分别占四等地总面积的 73.31%、0.56%、26.13%（表 6 - 223）。

表 6 - 223　四等地各利用类型面积情况

利用类型	评价单元（个）	面积（亩）	占耕地总面积的比例（%）	占四等地面积的比例（%）
旱地	4 955	101 815.75	10.98	73.31
水田	10	772.32	0.08	0.56
水浇地	1 895	36 294.75	3.92	26.13
总计	6 860	138 882.82	14.98	100.00

四等地土壤类型以典型棕壤为主，兼有潮褐土、潮棕壤、潮土和普通褐土分布。土壤耕层质地主要为轻壤，兼有砂壤、砂质砾石土和中壤分布。质地构型主要为薄层型，兼有夹黏型和通体壤分布。地貌类型以岭地为主，兼有河滩地、缓平地、微斜平地和倾斜平地分布，土层深厚，农田水利设施较完善，灌溉条件较好，基本达到了旱能浇、涝能排生产条件。土壤有机质和速效钾养分含量均属于中等水平，有效磷养分含量属于中等偏上水平（表 6 - 224）。

表 6 - 224　四等地主要养分含量

项目	有机质（克/千克）	有效磷（毫克/千克）	速效钾（毫克/千克）
平均值	10.37	38.13	112.83
范围值	3.00～23.00	3.00～213.00	30.00～297.00
含量水平	中等	中等偏上	中等

四等地是海阳市的主要粮食生产基地，产量水平中等偏上。合理利用措施同烟台市四等地。

4. 五等地

五等地耕地面积为 212 187.86 亩，占全市总耕地面积的 22.89%。其中旱地 130 980.49 亩，水田 90.26 亩，水浇地 81 117.11 亩，分别占五等地总面积的 61.73%、0.04%、38.23%（表 6 - 225）。

表 6 - 225　五等地各利用类型面积情况

利用类型	评价单元（个）	面积（亩）	占耕地总面积的比例（%）	占五等地面积的比例（%）
旱地	8 500	130 980.49	14.13	61.73
水田	6	90.26	0.01	0.04
水浇地	5 492	81 117.11	8.75	38.23
总计	13 998	212 187.86	22.89	100.00

　　五等地土壤类型以典型棕壤为主，兼有潮褐土、潮棕壤、潮土、普通褐土和淋溶褐土分布。土壤耕层质地主要为轻壤，兼有砂壤、砂质砾石土和中壤分布。质地构型主要为夹黏型，兼有薄层型和通体壤分布。地貌类型以岭地为主，兼有光板地、河滩地、缓平地、倾斜平地和微斜平地分布，土壤理化性状较好，可耕性较强。部分耕地灌溉条件的灌溉保证率较低。土壤有机质和速效钾养分含量均属于中等水平，有效磷养分含量属于中等偏上水平（表 6 - 226）。

表 6 - 226　五等地主要养分含量

项目	有机质（克/千克）	有效磷（毫克/千克）	速效钾（毫克/千克）
平均值	10.78	38.29	112.77
范围值	3.00～34.00	3.00～237.00	30.00～400.00
含量水平	中等	中等偏上	中等

　　五等地产量水平中等。部分耕地水源无保障，农田水利设施不完善，灌溉条件较差，部分耕地土壤保肥保水性差。改良利用措施同烟台市五等地。

5. 六等地

　　六等地耕地面积为 279 617.02 亩，占全市总耕地面积的 30.15%。全部为旱地（表 6 - 227）。

表 6 - 227　六等地各利用类型面积情况

利用类型	评价单元（个）	面积（亩）	占耕地总面积的比例（%）	占六等地面积的比例（%）
旱地	22 206	279 617.02	30.15	100.00
总计	22 206	279 617.02	30.15	100.00

　　六等地土壤类型以典型棕壤为主，兼有潮褐土、潮棕壤、潮土、普通褐土、淋溶褐土和盐化潮土分布。土壤耕层质地主要为砂壤、轻壤，兼有砂质砾石土和中壤分布。质地构型主要为薄层型，兼有夹黏型和通体壤分布。地貌类型以岭地为主，兼有光板地、河滩地、缓平地、倾斜平地和微斜平地分布，部分耕地水源和农田水利设施条件差，有灌溉条件的部分耕地灌溉保证率较低。土壤有机质养分含量属于中等水平，有效磷和速效钾养分含量均属于中等偏上水平（表 6 - 228）。

表6-228　六等地主要养分含量

项目	有机质（克/千克）	有效磷（毫克/千克）	速效钾（毫克/千克）
平均值	10.84	40.17	125.51
范围值	3.00～31.00	3.00～230.00	30.00～400.00
含量水平	中等	中等偏上	中等偏上

六等地部分水源保障较差，农田水利设施不完善，灌溉条件较低。改良利用措施同烟台市六等地。

6. 七等地

七等地耕地面积为112 416.17亩，占全市总耕地面积的12.12%。全部为旱地（表6-229）。

表6-229　七等地各利用类型面积情况

利用类型	评价单元（个）	面积（亩）	占耕地总面积的比例（%）	占七等地面积的比例（%）
旱地	7 994	112 416.17	12.12	100.00
总计	7 994	112 416.17	12.12	100.00

七等地土壤类型以中性粗骨土为主，兼有潮棕壤、滨海盐土、潮土、典型棕壤、钙质粗骨土和酸性粗骨土分布。土壤耕层质地主要为砂土，兼有砾质砂土、轻壤、砂壤、砂质砾石土和中壤分布。质地构型主要为薄层型，兼有夹黏型和通体壤分布。地貌类型以岭坡梯田为主，兼有荒坡岭和岭地分布，农田水利设施较差，灌溉条件较差，部分耕地水源和农田水利设施条件差，有灌溉条件的部分耕地灌溉保证率较低。土壤有机质、有效磷和速效钾养分含量均属于中等水平（表6-230）。

表6-230　七等地主要养分含量

项目	有机质（克/千克）	有效磷（毫克/千克）	速效钾（毫克/千克）
平均值	10.77	38.02	115.30
范围值	3.00～26.00	3.00～135.00	30.00～400.00
含量水平	中等	中等	中等

七等地的土壤，灌溉条件差、土壤肥力偏低。主要改良利用措施同烟台市七等地。

7. 八等地

八等地耕地面积为26 564.39亩，占全市总耕地面积的2.86%。全部为旱地（表6-231）。

表6-231　八等地各利用类型面积情况

利用类型	评价单元（个）	面积（亩）	占耕地总面积的比例（%）	占八等地面积的比例（%）
旱地	1 621	26 564.39	2.86	100.00
总计	1 621	26 564.39	2.86	100.00

八等地土壤类型以中性粗骨土为主，兼有潮土、典型棕壤、钙质粗骨土和酸性粗骨土分布。土壤耕层质地主要为砾质砂土，兼有轻壤、砂壤、砂土、砂质砾石土和中壤分布。质地构型主要以薄层型为主，兼有夹黏型和通体壤分布。地貌类型以岭地为主，兼有河滩地、荒坡岭、岭坡梯田和倾斜平地分布，农田水利设施较差，部分耕地灌溉保证率较低。土壤有机质、有效磷和速效钾养分含量均属于中等水平（表6-232）。

表6-232 八等地主要养分含量

项目	有机质（克/千克）	有效磷（毫克/千克）	速效钾（毫克/千克）
平均值	10.63	39.70	115.32
范围值	3.00～21.00	3.00～203.00	30.00～400.00
含量水平	中等	中等	中等

八等地农田水利设施不完善，灌溉条件较差。改良利用措施同烟台市八等地。

8. 九等地

九等地耕地面积为41 954.44亩，占全市总耕地面积的4.52%。全部为旱地（表6-233）。

表6-233 九等地各利用类型面积情况

利用类型	评价单元（个）	面积（亩）	占耕地总面积的比例（%）	占九等地面积的比例（%）
旱地	2 302	41 954.44	4.52	100.00
总计	2 302	41 954.44	4.52	100.00

九等地土壤类型以中性粗骨土为主，兼有潮棕壤、潮土、典型棕壤、钙质粗骨土和酸性粗骨土分布。土壤耕层质地主要为砾质砂土，兼有轻壤、砂壤、砂土、砂质砾石土和中壤分布。质地构型主要以薄层型为主，兼有夹黏型和通体壤分布。地貌类型以岭地为主，兼有荒坡岭和岭坡梯田分布，土层较薄。农田水利设施与灌溉条件差。土壤有机质、有效磷和速效钾养分含量均属于中等水平（表6-234）。

表6-234 九等地主要养分含量

项目	有机质（克/千克）	有效磷（毫克/千克）	速效钾（毫克/千克）
平均值	10.46	36.24	110.79
范围值	3.00～19.00	3.00～193.00	30.00～326.00
含量水平	中等	中等	中等

九等地立地条件和土壤物理条件较差，部分耕地土层薄，产量低而不稳，耕层耕地中有砾石，改良措施同烟台市九等地。

9. 十等地

十等地耕地面积为58 802.84亩，占全市总耕地面积的6.34%。全部为旱地（表6-235）。

表 6-235　十等地各利用类型面积情况

利用类型	评价单元（个）	面积（亩）	占耕地总面积的比例（%）	占十等地面积的比例（%）
旱地	4 264	58 802.84	6.34	100.00
总计	4 264	58 802.84	6.34	100.00

　　十等地土壤类型以酸性粗骨土为主，兼有潮土、典型棕壤、钙质粗骨土和中性粗骨土分布。土壤耕层质地主要为砾质砂土，兼有轻壤、砂壤、砂土和砂质砾石土分布。质地构型主要以薄层型为主，兼有夹黏型和通体壤分布。地貌类型以岭坡梯田为主，兼有荒坡岭和岭地分布，农田水利设施差，耕地灌溉保证率低。土壤有机质、有效磷和速效钾养分含量均属于中等水平（表 6-236）。

表 6-236　十等地主要养分含量

项目	有机质（克/千克）	有效磷（毫克/千克）	速效钾（毫克/千克）
平均值	9.95	37.76	107.20
范围值	3.00～28.00	3.00～130.00	30.00～400.00
含量水平	中等	中等	中等

　　十等地立地条件和土壤物理条件较差，土壤肥力低，部分耕地土层薄，耕层中有砾石，产量低而不稳。改良利用的重点同烟台市十等地。

第七章 烟台市耕地质量等级评价成果数据库

第一节 耕地质量等级评价成果数据库建设方法和依据

烟台市耕地质量等级评价成果数据库，主要包括空间数据库和属性数据库。空间数据库主要包括与评价有关的基础图件、土壤系列养分图、耕地质量等级评价成果图。属性数据库包括土壤养分采样化验数据和评价有关的实地调查资料。烟台市耕地质量等级评价成果数据库建设严格执行国务院第三次全国国土调查领导小组办公室印发的《第三次全国国土调查耕地质量等级调查评价工作方案》（国土调查办发〔2018〕19 号）的有关技术要求。

一、空间数据库建设资料预处理

空间数据库建设资料预处理包括行政区划图编制、对收集的地貌和土壤调查资料进行规范化处理等。

（一）行政区划图编制

依据烟台市 2019 年底第三次全国国土调查标准时间的行政区划信息，以及现势性行政区划资料编制。

（二）对收集的图件进行整理处理

依据 GIS 技术和本次评价工作的需要，对纸介质地貌和土壤资料进行整理和分析，通过扫描矢量化、编辑、分层录入等方式进行数字化处理。

（三）规范化处理

依据有关耕地质量等级评价的国家标准、技术标准，对所有烟台市资料进行统一化和标准化整理、编辑、格式转换等。对所有与评价有关的基础资料，采用投影转换或配准的方法，全部统一到第三次全国国土调查土地利用现状的 2000 国家大地坐标系空间数据库中。

二、空间数据库技术标准

（一）空间数据坐标系

采用 2000 国家大地坐标系。

（二）空间数据库建设平台及数据库格式

空间数据库建设平台为地理信息系统 MapGIS 和 ArcGIS。空间数据库格式为全国统一要求的 shp 格式（Shapefile，广泛用于 GIS 领域的矢量数据存储格式）。

（三）空间数据库建设内容及分层

按照全国耕地质量等级评价空间数据库建设内容及分层统一要求，烟台市空间数据库分为行政区划图层、地貌类型图层、耕地资源管理单元图层、土地利用现状图层、土壤图层、耕地质量调查点点位图层、耕地质量等级评价图层，以及土壤养分大、中、微量元素等值线图层等。

三、烟台市耕地质量等级评价成果数据库建设方法

（一）烟台市耕地质量等级评价成果数据库

按照全国统一要求，必须先在农业农村部全国耕地质量监测保护中心开发的县域耕地资源管理信息系统上建立工作空间，工作空间是一个以".cws"为后缀的文件夹，每一个县域对应一个工作空间。县域耕地质量等级评价成果数据库的成果（包括与评价有关的基础资料、点位调查资料、土壤养分资料、评价成果等）全部存放在工作空间中。

（二）空间数据库建设方法

空间数据库是依据烟台市三调土地利用现状图数据库为基础建设的，行政区划图层包括村界、乡镇界、县域的行政界线。行政区划图层导入到县域耕地资源管理信息系统后，形成可查询、检索、修改属性的行政区划图数据库。

依据空间数据库建设要求，与评价有关的土壤图层、地貌类型图层等资料，全部配准到烟台市三调土地利用现状图数据库中。经过对所有专业内容进行检查、修改、编辑等规范化处理，选择道路交叉点精确配准到烟台市三调土地利用现状图数据库中，对属性数据关联处理后，导入县域耕地资源管理信息系统，形成可查询、检索、修改属性的评价基础图件数据库。

烟台市耕地质量调查点点位图数据库，是在烟台市行政区划图层上编制的，按照数据库建设要求，进行空间数据和点位调查属性信息关联，导入县域耕地资源管理信息系统后，形成可查询、检索、修改属性的耕地质量调查点点位图数据库。

土壤养分大、中、微量元素系列成果数据库，是在烟台市行政区划图层上编制的，按照数据库建设要求，进行空间数据和土壤养分属性信息关联后，导入县域耕地资源管理信息系统，形成可查询、检索、修改属性的土壤养分大、中、微量元素系列成果数据库。

（三）属性数据库建设方法

依据《第三次全国国土调查耕地质量等级调查评价工作方案》（国土调查办发〔2018〕19 号）和现有资料，对 60 项耕地质量等级的调查内容，进行了错漏检查和修改补充。其中对统一编号调查部分，主要修正了 19 位编号重号和编号不规范等内容。行政区划和地名主要依据烟台市第三次全国国土调查土地利用现状调查成果，土壤有关的土类、亚类归属到国际标准名称，土属归属山东省标准名称，土种为县域名称。与土壤有关的理化性

状、地貌，依据现有资料情况，全部进行了检查和修改处理。对土壤养分化验异常值，全部进行了修正处理。对调查点化验不全的元素，收集有关资料进行了补充。对灌排能力、障碍因素、耕层质地、质地构型等调查内容，填写不全、不规范的全部进行修正和补充。通过对 60 项调查内容系统检查和统一化、标准化修改补充，形成烟台市耕地质量等级评价属性数据库。

四、耕地质量等级评价成果数据库（工作空间）成果

1. 烟台市行政区划图数据库
2. 烟台市耕地资源分布图数据库
3. 烟台市地貌图数据库
4. 烟台市土壤图数据库
5. 烟台市灌溉分区数据库
6. 烟台市耕地质量调查点点位图数据库
7. 烟台市耕层土壤 pH 分布数据库
8. 烟台市耕层土壤有机质含量分布数据库
9. 烟台市耕层土壤全氮含量分布数据库
10. 烟台市耕层土壤有效磷含量分布数据库
11. 烟台市耕层土壤速效钾含量分布数据库
12. 烟台市耕层土壤缓效钾含量分布数据库
13. 烟台市耕层土壤有效铜含量分布数据库
14. 烟台市耕层土壤有效锌含量分布数据库
15. 烟台市耕层土壤有效铁含量分布数据库
16. 烟台市耕层土壤有效锰含量分布数据库
17. 烟台市耕层土壤有效钼含量分布数据库
18. 烟台市耕层土壤有效硫含量分布数据库
19. 烟台市耕层土壤有效硅含量分布数据库
20. 烟台市耕层土壤有效硼含量分布数据库
21. 烟台市耕层土壤交换性钙含量分布数据库
22. 烟台市耕层土壤交换性镁含量分布数据库
23. 烟台市耕层土壤碱解氮含量分布数据库
24. 烟台市耕地质量评价等级成果数据库

第二节 耕地质量调查属性数据库成果

烟台市耕地质量调查点数据库，其属性内容如表 7-1 所示。

表 7-1　耕地质量调查点数据库属性

省（市）名	地市名	县（区、市、农场）名	乡镇名	村名
山东省	烟台市	海阳市	徐家店镇	田水夼村
采样年份	经度	纬度	土类	亚类
2018	120.962 9°	37.142 25°	棕壤	棕壤性土
土属	土种	成土母质	地貌类型	地形部位
酸性岩类棕壤性土	硬石底壤质土	残积	丘陵	丘陵下部
海拔高度（米）	田面坡度（度）	有效土层厚度（厘米）	耕层厚度（厘米）	耕层质地
/		30～60	30	砂土
耕层土壤容重（克/厘米³）	质地构型	常年耕作制度	熟制	生物多样性
1.57	夹层型	果园	常年生	一般
农田林网化程度	土壤 pH	耕层土壤含盐量（%）	盐渍化程度	盐化类型
中	5.62	/	无	/
地下水埋深（米）	障碍因素	障碍层类型	障碍层深度（厘米）	障碍层厚度（厘米）
0	无	无	0	0
灌溉能力	灌溉方式	水源类型	排水能力	有机质（克/千克）
不满足	喷灌	地表水	不满足	13.5
全氮（克/千克）	有效磷（毫克/千克）	速效钾（毫克/千克）	缓效钾（毫克/千克）	有效铜（毫克/千克）
0.67	110	361	1 006	0
有效锌（毫克/千克）	有效铁（毫克/千克）	有效锰（毫克/千克）	有效硼（毫克/千克）	有效钼（毫克/千克）
0	0	0	0	0
有效硫（毫克/千克）	有效硅（毫克/千克）	铬（毫克/千克）	镉（毫克/千克）	铅（毫克/千克）
0	0	/	/	/
砷（毫克/千克）	汞（毫克/千克）	主栽作物名称	年产量（千克/亩）	交换性钙（毫克/千克）
/	/	苹果	/	0
交换性镁（毫克/千克）	碱解氮（毫克/千克）			
0	0			

第三节　空间数据库分层及属性

　　依据县域耕地资源管理信息系统建设分层和属性内容编制要求，与评价有关的行政区划，基础图件，耕地质量等级评价，土壤养分大、中、微量元素分层和属性内容成果等见表 7-2 至表 7-23。

表7-2　烟台市行政区划图数据库属性

空间数据名称	面积（米²）	周长（米）	省名称	市名称
行政区划图	5 869.830 566 804 85	281.126 826 968 823	山东省	烟台市
	县名称	镇名称	村名称	行政代码
	蓬莱区	海岛10	无	370614000000

表7-3　烟台市耕地资源分布图数据库属性

空间数据名称	面积（米²）	周长（米）	地类号	地类名称
耕地资源分布图	94 187.444 842	2 510.477 36	0103	旱地

表7-4　烟台市土壤图数据库属性

空间数据名称	土壤名称	面积（米²）	周长（米）	土壤代码
土壤图	砂质滨海潮土	7 251 433.574 461 95	29 411.774 032 233	08010701

表7-5　烟台市耕地质量调查点点位图数据库属性

空间数据名称	纸图编号	点县内编号	统一编号
耕地质量调查点点位图	FA001	01105004	265500T20191015T001
省（市）名	地市名	县（区、市、农场）名	乡镇名
山东省	烟台市	福山区	门楼镇
村名	采样年份	经度	纬度
仉村周村	2019	121.226 1°	37.460 14°
土类	亚类	土属	土种
潮土	潮土	非石灰性河潮土	砂质粘壤非石灰性河潮土
成土母质	地貌类型	地形部位	海拔高度（米）
洪积	丘陵	丘陵下部	/
田面坡度（°）	有效土层厚度（厘米）	耕层厚度（厘米）	耕层质地
/	60～100	40	轻壤
耕层土壤容重（克/厘米³）	质地构型	多年耕作制度	熟制
1.44	夹层型	樱桃	多年生
生物多样性	农田林网化程度	土壤pH	耕层土壤含盐量（%）
一般	中	6.23	/

（续）

盐渍化程度	盐化类型	地下水埋深（米）	障碍因素
/	/	3	障碍层次
障碍层类型	障碍层深度（厘米）	障碍层厚度（厘米）	灌溉能力
沙漏层	50	30	满足
灌溉方式	水源类型	排水能力	有机质（克/千克）
沟灌	地下水	充分满足	13.9
全氮（克/千克）	有效磷（毫克/千克）	速效钾（毫克/千克）	缓效钾（毫克/千克）
0.96	37.2	211	654
有效铜（毫克/千克）	有效锌（毫克/千克）	有效铁（毫克/千克）	有效锰（毫克/千克）
1.93	1.97	60.23	22.2
有效硼（毫克/千克）	有效钼（毫克/千克）	有效硫（毫克/千克）	有效硅（毫克/千克）
0.25	0.05	14.77	198.32
铬（毫克/千克）	镉（毫克/千克）	铅（毫克/千克）	砷（毫克/千克）
/	/	/	/
汞（毫克/千克）	主栽作物名称	年产量（千克/亩）	交换性钙（毫克/千克）
/	樱桃	5 250	1 369
交换性镁（毫克/千克）	碱解氮（毫克/千克）		
244.2	163		

表7-6　烟台市耕层土壤 pH 等值线图数据库属性

空间数据名称	周长（米）	pH 值
耕层土壤 pH 等值线图	17 399.363 52	6.5

表7-7　烟台市耕层土壤有机质等值线图数据库属性

空间数据名称	周长（米）	有机质（克/千克）
耕层土壤有机质等值线图	8 321.511 012	15

表7-8　烟台市耕层土壤全氮等值线图数据库属性

空间数据名称	周长（米）	全氮（克/千克）
耕层土壤全氮等值线图	8 321.511 012	0.5

表 7-9　烟台市耕层土壤速效钾等值线图数据库属性

空间数据名称	周长（米）	速效钾（毫克/千克）
耕层土壤速效钾等值线图	13 078.103 49	80

表 7-10　烟台市耕层土壤缓效钾等值线图数据库属性

空间数据名称	周长（米）	缓效钾（毫克/千克）
耕层土壤缓效钾等值线图	4 046.549 736	900

表 7-11　烟台市耕层土壤有效磷等值线图数据库属性

空间数据名称	周长（米）	有效磷（毫克/千克）
耕层土壤有效磷等值线图	1 844.536 603	25

表 7-12　烟台市耕层土壤有效铜等值线图数据库属性

空间数据名称	周长（米）	有效铜（毫克/千克）
耕层土壤有效铜等值线图	8 321.511 012	1.8

表 7-13　烟台市耕层土壤有效锌等值线图数据库属性

空间数据名称	周长（米）	有效锌（毫克/千克）
耕层土壤有效锌等值线图	2 028.067 618	3

表 7-14　烟台市耕层土壤有效铁等值线图数据库属性

空间数据名称	周长（米）	有效铁（毫克/千克）
耕层土壤有效铁等值线图	1 933.434 949	10

表 7-15　烟台市耕层土壤有效锰等值线图数据库属性

空间数据名称	周长（米）	有效锰（毫克/千克）
耕层土壤有效锰等值线图	2 028.067 618	5

表 7-16　烟台市耕层土壤有效钼等值线图数据库属性

空间数据名称	周长（米）	有效钼（毫克/千克）
耕层土壤有效钼等值线图	14 565.529 43	0.1

表 7-17　烟台市耕层土壤有效硫等值线图数据库属性

空间数据名称	周长（米）	有效硫（毫克/千克）
耕层土壤有效硫等值线图	1 529.218 465	75

表 7 - 18　烟台市耕层土壤有效硅等值线图数据库属性

空间数据名称	周长（米）	有效硅（毫克/千克）
耕层土壤有效硅等值线图	8 321.511 012	100

表 7 - 19　烟台市耕层土壤有效硼等值线图数据库属性

空间数据名称	周长（米）	有效硼（毫克/千克）
耕层土壤有效硼等值线图	28 088.217 81	2

表 7 - 20　烟台市耕层土壤交换性钙等值线图数据库属性

空间数据名称	周长（米）	交换性钙（毫克/千克）
耕层土壤交换性钙等值线图	8 447.789 386	6 000

表 7 - 21　烟台市耕层土壤交换性镁等值线图数据库属性

空间数据名称	周长（米）	交换性镁（毫克/千克）
耕层土壤交换性镁等值线图	6 290.759 96	250

表 7 - 22　烟台市耕层土壤碱解氮等值线图数据库属性

空间数据名称	周长（米）	碱解氮（毫克/千克）
耕层土壤碱解氮等值线图	8 321.511 012	75

表 7 - 23　烟台市耕地质量评价等级图数据库属性

空间数据名称	面积（米²）	周长（米）	耕地等级
耕地质量评价等级图	955.1	153.00	6

第四节　耕地质量等级评价成果验证及其与高标准农田项目区衔接

一、耕地质量等级评价成果验证及其与高标准农田项目区衔接依据

（一）耕地质量等级评价成果验证依据

依据《国务院第三次全国国土调查领导小组办公室关于印发〈第三次全国国土调查耕地质量等级调查评价工作方案〉的通知》（国土调查办发〔2018〕19号）的要求，通过产量对比验证、耕地质量主要性状对比验证和实地验证等方式，对耕地质量等级评价结果进行核实确认。

（二）与高标准农田项目区衔接依据

高标准农田项目是国家实施藏粮于地、藏粮于技、保障国家粮食安全的战略，其政治

和经济意义重大。黄淮海农业区高标准农田项目主要是对坡耕地整平，灌排设施更新改造，部分旱地变为水浇地，农田道路加宽和硬化，用电设施配套等。形成了增产增收的基础条件。依据 2021 年 6 月 17 日全国耕地质量调查监测与评价推进会的要求，第三次全国国土调查耕地质量等级评价成果需要与 2019 年 12 月底前（全国标准时间）实施的高标准农田项目进行衔接。总之，通过高标准农田项目实施，水浇地数量明显增加，灌排能力提升，机械化作业环境条件得到了加强，在实施后的高标准农田项目区内为粮食增产增收创造了条件。

（三）耕地质量等级评价成果验证方法及与高标准农田项目区衔接方法

1. 耕地质量等级评价成果验证方法

由烟台市农业农村局、乡镇农业农村部门牵头，由所有村委会上报本村庄 2017 年、2018 年、2019 年等三年平均，小麦玉米一年两季轮作的最高产量、最低产量、平均产量。该数据一是用于耕地质量等级评价成果验证及与高标准农田项目衔接的依据，二是用于村庄一级编制灌溉能力图的依据。

2. 与高标准农田项目区衔接方法

耕地质量评价等级与 2019 年年底前高标准农田项目区衔接，将 2019 年年底前实施的高标准农田项目区边界线，叠加到烟台市耕地质量评价等级图上，按照乡镇行政区划边界，裁剪形成乡镇耕地质量等级评价与高标准农田项目区叠加图，由市农业农村局组织专家，乡镇农业农村部门组织所辖村庄对耕地质量等级评价成果和高标准农田项目区进行核实、修正和确认。

二、耕地质量等级评价成果验证内容

（一）耕地质量等级评价与产量对接验证

烟台市耕地质量等级对接黄淮海农业区十等地产量（依据 2017 年、2018 年、2019 年等三年平均，小麦玉米一年两季轮作的产量）进行验证。验证在烟台市耕地质量等级评价图的级别中，是否符合烟台市实地调查的产量，是否符合烟台市高、中、低产田的分布规律。

（二）黄淮海农业区十等地与产量对比表

一等地＝1 300 千克以上

二等地＝1 300 千克

三等地＝1 200 千克

四等地＝1 100 千克

五等地＝1 000 千克

六等地＝900 千克

七等地＝800 千克

八等地＝700 千克

九等地＝600 千克

十等地＝500 千克

（三）耕地质量等级评价分布空间位置验证

烟台市耕地质量等级评价十等地分布的空间位置，是否符合烟台市地貌、土壤、质地、构型、灌排能力、障碍因素、到乡镇一级的分布规律。

（四）耕地质量等级评价（产量）的面积数验证

验正在烟台市耕地质量等级评价图的图例的评价等级面积数，是否符合到乡镇一级的分布规律。

通过烟台市农业农村局组织专家和乡镇农业农村部门组织所有村庄核对、修正后的烟台市耕地质量等级评价成果，符合耕地质量的分布规律。

三、与高标准农田项目区衔接

（一）与高标准农田项目区衔接方法

截止到 2019 年，烟台市已将高标准农田项目的灌排能力、耕地类型等涵盖在烟台市三调土地利用现状成果中。与高标准农田项目区衔接方法，是将已实施完成的高标准农田项目区的边界，全部叠加到烟台市耕地质量等级评价图上，作为与高标准农田项目区衔接的范围。

（二）衔接验证方法

由烟台市各个县区农业农村局和乡镇农业农村部门共同组织所有村庄，对叠加高标准农田项目后乡镇耕地质量等级图进行验证，重点对高标准农田项目区是否出现低产田的情况进行核查，如果出现低产田，找出低产田出现及其评价指标变动的原因，修正评价指标，形成符合高标准农田项目要求的质量等级的评价图。

第八章　耕地改良与培肥技术

根据烟台市耕地质量评价结果，目前耕地土壤地力水平总体良好，土壤有机质属于较低水平，全氮、碱解氮、速效钾属中等含量水平，土壤有效磷、有效锌属较丰富含量水平，土壤缺素面积逐年下降。部分耕地依然存在一个或多个障碍因素，如干旱缺水、质地偏黏、耕层变浅、土壤酸化、设施蔬菜地退化、有机质含量不高、土壤缺素、土壤涝渍、土层浅薄、剖面构型欠佳、砾石含量较高以及灌排能力低等。在这些障碍因素中，从形成原因看，有些是自然条件造成的，如干旱缺水、质地偏黏、土壤涝渍、土层浅薄、剖面构型欠佳、砾石含量较高等；有些是人为管理造成的，如设施蔬菜地退化、有机质含量不高、土壤缺素、耕层变浅、灌排能力低等；有些因素是自然条件与人为影响共同作用的结果，如土壤酸化等。从改良难度分析，有些障碍因素改良难度相对较大、见效慢，如干旱缺水、土层浅薄、剖面构型欠佳、砾石含量较高、灌排能力低等；有些障碍因素改良难度相对较小、见效快，如设施蔬菜地退化、有机质含量不高、土壤缺素、耕层变浅等。从对农业生产影响程度及提升耕地地力水平效果综合分析，土壤酸化、设施蔬菜地退化、有机质含量不高、土壤缺素、耕层变浅等障碍因素应优先进行改良修复。

第一节　土壤酸化改良技术

土壤酸碱性直接影响着土壤微生物的活动、有机质的合成与分解、氮磷营养元素的形成转化与释放、微量元素的有效性、土壤保持与供给养分的能力以及土壤发生过程中元素的迁移等。土壤酸化是土壤退化的主要特征之一，土壤酸化不仅限制了植物生长，而且对土壤中养分循环、有害元素的活化等具有强烈的影响。掌握土壤酸化特征与原因，开展田间试验研究，建立土壤酸化改良模式，对合理利用土壤、保障土壤资源持续利用具有重大意义。

一、酸化区域土壤 pH 动态变化

土壤酸化对各种作物均有危害，但在果树上表现得尤为突出。20 世纪 90 年代以来，果园苦痘病、粗皮病等发病面积越来越大，发病程度越来越严重，这与土壤 pH 有明显相关性。据招远市的 125 个苹果园调查显示，土壤 pH 越低发病率越高，在 pH<4.5 时，粗皮病发病率高达 83.5%～96.3%，苦痘病发病率 31.0%～42.6%。随着 pH 升高，粗皮病、苦痘病发病率明显降低（表 8-1）。调查统计显示，20 世纪 80 年代，烟台市耕地土壤呈酸性至微酸性反应，其 pH 多在 5.6～7.0 之间，调查的 141 个果园表层土壤 pH

分析显示，土壤呈微碱性反应（pH>7.5）的占9.2%，呈中性反应（pH6.5~7.5）的占71.7%，呈微酸性反应（pH5.5~6.5）的占18.4%，呈酸性反应（pH4.5~5.5）的占0.7%，没有呈强酸性反应（pH≤4.5）的。20世纪90年代，调查的244个果园表层土壤pH分析显示，呈碱性反应的下降到3.2%，呈中性反应的下降到48.1%，呈微酸性反应的上升到38.1%，呈酸性反应的上升到9.0%，呈强酸性反应的达到1.6%。2008年，调查的1 338个果园表层土壤pH资料显示，果园土壤pH进一步下降，呈微碱性反应的下降到1.2%，呈中性反应的下降到6.4%，呈微酸性反应的回落到25.6%，呈酸性反应的剧烈上升到63.4%，呈强酸性反应的上升到3.4%（表8-2）。2005年招远市资料显示，从454个苹果园表层土壤pH分析发现，苹果园土壤已严重酸化，其pH分布状况是：土壤呈中性反应（pH>6.5）的占7%，呈微酸性反应（pH5.5~6.5）的占28%，呈酸性反应（pH4.5~5.5）的占49%，呈强酸性反应（pH≤4.5）的占16%，而果树生长适宜的土壤pH应在6.0~7.5之间。同时，在玉米地、花生地也有不同程度的酸害现象，玉米表现为植株矮小、细弱，生长缓慢，叶脉间失绿（似缺镁症状），中下部成熟叶片脉间出现黄白色斑点，根系不发达，有根结线虫病。花生植株表现出苗晚、死棵、长势弱，叶片小、褐色斑点多甚至成片出现，果实表现为空壳、籽粒小、烂果，产量低品质差。从烟台近几年的调查评价资料也可以看出，耕地土壤正在向酸性方向发展，土壤酸化状况在农业生产用地中普遍存在，已经严重影响了农作物的产量与质量，应引起高度重视。

表8-1 pH与苹果树发病率的关系

pH	粗皮病（%）	苦痘病（%）
<4.5	83.5~96.3	31.0~42.6
4.5~5.5	76.1~82.5	22.5~28.8
5.5~6.5	51.4~66.7	19.2~20.3
6.5~7.5	9.6~13.9	9.2~12.4

表8-2 烟台市果园表层土壤pH变化

时间	样本个数	pH分级分布状况（%）				
		<4.5	4.5~5.5	5.5~6.5	6.5~7.5	>7.5
20世纪80年代	141	0	0.7	18.4	71.7	9.2
20世纪90年代	244	1.6	9.0	38.1	48.1	3.2
2008年	1 338	3.4	63.4	25.6	6.4	1.2

二、土壤酸化原因分析

土壤酸化过程是土壤形成和发育过程中普遍存在的自然过程，这一过程的速度通常是非常缓慢的，但近几十年来，由于人为活动的影响，土壤的酸化进程大大加快，土壤酸化已成为影响农业生产和生态环境的重要因素。导致酸化的原因是多方面的，既有自然因素导致的酸化，也有人为因素导致的酸化。虽然酸性降雨会导致土壤酸化，但气象资料显示，鲁东地区降雨尚未达到酸雨标准，酸沉降对土壤酸化的影响也不大，主要是大量施用化肥带入大量的酸根离子、大水漫灌淋洗了盐基离子、收获作物带走了盐基离子等造成的，而有机肥施用不足导致土壤缓冲能力下降。自然及人为的综合影响加剧了土壤酸化进程。

（一）自然因素的影响

1. 土壤母质的影响　发生酸化的区域土壤多是棕壤土类，主要发育在花岗岩、片麻岩和斜长角闪岩等酸性母质上，在母岩风化过程中产生的钙、镁、钾、钠等盐基成分不断受温带湿润半湿润季风降雨的淋洗，土壤无石灰性，盐基处于不饱和状态，土壤胶体表面的阳离子吸附点易被氢、铝离子占据，产生交换性酸，使土壤呈微酸性至酸性反应。所以，在同一区域棕壤土类先于其他土类酸化。

2. 降水时空分布不均的影响　发生酸化的区域常年平均降水量多在 700 毫米左右，并且降水时空分布不均，相对集中在 6—8 月，短时间内淋溶淋洗作用强烈。低山丘陵地貌和石砾化的质地使果园土壤蓄水保水能力低，雨过天晴，不日即显干旱。尤其春季果树萌芽、发叶、开花，需水量大，唯有灌溉才能满足需要，而灌溉往往是大水漫灌，进一步加剧了淋溶，使土体中钙、镁、钾、钠等盐基离子被淋洗，盐基离子含量低，加快了土壤往酸性方向发展。

3. 耕作土壤的自然酸化影响　自然酸化主要分为植物对养分离子的不平衡吸收、土壤微生物的代谢等。植物在对土壤中阳离子（K^+，NH_4^+，Ca^{2+}，Mg^{2+} 等）养分元素的吸收大于对阴离子（NO_3^-，SO_4^{2-}，PO_3^{3-} 等）养分元素的吸收时，植物根系从土壤吸收阳离子的同时就分泌出 H^+ 以保持土壤体系的电荷平衡。当根系吸收的阳离子随着农作物的收获被带走以后，H^+ 将永久的存在于土壤中，从而导致土壤酸化，这也是生理酸性肥料导致土壤酸化的原因。另外，土壤中的根系、微生物和其他各种生物有机体的代谢活动也可引起土壤的酸化。自然酸化是农业生产中普遍存在的一种不可避免的酸化现象，但酸化速度比较缓慢，短时间内不会对农业生产造成威胁，在设施蔬菜地、果园等收获量大、施肥多、作物及微生物生长代谢速度快的耕地中，这种酸化现象会明显加速。

（二）施肥因素的影响

农田土壤酸化是集约化农业生产不可避免的结果。烟台地区果园经济效益一般较高，果农为了追求高产，往往施肥量较大，并过多施用氮肥及其他酸性化肥。可以说，果园连年超量施用化学肥料是造成土壤酸化最直接、最主要的原因。

1. 过多施用氮肥的影响　据对烟台市 200 户果农施肥统计，平均每亩施化肥折纯140.8 千克，其中纯 N 57.1 千克，P_2O_5 38.9 千克，K_2O 44.8 千克，N：P_2O_5：K_2O 约为 1：0.68：0.78，而适宜的比例一般应为 1：（0.5～0.6）：（1.1～1.4），可见果园施肥比例不协调，氮肥和磷肥比例偏高，钾肥偏低。烟台地区果园多分布在岭地山坡上，通气状况良好，Eh 值（氧化还原电位）通常在 350 毫伏以上，氧化过程占优势，施入的酰胺态氮、铵态氮最终都要转化为硝态氮。即便是以蛋白质形态给予的氮，也在微生物的作用下，经胺化、氨化和硝化作用，最终形成硝态氮，释放出的 H^+ 使土壤酸化。

2. 磷肥和钾肥的品种影响　在强酸条件下，活化的铝、铁与磷形成磷酸铝、磷酸铁沉淀，导致磷有效性降低，从而使果农产生缺磷的错觉。因此，果农会加大磷肥的施用量，如过磷酸钙、磷酸一铵、磷酸二铵等，而磷肥施入土壤后由于磷酸铝、磷酸铁的固定，促进解离过程的发生，产生 H^+ 继续酸化，且本身这些磷肥就是酸性化学肥料，更加剧了土壤的酸化。钾是公认的提升果品品质的营养元素，果树生产尤其受到重视，常用的硫酸钾和氯化钾都是生理酸性肥料，钾离子被作物吸收后，残留的硫酸根、盐酸根也可使土壤酸化。

3. 有机肥料的影响　据农户施肥调查结果统计，烟台市果树施用有机肥的农户占45.7%，平均亩用量为 1 721.2 千克，其中苹果施用有机肥的农户占 40.7%，平均亩用量为 1 737.6 千克，葡萄施用有机肥的农户占 43.9%，平均亩用量为 1 783.1 千克。由于有机肥施用比例和施肥量都偏低，致使果园土壤有机质含量不高，果园分布比较集中的棕壤土类有机质平均为 11.1 克/千克，远低于山东省 13.5 克/千克的平均水平，有机质偏低，其对土壤酸碱度的降低或升高缓冲调控作用不足，加重了果园土壤酸化程度。

三、果园土壤酸化调控改良措施

（一）控制氮肥用量，减少化肥投入

普及推广测土配方施肥技术。根据土壤的供肥能力和果树的需肥规律，合理确定氮、磷、钾肥及中微量元素使用量，严格控制氮肥用量，注意补充钙、镁元素肥料；在作物生育周期内跟踪土壤养分变化。及时调整追肥数量及养分比例，避免多余氮肥等残留在土壤中；大力提倡根外追肥技术。由于根外追肥不是通过土壤施肥，而是将水溶性肥料喷施在植物叶片和嫩茎等部位供给植物所需养分，故土壤中就不会产生太多肥料残留和流失，可以在一定程度上解决施肥量过大的问题。

（二）科学选择肥料品种

将普通过磷酸钙等酸性肥料改为钙、镁、磷肥等碱性肥料。钾元素提倡通过使用草木灰等有机肥料补充。推广控释肥料，提高肥料利用率。控释肥料具有一次性施肥、养分配比针对性强的特点，能够根据作物生长需要控制养分释放，能减少肥料用量，提高肥效，增加产量，提高作物品质。

（三）采取增施有机肥、果园覆草等措施

据青岛农业大学开展的果园酸化土壤改良技术研究结果表明，土壤黏粒和腐殖质交换盐基离子是土壤缓冲 pH 的重要方式，它们能与酸性阳离子 H^+、Al^{3+} 进行交换反应。在相同条件下，有机质和层状硅酸盐黏土矿物含量愈高，对酸的缓冲容量愈大。施用有机肥可以改善土壤结构，增强保水保肥能力，提高土壤缓冲能力。另外，因地制宜种植绿肥，也可以起到培肥地力和改良土壤双重作用。如烟台市引进的日本鼠茅草，对于提高土壤pH、保持土壤水分、防止土壤流失、改善土壤结构、提高土壤有机质含量都有着重要作用，应大力提倡果园覆草。

（四）施用生石灰、土壤改良剂提升土壤 pH

土壤酸化主要表现在土壤中 H^+、Al^{3+} 浓度过高，而盐基离子 Ca^{2+}、Mg^{2+} 浓度过低。提高土壤 pH，就必须提高土壤中 Ca^{2+}、Mg^{2+} 浓度。据田间试验研究，施用生石灰能明显提高土壤 pH，施用粒径小于 0.25 毫米（即通过 60 目筛）的生石灰，中和酸性能力最

强。大田酸化土壤改良，一般在秋季结合耕作施肥，每亩施用生石灰 50～100 千克。果园一般在早春使用，每亩生石灰用量 100～150 千克，用量越高效果越好，参考施用量见表 8-3。在施用方法上，则是采用施入放射沟再覆土的方法。但应注意控制用量，确保土壤及农作物安全，同时配套商品有机肥 300 千克以上。另外，腐殖酸铵（钾）、贝壳粉、骨粉、石灰氮等土壤改良剂，可调节土壤酸碱性，改良土壤结构，提高土壤透气性，促进土壤微生物活性、增强土壤肥水渗透力，对改良土壤酸性，增强农作物抗病能力具有明显效果。大田酸化土壤一般施用改良剂 80～120 千克/亩，果园 150～200 千克/亩，具体用量应参照产品说明书推荐量。

表 8-3　不同 pH、不同质地条件下的生石灰参考施用量

单位：千克/亩

pH	砂土	砂壤土	轻壤土、中壤土	重壤土、黏土
4.5 增至 5.5	47	80	120	245
5.5 增至 6.5	67	113	160	313

（五）推广水肥一体化技术

水肥一体化技术是以水为载体，通过低压管道系统，在灌溉的同时进行施肥，因实现了水分和养分的供应与作物生长需要相一致，具有用肥用水少、降低棚内湿度、减少病虫害等显著优点，且省工、高产、优质。据山东省多年多点试验示范显示，实施水肥一体化氮肥利用率可提高 20%，对减轻盐分积累、缓解土壤酸化具有显著作用。

第二节　设施蔬菜地土壤退化改良技术

设施蔬菜改变了城乡居民的饮食结构，对农民增收发挥了巨大的作用。但设施农业由于特殊的环境条件、长年连作及过于追求高产高效，化肥、农药大量施用和不合理的管理行为，导致土传病害严重、土壤次生盐渍化、土壤酸化、土壤板结等退化问题日益显现，严重制约了蔬菜产业的健康发展。治理解决设施蔬菜土壤退化问题对设施蔬菜健康持续发展、农民增收具有重要意义。

一、设施蔬菜地土壤退化原因分析

（一）施肥对设施蔬菜地土壤退化的影响

施肥对设施蔬菜地土壤次生盐渍化的影响较大。其一，施肥量较大。在设施蔬菜生产中，种植户常过量施用化肥和大量施用有机肥，有研究表明，盲目大量施肥和偏施氮肥是造成设施土壤次生盐渍化和酸化的重要因素，当磷养分远远超出了蔬菜本身的吸肥量，一些未被作物吸收利用的肥料及其副成分便大量残留于土壤中，成为土壤盐分离子的主要来源。不同设施类型化肥亩用量由高到低依次为日光温室＞大拱棚＞中小拱棚，通过对不同设施类型、不同盐渍化程度及不同设施蔬菜地氮、磷、钾平均施用量计算相关性分析，发现化肥施用量与可溶性盐增加有一定关系。如日光温室中，氮肥施用量与盐渍化发生程度呈线性关系；磷肥和钾肥为先增后降。由此可见，设施栽培条件下化肥的高投入是其可

溶性盐分增加的一个重要原因，但在实际生产中受各种因素影响，不呈完全线性相关关系。

其二，氮、磷、钾养分比例失衡。随着复混肥料的发展，菜农对复混肥料的信任程度越来越高，基本不考虑复混肥成分是否科学，年年连续施用一种或几种肥料品种，导致氮、磷、钾养分严重失衡，引起土壤缺素，病害加重。磷素和氮素的大量积累，会导致蔬菜所需的中微量元素如 Ca、Zn、Mn、Fe 等的缺乏，引发生理性病害，从而造成蔬菜生长障碍。

其三，有机肥用量大，但高 C/N 有机肥施用普遍不足。施用有机肥是蔬菜生产中的一个重要措施，研究表明，合理施用有机肥，能提高土壤有机质含量，可以改善土壤理化性状，提高蔬菜品质。但在设施环境条件下，有机质分解快、积累少，土壤有机质含量低，则土壤理化性状差，最明显的表现为土壤板结。据对烟台市 200 多农户走访调研，草莓种植有 80% 的农户施用有机肥，亩用量在 2 500～3 000 千克，黄瓜种植约有 60% 的农户施用有机肥，亩用量在 3 000～4 000 千克，番茄和韭菜种植约有 20% 的农户施用有机肥，亩用量约在 2 000 千克。调查还发现，设施蔬菜地施用有机肥的种类主要以畜禽粪肥为主，其速效养分含量高，C/N 较低，矿化速度快，有机质积累少，导致同一土壤类型条件下，设施蔬菜地土壤虽有机肥施用量较大，但土壤有机质含量与大田条件下相差不多，甚至小于大田土壤。近年来，这一问题得到了重视，不少地方着手解决设施蔬菜地土壤有机质不高，土壤板结问题，施用以稻壳、秸秆为主要原料的有机肥，且施用量不断增加，施用范围不断扩大。

（二）封闭的设施环境对土壤退化的影响

封闭的设施环境为土壤盐渍化和土传病害的发生创造了有利条件，设施蔬菜地是人为创造的反季节生产的小环境，封闭的环境大大减少了降雨对土壤的自然淋溶作用，蔬菜地内施用的大量矿质肥料残留在土体内。加之设施蔬菜地内长期处于高温状态，土壤水分蒸发量较大，从而使盐分随水被带至表层，加速了表层土壤盐分的积累，从而出现土壤次生盐渍化现象。同时，设施蔬菜地高温、高湿的生态环境也为土传病害的发生、传播提供了有利条件。

（三）大水漫灌对土壤退化的影响

调查表明，菜农为了获取设施蔬菜的高产量，施肥比较频繁，相应的灌溉也就频繁。蔬菜施肥除了基肥深施外，多数为大水冲肥，需水量特别大，一般蔬菜一个生育期需水 300～400 米^3。据招远市调查，大棚番茄一般灌水量比根据墒情监测制订的灌水量多 40% 以上。由于灌水量大、次数频繁，使土壤团粒结构遭到破坏，形成板结层，大孔隙减少，通透性变差，不利于盐分向下部渗透，水分蒸发后使盐分表聚，造成土壤盐渍化。大水漫灌还导致大棚湿度大，特别冬季遇到连阴天时更是严重，高温、高湿极易引发病害，如叶霉病、灰霉病等。同时，常年大水漫灌还造成浅层地下水硝酸盐超标，造成污染。

（四）种植制度对土壤退化的影响

大部分设施蔬菜种植区，种植的蔬菜仅限于黄瓜、番茄、茄子、辣椒、西葫芦等少数种类，加之区域规模种植有利于形成批发优势，实行轮作较为困难。因此，连作障碍问题非常突出。同一种作物长期连作会造成有毒害作用的根系分泌物在土壤中大量聚积，有益微生物减少，有害微生物增加，影响了作物的正常生长、发育，进而影响到作物产量和品质，甚至造成作物死亡。作物残体在其分解过程中产生的一些植物毒素，也会抑制当季及下茬作物的生长。连作还会造成土壤的养分不平衡，需求量小的营养元素在土壤中富积，导致这些养分的盐类物质积聚；需求量大的营养元素得不到及时补充而形成亏缺，导致后茬蔬菜生长发育不良，表现为生长缓慢、株高变矮、单株生物量降低、瓜果变小畸形、减产严重。

二、设施蔬菜地土壤退化治理措施

（一）实施合理的养分管理制度，普及推广测土配方施肥技术

严格控制氮肥用量是提高设施蔬菜品质和保护环境的关键。因此，要普及测土配方施肥技术，做到因土施肥、因作物施肥，最大限度减少肥料在土壤中残余量。

1. 优化化肥投入结构 针对设施土壤的养分状况，结合不同作物的养分需求规律，科学确定氮、磷、钾等各种养分的用量和生育期分配方案。严格控制氮、磷化肥的盲目过量投入，切实做到因土、因作物施肥，最大限度减少肥料在土壤中残留富集。针对当前土壤养分富集及过量施肥情况，实施测土配方施肥，可减施氮肥 20%～40%、磷肥 50%以上。

2. 合理增施有机肥 施用有机肥是提高土壤有机质含量，协调土壤水、肥、气、热能力，增强作物抗逆性的有效措施。要合理增施有机肥，同时，注意选用高碳有机肥、生物有机肥、生物菌剂等品种。实行有机无机结合，速效长效互补，逐步调节有机无机养分的投入比例至 4∶6。新建大棚要每年施用腐熟有机肥 6～8 米^3，多年大棚施用有机肥 3 米^3 以上。

（二）改进施肥方式，大力提倡实施水肥一体化技术

1. 普及应用水肥一体化技术 水肥一体化技术具有用肥用水少、降低棚内湿度、减少病虫害和土传病害等显著优点，且农产品产量高、品质好，所以应大力推广。据蓬莱区、招远市等多地研究显示，利用滴灌施肥装置，根据作物需水需肥规律，制定并实施灌溉施肥制度，达到了作物需水需肥与供应相一致，减少了多余肥水投入，节水节肥效果明显，与传统施肥灌水相比，可节肥 30%～50%，节水 25%～40%，减轻土壤盐分积累。对于设施栽培更重要的一点是营造了适合作物生长的大棚温湿状况，由于肥水精准管理，棚内湿度降低 10%，气温升高 2～4℃，地温升高 2～3℃，病虫害发生程度显著减低，农药减少用量 15%～30%。同时，还具有亩节省劳动力 15～20 个、早上市 7～10 天、增加产量 20%以上、亩增收 1 000～3 000 元的效果，深受广大菜农欢迎。

2. 提倡根外追肥技术 植物主要依靠根部吸收养分，但叶片和嫩茎也能直接从喷洒在表面的溶液中吸收养分。采用根外追肥技术，可以在一定程度上解决设施栽培用肥量过大的问题，由于根外追肥不是通过土壤施肥，故土壤中就不会产生肥料残留和流失，应大力提倡。常用的尿素、磷酸二氢钾，还有一些水溶性肥料都可以作为根外追肥。

（三）消除土壤障碍因素，实施土壤调理消毒技术

1. 土壤调理技术 在设施土壤应用含甲壳素等具有诱导植物抗病的物质、寡糖和其他化学物质组成的土壤改良剂及含有益微生物的生物肥料，能调节土壤酸碱度，改善土壤

团粒结构和土壤微生物区系，促进土壤放线菌等有益微生物的生长，加速土壤中农药、硝酸盐等化学物质的降解，降低土壤盐分浓度。

2. 石灰氮（氰氨化钙）消毒技术 石灰氮是长效、速效兼顾的一种农药性肥料，具有土壤消毒、除草、提供钙素和缓释氮肥四大功能。石灰氮消毒能够杀死病原菌，减轻连作障碍，并具有提高氮素利用率、调节土壤酸性、改良土壤、增加作物产量、改善产品品质的作用。

3. 高温闷棚消毒技术 利用太阳能高温消毒在日本已应用多年，是生产无公害蔬菜的重要措施。其杀菌原理有 2 种：一是直接热力消毒杀菌，如白菜软腐病，在 50℃ 条件下，10 分钟后病菌即死亡；二是间接作用，在太阳能热处理中，由于事先施入有机肥并灌水、土壤湿润、温度高，微生物呼吸十分旺盛，在覆膜封闭条件下，土壤中氧气逐渐消耗，呈缺氧还原状态，使大多数好氧的病原菌在缺氧和高温条件下死亡。

（四）填闲作物或撤膜淋雨及洗盐技术

1. 填闲作物技术 设施蔬菜地在夏季休闲时期，可种植生长期短的糯玉米等作物进行填闲，玉米棒鲜食，玉米秸秆直接还棚，土壤修复效果较好。填闲作物首先是通过深根系作物的吸收作用减少表层土壤溶液中氮素浓度，此外，通过对深层土壤氮素的吸收作用（即提氮作用），减少根层以下的氮素浓度，甚至由此产生的浓度差使得氮素向上扩散，有效阻控大棚土壤硝酸盐的淋失，减少面源污染风险。

2. 撤膜淋雨洗盐技术 利用换茬间隙，撤膜淋雨或灌水洗盐。夏季蔬菜收获后，揭去棚膜，日晒雨淋，对于消除土壤盐分有显著效果。

（五）避免重茬，采取合理的种植制度及栽培技术

1. 实行合理的轮作制度 根据不同蔬菜种类确定种植年限，如黄瓜病虫害较多，连作一般不超过 3 年；西瓜重茬极容易发生枯萎病等病害，造成严重减产，一般要间隔 5～6年。其次确定合理的蔬菜轮作方式，一般在轮作中前茬安排豆类、葱蒜类蔬菜对后作有利，可采用果菜类和叶菜类作物轮作，葱蒜类和瓜果类作物轮作，深根系作物和浅根系作物轮作等。此外，采用间套（混）作制度也可减轻病害，如将豇豆、玉米和西葫芦混作，花椰菜和野芥菜混作等。目前，区域化种植是导致不轮作的主要原因，可以考虑优先在区域化种植的主导蔬菜种类之间进行轮作。

2. 选用抗性品种或采用嫁接技术 蔬菜耐盐性普遍较弱，相对来说，甘蓝、萝卜、菠菜、大白菜、油菜、瓜类的耐盐性较强，大葱、大蒜、芫荽、胡萝卜、茄子、番茄、芹菜、西葫芦次之，莴苣、菜豆、洋葱、黄瓜、西瓜、香瓜、甜椒最差。因此，应根据土壤含盐状况，选择适宜的蔬菜种类。采用抗性砧木进行嫁接栽培，可防止多种土传病害及线虫危害。如黄瓜、甜瓜、西瓜、茄子、番茄等蔬菜可通过嫁接栽培来防止连作带来的病害障碍。

（六）改善土壤理化性状，推广秸秆还田技术

1. 推广秸秆还田技术 进行秸秆还田或施入高纤维性有机物质对土壤退化改良具有明显作用。当前大部分设施蔬菜地，因有机肥的投入基本为精细有机肥，土壤有机质含量低、土壤板结、保肥保水能力较差，应多投入纤维素多（即 C/N 高）的有机肥，将小麦、玉米等秸秆还田到设施蔬菜地中。

2. 推广秸秆生物反应堆技术　在设施蔬菜栽培中应用秸秆生物反应堆技术，可以增加大棚空气 CO_2 含量，促进作物光合作用，增加土壤矿质元素、有机质含量，提高地温、气温，减轻病虫害发生，抑制盐渍化。研究表明，每亩投入 4 000 千克作物秸秆，可使棚内 CO_2 浓度提高 4～6 倍，光合效率提高 1 倍，20 厘米地温提高 4～6℃，气温提高 2～3℃，减少农药投入 60％，减少化肥投入 50％，延长结果期，增产效果显著。

第三节　土壤耕层变浅改良技术

自 20 世纪 90 年代开始，烟台市大田耕作大量采用旋耕机械，连续多年旋耕，使耕层变浅，犁底层上升。据调查，大部分农田耕层厚度在 13～15 厘米之间，而据国家产业技术研发中心研究，玉米耕作层 22 厘米为最低要求。在耕作层以下形成比较紧实的犁底层，严重影响作物根系发育、下扎，减小了根系吸收养分的范围，土壤通透性变差，养分有效性降低，土壤保水保肥性能下降，抗旱、抗寒、防涝能力降低，成为限制产量进一步提高的主要因素。

一、耕层变浅基本情况

据统计，耕作层土壤容重一般在 1.35～1.5 克/厘米^3 之间，犁底层土壤容重一般在 1.45～1.6 克/厘米^3 之间。耕层变浅对农业生产的影响主要是养分及水分利用率低，根系分布浅、易倒伏。近年来，随着实施深耕或深松资金补贴项目，以及玉米秸秆直接还田技术的推广，大功率农机具数量的增加，耕层变浅的问题得到了一定的缓解。

二、深耕改土技术原理与方法

高产土壤必须具有良好的土壤肥力条件，即土壤能在农作物生长发育过程中，不断地供给作物水分和养分。土壤要达到这种良好的肥力条件，就必须具有适宜的耕层深度、良好的结构性、充足的养分，水分和空气协调并存。深耕深松的目的是通过机械作用和物理作用，为作物生长发育创造一个水、肥、气、热相互协调的土壤环境条件。良好的孔隙状况是指在土体中有小的毛管孔隙和大孔隙，小孔隙可以依靠毛管力保持住土壤中的溶液和水分，大孔隙则可以流通空气，使土壤的好气过程和嫌气过程得到协调，使养分的积累和释放同时进行，土壤温度状况也可得到改善，土壤肥力得以提高。

深耕就是利用大型机械超过常规耕层深度且能打破原有犁底层的耕地作业，一般深度大于 25 厘米，也包括超过常规耕层深度且能打破原有犁底层，并保持上下土层基本不乱的松土作业。目前深耕深松有 3 种方法：（1）深耕方法，铧式犁是生产中应用最广泛的深耕机械，它具有良好的翻垡覆盖性能，耕后植被不露头，回立垡少，为其他机具所不及，耕深一般为 25 厘米。（2）深松方法，机械包括凿形铲式深松机和带翼柱式深松机两大类。凿形铲式深松机，有三铲式和六铲式两种机型，其结构特点是松土铲为凿形铲，铲尖呈凿形，利用铲尖对土壤作用过程中产生的扇形松土区来保证松土的宽度，对土壤耕层的搅动较少。带翼铲柱式深松机，具有一个高强度的铲柄，在铲柄两侧各安装有略向上翘且固定的翼铲，作业时，表层 20 厘米之内全面疏松，松土质量较好，作业后地表平整。（3）深耕深松方法，通常采用在铧式犁的犁体后面加装深松铲的办法，来实现上翻下松不乱土层的要求，深松铲有单翼式、双翼式两种，深松深度为 25～32 厘米。

在实施深耕的同时，配套其他技术措施，包括深耕后配套耙地、镇压，保证土地平整，无土块，减少失墒；耕翻前根据秸秆量的多少，增施氮肥，调节土壤碳氮比，一般每亩撒施 5 千克尿素，并配套有机肥料施用技术；实施配方施肥技术，根据测土结果和下年度种植的作物种类及目标产量，调节土壤氮、磷、钾及中微量元素供给水平，科学进行施肥，推广施用配方肥；根据土壤墒情，适时浇冻水，并注意防治病虫害等。

三、深耕改土技术效果

实施深耕改土技术具有明显保水保肥及增产效果。据莱州市的小麦—玉米一年两作大田试验，深耕 30 厘米＋深松 10 厘米、深耕 30 厘米与常规浅耕 15 厘米比较，可以发现：深耕能够明显增加土壤蓄水库容，在降水 34.9 毫米的 2 天后，深耕 30 厘米＋深松 10 厘米处理比常规浅耕 15 厘米的处理每亩多蓄水 13.42 米^3，深耕 30 厘米的处理比常规浅耕 15 厘米的处理每亩多蓄水 10.81 米^3，库容平均增加蓄水 12.12 米^3/亩；表层以下土壤容重降低、毛管孔隙度增加，深耕 30 厘米＋深松 10 厘米、深耕 30 厘米与常规浅耕 15 厘米，因 0～15 厘米土层都经过了耕作，各处理间土壤容重、毛管孔隙度变化不大，但 15～30 厘米有明显变化，深耕 30 厘米＋深松 10 厘米、深耕 30 厘米 2 个处理与常规浅耕 15 厘米相比，明显降低了土壤容重，提高了土壤毛管孔隙度，2 个处理土壤容重平均约为 1.30 克/厘米^3，毛管孔隙度为 44.10%，比常规浅耕 15 厘米的土壤容重 1.46 克/厘米^3 下降了 0.15 克/厘米^3，毛管孔隙度增加了 4.39 个百分点，见表 8-4；促进了小麦生长发育，深耕 30 厘米＋深松 10 厘米、深耕 30 厘米处理下，小麦分蘖量、次生根数量、叶面积系数、单株干重等比常规浅耕 15 厘米都有明显增加，如小麦的分蘖量，在小麦拔节前后分别增加了 10.8% 和 8.8%，单株分蘖分别增加了 0.60 个和 0.47 个，但由于小麦群体的自我调节能力较强，抽穗后穗数的差距又明显缩小；提高了作物产量，经测产，深耕 30 厘米＋深松 10 厘米、深耕 30 厘米处理分别比常规浅耕 15 厘米增产 32.58 千克和 28.08 千克，增产率分别为 9.27% 和 7.99%。从小麦产量来看，深耕的效果可影响到第二年播种的小麦产量，增产 5%。经对各处理小麦产量进行方差分析，达到了显著差异水平。D 法多重比较下深耕 30 厘米＋深松 10 厘米、深耕 30 厘米处理小麦产量之间无显著差异，均与常规浅耕 15 厘米的处理达到了显著差异水平。所以深耕深度要达到 30 厘米左右，疏松土壤及增产效果好，如有条件，深耕的同时，可在耕作层以下再深松 10 厘米。

表 8-4　不同耕作方式和深度对土壤物理性状的影响

处理	土层（厘米）	容重（克/厘米^3）	总孔隙度（%）	毛管孔隙度（%）	通气孔隙度（%）
	0～15	1.23	53.74	48.67	5.07
深耕 30 厘米＋深松 10 厘米	15～30	1.31	50.64	43.89	6.75
	30～40	1.39	47.40	40.99	6.41

（续）

处理	土层 （厘米）	容重 （克/厘米³）	总孔隙度 （%）	毛管孔隙度 （%）	通气孔隙度 （%）
深耕 30 厘米	0～15	1.20	54.60	48.79	5.81
	15～30	1.28	51.62	44.30	7.32
	30～40	1.51	43.17	37.31	5.86
常规浅耕 15 厘米	0～15	1.24	53.40	47.98	5.42
	15～30	1.46	44.98	39.71	5.27
	30～40	1.53	42.11	35.42	6.69

第四节 耕地地力培肥技术

随着人口的不断增长，建设用地的刚性需求增加，人地矛盾日渐加剧。在此状况下，提升耕地地力水平是农业可持续发展的必由之路。长期以来，各地都围绕耕地地力培肥开展大量的试验示范，取得了良好的效果。在当前生产条件下，耕地地力培肥技术众多，易推广、覆盖面积大、效果显著的培肥措施主要有秸秆直接还田、增施有机肥、科学施肥。这些技术首先能够提高土壤有机质含量，再是协调土壤中各种养分含量，提升土肥力水平进而提高耕地生产能力。

一、秸秆还田技术

随着农业种植结构调整、农村劳动力转移，大田作物施用有机肥料的比例相当低，据农户调查统计仅占全部肥料的 6.1%。大量的有机肥料资源，多用于果园、蔬菜等经济作物。要保证耕地土壤有机质稳定或稳步提升，目前实施秸秆还田是最为有效的途径。秸秆还田有许多方式，如秸秆直接还田、秸秆覆盖还田、秸秆堆沤还田、秸秆过腹还田等。其中秸秆直接还田是在大田作物上应用最广泛、最有效、最为群众接受的有机培肥技术。

（一）技术原理和意义

秸秆的主要成分是纤维素、半纤维素、一定数量的木质素、蛋白质和约 2% 的矿质养分等。其在微生物作用下分解转化为土壤的重要组成成分——有机质，产生的腐殖酸与土壤中的钙、镁离子结合形成稳性团粒，从而改善了土壤理化性质。秸秆还田可以将其养分归还于土壤，特别是提供给土壤较多的钾素营养，保持土壤肥力水平。土壤有机质是土壤微生物生命活动所需养分和能量的主要来源，没有它就不会有土壤中的生物化学作用。土壤有机质还可通过刺激微生物和动物的活动增加土壤酶活性，从而间接影响土壤养分转化的生物化学过程。此外，有机质在改善土壤环境、防治土壤侵蚀、增加透水性和提高水分利用率等方面也具有重要的作用。

（二）技术方法

1. 机械收获小麦秸秆直接还田技术方法 在小麦收获时，通过联合收割机留高茬 20 厘米以上，秸秆切碎长度≤10 厘米，并将麦秸均匀抛撒到地表。

配套技术及注意事项：①确定合理的轮作、间作方式，保证秸秆不妨碍下季作业，并防止秸秆焚烧。②套种麦田，宜在麦收前 10～15 天套种。③麦收后干旱无雨时，要进行灌水，以加速秸秆腐解，防止火灾发生。④若进行翻耕，应增施秸秆量 1% 的纯氮。⑤注意防控病虫害。

2. 玉米秸秆机械粉碎直接还田技术方法　玉米采用联合机械收获时，将玉米秸秆粉碎，秸秆切碎长度≤5 厘米，并均匀抛撒到地表。然后施基肥、化肥，进行翻耕，耙平土地，直接播种小麦，并进行播后镇压。

配套技术及注意事项：①要进行深耕，耕作深度大于 25 厘米，深耕要及时，以保留玉米秸秆含水量，利于腐烂。②增施秸秆量 1% 的纯氮。③为加快玉米秸秆腐烂，可喷洒腐熟剂在切碎的秸秆上再耕翻。④注意防控病虫害。

土壤有机质的积累与矿化是土壤与生态环境之间物质和能量循环的一个重要环节。由于烟台市处于暖温带半湿润季风气候区，干湿交替明显，夏季湿热，冬季干冷，其生物、气候条件有利于有机质分解，加之一般情况下有机物归还量小，所以土壤有机质积累量较小。良好的地力水平是农业可持续发展的必由之路。长期以来，烟台市围绕耕地地力培肥，开展大量的试验示范，取得了良好的效果。

二、增施有机肥技术

（一）技术原理

有机肥主要指来源于植物和（或）动物，经过发酵腐熟的含碳有机物料，其功能是改善土壤性状，提供植物营养，提高作物产量与品质。有机肥料养分全面，除含有氮、磷、钾大量元素，还含有多种中微量元素，对补充土壤中钾及中微量元素具有重要作用。有机肥料中的有机质，可增加土壤有机质含量，改良土壤物理、化学和生物性状，熟化土壤，培肥地力，提高土壤保水保肥性能。施用有机肥料还可提高土壤和作物的抗逆性，因其颜色暗可多吸收阳光，利于作物抗寒，活性基团与其进入土壤中的有害物质结合使其无害化，对治理土壤污染起到重要作用。有机肥料与化肥配合施用，能够较好地保持肥料养分长久供给，避免流失、提高化肥利用率。因此，应大力提倡增施有机肥料。

（二）技术方法

有机肥可作基肥施用也可作追肥施用。作基肥用的有机肥主要可采用撒施、条施或穴施等方式。①撒施：在前茬作物收获后、后茬作物种植前，整地时结合土壤翻耕时施入，可采用均匀撒施在土壤表面后，翻耕入土壤 20 厘米左右，然后再整地作畦。②条施或穴施：在土壤耕翻整平后，在畦面中间开一条沟（或开穴），将有机肥均匀撒施入沟（或穴）中，然后用土覆盖，整平作畦。一般粮田亩施用 2 000 千克，蔬菜、果园每亩施用 4 000 千克。在作物的生长过程中，追肥可进行条施，施用时应注意肥料不要离作物根部太近。精制商品有机肥作追肥，既可条施也可穴施，一般亩用量在 200～300 千克。

（三）技术效果及注意问题

多处多地施用有机肥试验证明土壤性状明显改善，土壤有机质含量提高明显。各种养分较为平衡，土壤理化性质明显改善，作物产量高且品质好，其表现程度视有机肥施用量及品质质量不同。据资料介绍，一般亩施有机肥 1 500～2 000 千克，可保持或提高土壤地力，增产5%～10%，提高土壤有机质0.3克/千克，并解决了废弃物大量堆积污染环境的问题。

当前，有机肥利用方面存在的最大问题是有机肥资源利用效率低，如人畜粪便、农村的土杂肥等难以利用，秸秆利用也不充分。所以一是要在有机肥料利用上下功夫，对未充分利用的有机肥资源从政策、环保、科研、机械设备等方面设法提高利用率。着力提高机械化水平，在过腹还田、高温积肥、秸秆综合利用的同时，实现剩余秸秆全部机械化还田。二是在有机肥料的施用上，切实做到有机肥与无机肥配合施用，有机肥具有肥效慢、养分低等不足，与无机肥配合，可以取长补短，有利于农业生产的可持续发展，不能过分强调只施用有机肥料，否则作物产量会受到影响，也不能过分强调无机肥料的施用，否则会导致耕地肥力下降。三是有机肥的施用方法要科学合理，生产中经常会遇到有机肥害，其原因是有机肥未腐熟或未彻底腐熟就施用。有机物在腐熟过程中会产生热量，并会产生一些对作物有害的物质，所以，有机肥料在施用前要让其充分腐熟，以免发生"生肥咬苗"的现象。同时，要注意平衡施用有机肥，重视大田作物有机肥的施用，特别对秸秆还田量少的作物，如棉花、花生、甘薯等，每年要保证一定量的有机肥料施用。

三、科学施肥技术

根据最小养分律理论，决定作物产量的就是土壤中那个相对含量最小的有效养分，产量也在一定范围内随着这种养分的增减而相对变化，无视这个限制因素的存在，即使继续增加其他养分，也难以提高产量。所以，要满足粮食持续增产的需要，必须科学施肥，协调各养分比例，解决缺素问题。

(一)遵循科学施肥原则

一是因土施肥，以测土为基础，评估土壤的供肥状况，制定施肥制度。即土壤缺什么元素补什么元素，缺多少补多少，始终坚持因地制宜施肥。二是因作物施肥，根据作物的营养特点，作物需要什么元素就供什么元素，需要多少就供多少。三是在需要施用的元素中，首先使用土壤最缺乏、作物最需要的那种养分，只有这样才能获得高产。四是各种肥料配合施用，有机肥和无机肥相配合，无机肥中大、中、微量各种养分相配合，最大限度地发挥各种养分的综合作用。五是合理分配肥料，从发挥肥料最大效率、提高化肥利用率方面讲，肥料应首先施用在增产潜力大的中低产土壤、缺肥最严重的土壤以及经济效益高的作物上。

(二)科学选用肥料种类

科学选择肥料品种是科学施肥的重要环节，在指导农民施肥的过程中，碰到的第一个问题就是施什么肥的问题，如果选用的肥料品种合适，效果就好一些，否则就差一些。到底施什么肥为好，要看具体的土壤、作物等条件。

1. 土壤条件　主要考虑土壤养分含量和酸碱性两个方面。在施肥前取土化验土壤pH和有关养分，了解土壤酸碱性和养分状况。但目前情况下，大部分农户还不具备化验条件，测土施肥等项目不能惠及每个地块。大体了解土壤缺素状况可以通过3个途径来解决：①对上季或前几季作物的施肥状况进行总结，目前一般地块要施用氮、磷、钾、锌、硼肥，如果某种养分从未施用过或用量很少，下季作物就应考虑增加施用量。②对田间作物的长势进行观察，在作物的生长期间，要经常在田间观察作物生长是否正常，不正常的话是否与缺素有关，缺少哪种元素时就施哪种元素。③注意考察施肥后的效果，每次施肥后，特别是新品种，要考虑作物的生长状况，观其肥料的效果如何，要记录一季作物的施肥情况，收获后进行计产，同往年比较增产效果，找出增产效果明显的肥料品种。在酸碱性肥料的选择上，碱性土壤宜选用酸性肥料，酸性土壤宜选用碱性肥料。同时还要考虑肥料种类在碱性土壤或酸性土壤的有效性。

2. 作物类型 选择肥料种类还应考虑作物的需肥特性。对大量元素氮、磷、钾肥料而言，主要考虑作物对其的需要量，而中微量元素优先考虑这种作物对某种元素的敏感程度。叶菜类作物需氮量大，豆科作物、越冬类作物需磷量大，瓜、果、茄果类蔬菜需钾量大，果树、茄果类蔬菜需较多的钙，果树、番茄对钙敏感，玉米、果树对锌敏感，甘薯、花生、棉花、瓜、果、菜对硼敏感。同时，选择肥料还要考虑作物对养分的吸收特性，各种作物一般在苗期对各种养分都比较敏感，所以要施足基肥，而基肥用量不足时，追肥要尽量早追。作物生长期长的作物，早期追施氮肥，力促作物生长，中期追含氮、磷、钾的肥料，各种养分得到补充，后期追施氮钾肥，氮肥促进生长，钾肥提高品质。但对于产品品质要求比较高的作物，如果树、大姜、大蒜等，后期应以钾为主，磷为辅，少施氮，以免过多的氮造成品质下降。

3. 施用方法 基肥：施用起来比较方便，又能满足作物苗期对各种养分的要求，所以基肥施用的肥料以养分全面为主，如有机肥，氮、磷、钾复合肥，有机无机复混肥均可做基肥。种肥：一是要求对种子或苗子的毒害程度要小，二是因种肥用量小，养分含量要高。目前种肥多采用种肥同播种机械施用，对种肥形状、粒度有一定要求。追肥：大田作物以追为主，现在常用的氮肥品种以尿素为主，要求采取深施覆土、机械深施的方法，并要浇水。叶面喷施也是追肥的一种，种类以水溶性肥料为主。

（三）科学确定肥料用量

确定肥料用量考虑的条件与选用肥料品种考虑的条件基本相同。确定肥料用量的方法有两种，一是测土配方法，根据作物的需要量，土壤的供给量，肥料的利用率而求；二是田间试验法，通过大量的田间试验而获得。下面主要介绍田间试验法。

1. 有机肥用量的确定 土壤有机质含量的高低，是衡量土壤肥力水平高低的一个主要指标，施用有机肥是保证地力常新的一项主要措施。所以有机肥用量的确定，必须以土壤有机质含量不降低或略有提高为前提。大田作物土杂肥每年亩用量在 2 000～3 000 千克之间。低产田低一些，高产田高一些。果树、露天瓜菜类作物每年亩用量 4 000～6 000 千克。大棚作物在 7 500～10 000 千克，新建大棚用量多些，棚龄长的量少些。

2. 化肥用量的确定 氮、磷、钾是作物吸收量最大的几种矿质元素，又是土壤中含量相对较低的元素，在目前情况下，要保证作物高产优质，氮、磷、钾肥料必须施用合理，中微量元素肥料因地制宜。具体确定方法：①先确定作物的产量水平。在作物播种前估算出本季作物的产量水平，即目标产量。一般以前 3 年产量最高的一年为目标产量，也可以前 3 年的平均产量再增加 5%～10% 为目标产量。②以目标产量确定氮肥的用量。同一种作物体内的氮素含量差异不大，每千克经济产量的需氮量可通过田间试验获得或查找资料。如每生产 100 千克小麦籽粒需纯氮 3 千克，需氮量有一个范围，一般情况，产量较高用值可略少，产量较低可略多。原因是高产情况下，地力水平高，获得单位产量需肥量要少一些，而低产地块却相反。如小麦目标产量为亩产 500 千克，则需纯氮 15 千克。③以氮定磷、钾，通过试验在同一种作物、同一地力水平下，作物所需的氮、磷、钾有一个比较适合的比例，通过这一比例就可确定出所要施用磷肥和钾肥的用量。如某区域小麦适宜的氮、磷、钾配比为 1：0.5：0.5，则需施磷肥（P_2O_5）7.5 千克、施钾肥（K_2O）7.5 千克。④中微量元素肥料要因缺补缺，控制用量。一般作物中微量元素需要量少，而且有些地块不缺乏或缺乏不严重，所以缺乏要施，不缺乏就不需施用。如钙肥可在果树、茄果类蔬菜上施用，其他作物可暂不施。锌肥每隔 2～3 年在一般的大田作物、果树、瓜、蔬菜施用一次。硼肥每隔 2～3 年在果树、瓜、茄果类蔬菜上施用。各种元素施用量确定后，再根据土壤养分供给状况、作物特性、有机肥施用量及质量进行适量调整。

（四）科学确定肥料施用方法

1. 确定肥料的基追施用比例

（1）大田作物一般将有机肥和磷、钾及微量元素化肥全做基肥，氮肥基施的比例一般为 40%～50%，追肥为 50%～60%，中低产田基肥的比例应高一些，高产田比例则低一些。随着专用配方肥的发展，氮、磷、钾配方肥，氮、钾配方肥成为追肥的一部分，可有效提高肥料利用率和作物产量。

（2）果树一般有机肥、中微量元素化肥全做基肥（落叶前施用），氮肥基施 10% 左右，追肥 90%，磷、钾肥基施 40%～50%，追肥 50%～60%。

（3）设施蔬菜一般有机肥、中微量元素化肥全做基肥，氮肥基施 20%～30%，追肥 70%～80%；磷肥基施 40%～50%，追肥 50%～60%；钾肥基施 30%～40%，追肥 60%～70%。

2. 确定肥料的施用时期

适宜的肥料施用时期，对肥效的高低影响较大，确定适宜的肥料施用时期应首先考虑作物的需肥规律。作物在苗期对各种养分均比较敏感，所以要施足基肥、养分全面。大部分作物在营养生长和生殖生长的共同期需氮量较大，所以要在氮肥的最大效率期施用氮肥。作物生长期间，几乎所有的追肥都含有氮肥，而施用氮肥一定时间后，作物体内硝态氮大量积累，所以一次性收获的作物，收获前十天禁止施用各种肥料。多次收获的作物，一般不要在收获前施肥，要在收获后施肥。

再是确定作物的施肥次数。沙质土壤，容易漏水漏肥，要少量多次；黏质土壤，一次施用肥量可略多，追肥次数可相应减少；作物生长期长的施肥次数要多于生长期短的作物。如叶菜类茼蒿，生长期只有 50～60 天，只要施足基肥，再追一次肥即可；而有些生长期长的作物，如大姜，在施足基肥的情况下，还需追肥 3～4 次。

3. 确定肥料的施用方法

要根据不同肥料的特性确定施用方法，做基肥的有机肥，要彻底腐熟好，最好与土壤混匀后撒施地表，及时耕翻。做基肥的磷肥、钾肥及中微量元素肥料，施用在根部活动范围内；播种时施用的种肥，肥料要施到种子下方或侧下方 3～5 厘米距离处；做追肥的肥料，要深施覆土，一般施在种子下方或侧下方 6～10 厘米处，并结合浇水，大力提倡机械化追肥。设施作物，每次追肥要适量，一般 7～10 天浇一次水，追一次肥，最好采用水肥一体化技术施肥。果树要在 9 月中旬至 10 月下旬施基肥，晚熟品种在收获后尽早施入。沿行向在树冠投影内缘挖沟施肥，施肥后及时浇水。以上各种施肥方法均以发挥最佳肥效而不造成作物肥害为前提。

第五节　果园生草覆盖技术

果园生草就是在果树行间或全园（树盘除外）种植适合当地自然条件的耐阴性强、覆盖性能好的草种，或者培育园区自然草本植被的一种果园土壤管理方法。根据大量的调研资料显示，果园生草法在国外已得到广泛应用，由于各种原因，我国果园生草法的应用程度、技术水平与国外发达国家仍有较大差距，目前实行生草法的果园面积仅占全国果园的 10% 左右，多以自然生草为主，且疏于管理，实行人工种草的果园多限于小面积的示范性果园。近年来，随着人们对果园提质增效及土壤有机质重要性认识的提高，教学、科研及推广部门重点在胶东果园开展了大量果园生草技术试验研究及推广。果园生草技术具有显著的培肥、改良及增效效果，已作为烟台市耕地质量提升规划实施中一项重点技术进行推广应用，也逐渐被果农接受。

一、果园生草方式

果园生草方式，从草种选择上，可分为自然生草、人工种草两种方式；从草体管理上，又可分为全园生草、行间生草两种方式。采用何种生草方式，要结合生产实际灵活运用。全园生草一般用于成龄果园，多采用人工种草方式，在土壤肥水条件较好的地区较为适宜；幼龄果园一般应用"行间生草、株间清耕覆盖"方式为好。国外果园多采用矮化密植栽培，为便于机械操作，一般采用"行间生草、株间清耕"的方法。无论采用何种生草方式，要保证果园生草栽培的成功，必须把好技术关。

二、果园生草技术要点

（一）适宜草种的选择

采用自然生草的果园，可以对当地自然环境适应性强的优势草种为主，实行多草种复合生长方式，但应及时剔除恶性杂草。人工生草的果园，选择好草种是关键。一般遵循以下基本原则：一是选用的草种对气候、土壤条件等适应性强，尤其要适应当地气候逆境特征（如冬季寒冷、夏季高温、土壤盐碱等）；二是对果树生长无不良影响，不滋生果园病虫害，固地性强、覆盖性好，植株矮小，鲜草产量高、富含养分，易腐烂；三是选择的草种容易管理，易繁殖，覆盖期长，与果园杂草竞争优势较强，减少去杂用工，耐割、耐践踏，再生能力强，便于人工、机械管理。

（二）播种时期与方法

1. 播前准备　草种播种前，应对土壤进行全面耕翻、施肥。一般每亩果园施入 7.5 千克尿素、10 千克磷酸二铵，将肥撒在果树行间。随后，对土壤进行耕翻，深度 20 厘米左右为宜，并使地面平整。

2. 播种时期　根据墒情，可在春季 3—4 月地温稳定在 15℃以上时或秋季 8—9 月播种，我国北方地区通常以秋季雨期播种为好。春季播种时，播前半月要灌1次水，以保证种子萌发、出苗。

3. 播种方法 可采用撒播、条播和育苗移栽等方法。一般而言，采用行间生草方式，常用草种每亩果园播种量为：鼠茅1.5千克，黑麦草1.5千克，百脉根0.5千克，长柔毛野豌豆2千克，白三叶0.25千克。播种时，要根据果树栽植方式与栽植密度，为果树生长留有足够空间的休闲带。

4. 播后管理 生草初期，应加强水肥管理。根据草苗的生长情况，酌情增施氮肥，以促使苗早期生长。同时，及时清除野生杂草，干旱时及时灌水。果园生草成坪后，不再施用氮肥。

5. 草体管理 生草果园，草体生长要以不影响果树正常生长为前提，减少草与果树对水、肥的阶段性争夺。为此，一要控制草体的生长空间。"行间生草、行内清耕"，一般行内保持1米左右的"清耕带"。国外为节省用工，多用除草剂进行行内除草。国内多采用行内覆膜、覆草（秸秆）等措施除草、保墒。二要适时刈割，调控草体生长。一般情况下，当生草植株生长高度达40厘米左右时就要及时刈割，留茬高度通常为5～10厘米。生草当年，一般刈割2～4次，第二年开始，每年可刈割4～5次。刈割下来的草，有条件的，可收集覆盖于树盘，起到保墒、除草的效果。一般可就地撒开，使其自然腐烂，起到肥地的效果。

（三）常见草种及特点

鼠茅：鼠茅为禾本科鼠茅属植物。鼠茅的根系一般深达30厘米，最深达60厘米。由于土壤中根生密集，在生长期及根系枯死腐烂后，既保持了土壤渗透性，防止地面积水，也保持了通气性，增强果树的抗涝能力。鼠茅地上部呈丛生的线状针叶生长，自然倒伏匍匐生长，针叶长达60～70厘米，每亩干物质一般超过600千克。在生长旺季，匍匐生长的针叶类似马鬃马尾，在地面编织成20～30厘米厚、波浪式的葱绿色"云海"，长期覆盖地面，既防止土壤水分蒸发，又避免地面太阳被曝晒，增强果树的抗旱能力。鼠茅生长期与冬小麦基本一致，9月下旬至10月上旬播种萌发，翌年3—5月为旺长期，6月中、下旬连同根系一并枯死，散落的种子秋后萌芽出土。与其他草种相比，鼠茅与果树争肥水的矛盾不突出，并且不需刈割、冬季不需人工清园，可节省大量人工。

羊茅：属多年生禾本科丛生型草，别名酥油草。分布在我国西北、华北等地。羊茅须根发达、强健，植株高度在15厘米以下，叶色常绿，生长速度快，覆盖率高，耐旱、耐瘠薄、耐践踏。

黑麦草：属禾本科多年生草本植物，原产于亚洲和北非的温带地区。黑麦草具有抗寒、耐践踏、再生能力强等特点，适应性广。种1次可利用4～6年，草高40～50厘米，播种当年即可分蘖成株。根系主要集中在0～30厘米土层，与果树争水争肥较弱。在6月底至7月初刈割，每亩产青草330～500千克。

紫花苜蓿：属多年生豆科植物，我国从国外引进10余个品种，主要有巨人201、金皇后、维多利亚、苜蓿王、胖多、皇后2000、牧孜401、皇冠等。紫花苜蓿根系发达，直根系，主根粗长，侧根着生很多根瘤。茎直立，高1米左右，茎上分枝一般有25～40个。喜温暖半干燥气候，抗寒、抗旱性强，喜中性或微碱性土壤。一般寿命5～7年，长者可达 25 年。种植第二年生长最盛，第五年以后产量逐年下降。

长柔毛野豌豆：属多年生豆科植物，作为优质牧草草种，在我国已应用多年，适应范围较广。长柔毛野豌豆植株高 50～60 厘米，一年能刈割 3 次。根系主要集中在 30 厘米土层，耐寒、耐旱、耐瘠性较强，并具有生长速度快、产草量高等特性。果园种植要注意适期刈割，控制草体生长高度。

百脉根：属多年生豆科植物，固氮能力较强，种 1 次可利用 5～10 年，适应性较为广泛。百脉根植株较矮，高 50 厘米左右，一年能刈割 2～3 次。耐热性强，在夏季 7—8 月高温期其他豆科植物生长不良的情况下，依然生长良好。多匍匐生长，覆盖保墒效果好，对杂草有较强的抑制作用，在土壤中易腐烂。

白三叶：属多年生豆科植物，原产荷兰，17 世纪引入英国，后传播到世界各地。我国自 20 世纪 80 年代开始在苹果产区推广应用，是目前应用最为广泛的草种之一。有小叶、中叶和大叶 3 种类型。白三叶固氮能力强，蛋白质和矿物质含量高。植株低矮，高仅 30 厘米，根系主要分布在 15 厘米的浅土层，草层致密，覆盖度高，抑制杂草作用明显，踩踏草层经 1～2 天即可恢复原状，不影响果园管理。一次种植可利用 5～8 年。喜肥、喜湿，适于土壤肥水较好的地区应用。缺点是抗旱、抗冻能力差。

鸭茅：属多年生草本植物，原产欧洲、北非和亚洲，引入全世界多地种植。该草种须根系入土深度 100 厘米左右，秆直立，丛生，株高 50～110 厘米。草质柔嫩，品质优良，植株再生速度快，抗寒、抗病性强，适应土壤范围广。

（四）果园生草技术效果

1. 增加土壤有机质含量，改善土壤理化性质 生草后，果园表土受雨水的冲刷影响降低，有利于有机质的沉积。草根的分泌物和残根促进了微生物活动，有助于根层土壤团粒结构的形成；草体刈割就地覆盖，可以促使表土层中腐殖菌的加速繁殖，使枯草迅速腐化成腐殖泥，促进了土壤团粒结构形成，增加了土壤有机物质，土壤容重降低，孔隙度增加，土壤理化性状发生相应变化，提高了土壤肥力水平。据山东农业大学陈学森资料，蓬莱园艺场从 20 世纪 90 年代开始尝试果园生草技术，主要种植黑麦草，一年刈割 3～4 次，经过十多年生草，目前土壤有机质含量普遍达到 15 克/千克，远高于当地未生草果园。

2. 增强果园保蓄水能力，提高水分利用效率 土壤水分是影响果树生长发育的主要因素之一。鲁东苹果园多建在丘陵山地上，往往因自然降水不足或缺乏灌溉条件而造成土壤干旱缺水，限制了苹果的树体生长、产量增加和品质提高。果园生草后，一是生草覆盖的有机物层可以减缓冬春季节风蚀，减少土壤水分蒸发；二是可促进土壤团粒结构的形成、增加有效孔隙，从而增加土壤渗水性和持水能力，增加了土壤库容，增强了抗旱能力；三是由于近地层的吸附及滞留作用，可有效减弱和消除地表径流水的系统外循环，提高果园吸纳自然降雨能力。据青岛农业大学毕明浩等研究，生草覆盖与清耕相比，降雨时地表径流量显著降低 88.3%～98.7%，渗漏量增加 42.1%～97.6%，矿质氮的径流损失降低 90%，有效防止了果园水土流失。

3. 改善果园微生态环境 果园生草后，果园整体形成了一个相对较稳定的复合生态系统，果园微域环境得到改善。一是对果园微环境的温度、湿度有较好的调节作用。生草使果园地上植被表现出空间层次性，同时也使果树地下根系分布表现出良好的层次，这种层次性结构对调节果园温度、湿度等有积极作用。生草使地面覆盖率提高,在生长季强烈的阳光照射在草地上时,有一部分阳光被草吸收,通过草的蒸腾作用减少了太阳热能在果园内的积累,从而降低了园间温度、阻止了土壤温度的迅速上升,这种效应在炎热的夏季更明显。在冬季和夜晚,果园生草则起到了保温作用,因而缩小了果园的年温差和日温差,增强了果树的抗逆能力。二是改变了果园系统的生物群落构成,增加了生物多样性。生草果园小气候环境明显改善,为多种昆虫的繁殖、栖息提供了适宜的场所,有利于增加天敌的种类和数量,使主要虫害种类有所减少、发生程度减轻,减少果园喷药次数。

综上所述,果园生草栽培有改善土壤理化性状、提高土壤有机质含量、改善果园生态环境和提高产量、果实品质等优点,是一种省工省力、节约成本的生态栽培方式。但果园生产区气候条件多样、土壤类型、肥力水平差异较大,如生草果园管理不当,也易产生草体生长与果树争肥争水、枝干和根颈部病害发生、早期落叶较重等诸多问题。因此,根据不同区域的气候条件、土壤类型和草种的生物学习性等因素,选择适宜的草种类型、生草方式,并加强草体管理,显得尤为重要。

第六节　苹果自然上色替代反光膜技术

着色度是苹果的主要品质指标和商品性状之一,直接影响果品的交易量和价格。花青苷含量的多少决定了果实的着色程度,大部分苹果种植区通过铺设反光膜、人工转果等措施促进果实花青苷的合成,以增加果实着色。随着人工费的增加和环境污染,这些方法受到严重限制。喷施植物生长调节剂易造成果实发糠发绵、储存期变短,用量不合适容易造成掉果,抑制树势。对果园养分进行综合管理调控研究,促进苹果果皮中花青苷的合成,实现苹果自然着色,替代反光膜的施用,从根源上解决了苹果生产过程中的反光膜回收难、处理难的问题。

一、技术要点及参数

(一)均衡施肥促进苹果花青苷的合成

苹果秋季采摘后尽早施基肥,基肥以有机肥为主。生物有机肥每亩施用 50~100 千克,在此基础上施用商品有机肥 500~750 千克或充分腐熟的农家肥 3~5 米^3。在施用有机肥基础上配合部分化肥,化肥以氮磷肥、钾肥为主,配合中微量元素肥料。氮肥用量占全年施肥量 50%、磷肥用量占全年施肥量 60%、钾肥用量占全年施肥量 20%,中微量元素肥料以硅、钙、镁肥等为主,建议每亩施用硅、钙、镁肥 150~200 千克、硫酸锌 1 千克和硼砂 0.5 千克。追肥 3 次。第一次开花前后将氮肥总用量的 30%、磷肥总用量的 20%配合硝酸钙 30~50 千克施用;第二次 6 月中旬肥料施用量分别为氮肥总量的 10%、磷肥总量的 20%、钾肥总量的 40%;第三次 8 月中下旬果实膨大期肥料施用量分别为氮肥总量的 10%、钾肥总量的 40%。

(二)构建合理树形,保障光照条件

在休眠期将一年生枝梢或多年生枝梢从基部疏除,减少分枝,改善树冠内的通风透光

条件；6—9 月随时疏除冠内和外围的徒长枝、竞争枝和影响果实着色的挡光枝梢，保证果实全红，再按照先上后下、先内后外的顺序进行摘叶和转果，一般要分 3 次摘叶，先摘遮果叶，再摘果实附近的叶，最后摘远处的挡光叶，只有半片叶子遮阴的，剪去半边叶即可。

（三）果实套袋和喷施海洋生物增色剂

一般在盛花后 40～50 天进行套袋，但在套袋前要喷一次杀虫、杀菌药，套袋后果实长期处于黑暗环境中，果皮中叶绿素含量低，果面光滑细嫩，在采果前 1 个月摘袋，单层袋先撕开底部，待 2～3 天果实适应外部环境后再摘袋。双层袋除袋时应分 2 次进行，先除外袋，3～7 天后再除内袋。摘袋前和摘袋后在果面或叶片喷施海洋生物果实增色剂 2～3 遍，增加果皮花青素含量，促进果实着色。

二、技术效果

该技术通过平衡施肥、增强树体光照和喷施纯生物增色剂产品等，促进果皮中花青苷的合成，使苹果自然着色，可完全替代反光膜，从源头上解决反光膜回收难、处理难的问题，省工省时，生态效益、经济效益和社会效益显著，可在我国苹果主产区推广应用。

附　录

附录1　烟台市主要农作物科学施肥指导意见

一、小麦

（一）施肥原则

（1）根据底（基）肥施用量、苗情、温度以及土壤肥力状况科学确定追肥时间和用量，因地、因苗、因时追肥。

（2）根据土壤墒情和保水、保肥能力，合理确定灌水量和时间，做到水、肥管理一体化。

（3）抓住小麦返青拔节的有利时机，及时采取促控措施，促进弱苗转化，提高成穗率；控制旺长田块，预防后期贪青倒伏。

（二）施肥建议

1. 施肥量及施肥时期

冬前群体每亩小于45万的三类麦田，应及早进行肥水管理，春季追肥可分两次进行。第一次在返青期，早春土壤化冻后及早借墒追肥，亩追尿素7～10千克；第二次在拔节期，每亩追施尿素5～8千克。

冬前群体每亩45万～60万的二类麦田，地力水平一般的麦田，在小麦起身前期追肥浇水。地力水平较高的麦田，在小麦起身以后、拔节以前进行水肥管理，结合浇水亩追尿素10～15千克。

冬前群体每亩60万～80万的一类麦田，地力水平一般的麦田，在小麦起身前期追肥浇水。地力水平较高的麦田，在小麦起身以后、拔节以前进行水肥管理，可在拔节期结合浇水亩追尿素12～15千克左右。

冬前群体每亩大于80万的旺长麦田，应以控为主，在返青期至起身期镇压，推迟氮肥施用时间和减少氮肥用量，控制群体旺长，预防倒伏和贪青晚熟。一般可在拔节后期亩追尿素8～10千克。

在缺锌、硼的地块，如果底肥中没有施用，应在第一次追肥时每亩施用硫酸锌1～2千克、硼砂0.5～1千克。对底肥未施磷肥或缺磷田块，建议追施氮肥时，还应补施7～8千克磷酸二铵。

2. 施肥方法

追肥采用水肥一体化或开沟深施，以提高肥效。

3. 根外追肥

结合"一喷三防"，在小麦灌浆初期每亩用磷酸二氢钾100～150克加0.5千克的尿素，兑水50千克进行叶面喷洒，7～10天再喷一次，起到以肥济水的作用。

二、春花生

(一) 施肥原则

(1) 增施有机肥。有机肥料与无机肥料配合施用，施足基肥，适当追肥。

(2) 平衡施肥。花生根瘤具有固氮作用，固氮量可满足自身需要量的 50% 以上，在施肥时应控制和减少氮肥，重视磷、钾、钙肥及微量元素的施用，均衡营养供应。

(二) 施肥建议

1. 施肥量

高产田一般亩施农家肥 4～5 米³，氮肥 (N) 12～14 千克，磷肥 (P_2O_5) 10～11 千克，钾肥 (K_2O) 14～17 千克；中产田亩施农家肥 3～4 米³，氮肥 (N) 8～10 千克，磷肥 (P_2O_5) 6～8 千克，钾肥 (K_2O) 9～12 千克；低产田亩施农家肥 2～3 米³，氮肥 (N) 4～7 千克，磷肥 (P_2O_5) 3～5 千克，钾肥 (K_2O) 5～6 千克，注意农家肥需充分腐熟。

同时根据不同地块土壤养分丰歉情况，因地制宜补施微量元素肥，缺锌地块，可基施 0.5～1 千克/亩硫酸锌，或每千克种子用 4 克硫酸锌拌种；缺硼地块，可基施 0.5～1 千克/亩硼砂。切实重视钙肥的施用，以促进结实和荚果饱满，且烟台市花生地普遍出现程度不同的酸化，一般施用生石灰，硅、钙、镁肥，钙、镁、磷肥等生理碱性肥料，生石灰亩用量 30～50 千克，其他商品类土壤调理剂 50～100 千克。

2. 施肥时期及方法

花生田一般基施全部采用化肥，在耕地前撒施全部有机肥、微量元素肥和 2/3 的氮、磷、钾化肥，耙地前铺施剩余 1/3 的氮、磷、钾化肥和钙肥；机播地块可结合播种集中作种肥，起垄播种地块，可结合起垄将 2/3 种肥包施在两个播种行下方 10～15 厘米处，剩余 1/3 种肥施在垄中间，做到深施、匀施。

3. 根外施肥

在花生生长中后期，对有脱肥和后期早衰趋势的田块，可叶面喷施 1%～2% 的尿素和 0.2%～0.3% 的磷酸二氢钾溶液 2～3 次，每次间隔 7～10 天，延长花生功能叶片寿命。

三、苹果

(一) 施肥原则

(1) 增施有机肥，提倡有机无机肥配合施用。

(2) 肥料养分平衡，结构合理搭配。根据土壤肥力条件、树势和产量水平，适当调减氮、磷、钾化肥用量，注意增加钙、镁、硼和锌的施用。

(3) 出现土壤酸化的果园可通过腐殖酸类土壤调理剂、贝壳粉等矿物源土壤改良剂或生石灰调节土壤酸碱度，少施酸性或生理酸性肥料。

(二) 施肥建议

1. 施肥量

根据树势和目标产量确定施肥量。亩产 4 500 千克以上的果园，氮肥 (N) 15～25 千克/亩，磷肥（P_2O_5）7.5～12.5千克/亩，钾肥（K_2O）15～25千克/亩；亩产3 500～4 500千克的果园，氮肥（N）10～20千克/亩，磷肥（P_2O_5）5～10千克/亩，钾肥（K_2O）12～20千克/亩；亩产3 500千克以下的果园，氮肥（N）10～15千克/亩，磷肥（P_2O_5）5～10千克/亩，钾肥（K_2O）10～15千克/亩。

2. 施肥时期和施肥量

同第八章第六节。

3. 施肥方法

基肥采用放射沟施，施用时以主干为中心，距主干50厘米放射状向外挖沟，数量6～8条，近树干沟浅而窄，宽、深约20厘米，外围沟宽、深40～50厘米，沟长达树冠垂直投影边缘外50厘米。挖沟时注意保护果树大根以免误伤。

追肥采用在树冠下挖放射沟或环状沟的方式，沟深15～20厘米，数量6～8条。将肥料与土充分混合，然后填入施肥沟内。每个时期施肥后，必须立即浇水，以防渗透压增大"烧根""烧树"。现代集约化果园，基肥可采用机械化作业，以提高施肥效率。

4. 根外追肥

根外施肥一般与喷洒农药相结合，开花前喷施浓度为0.3%～0.5%的硼砂或1 500倍硼酸钠2～3次，每次间隔7～10天；果实套袋前、摘袋后喷施浓度为0.3%～0.5%硝酸钙＋硼砂3～4次，每次间隔5～7天；生育后期喷施0.2%磷酸二氢钾，一般为2次。

四、鲜食葡萄

（一）施肥原则

（1）重视有机肥料的施用，提倡有机无机肥配合施用，有效改善土壤供肥环境。

（2）根据生育期施肥，合理搭配氮、磷、钾肥，视葡萄品种、产量水平、长势、气候等因素调整施肥计划。

（3）因缺补缺，改良土壤。针对性补充钙、镁、硼、锌等中微量元素，预防裂果；土壤酸性较强的葡萄园，适量施用生石灰，钙、镁、磷肥或土壤调理剂等来调节土壤酸碱度。

（4）施肥与其他管理措施相结合，有条件的采用水肥一体化，遵循少量多次的灌溉施肥原则。

（二）施肥建议

1. 施肥量

根据目标产量定施肥量。亩产2 000千克以上的果园，氮肥（N）35～40千克/亩，磷肥（P_2O_5）15～20千克/亩，钾肥（K_2O）20～25千克/亩。亩产1 500～2 000千克的果园，氮肥（N）25～35千克/亩，磷肥（P_2O_5）10～15千克/亩，钾肥（K_2O）15～20千克/亩。亩产1 500千克以下的果园，氮肥（N）20～25千克/亩，磷肥（P_2O_5）10～15千克/亩，钾肥（K_2O）10～15千克/亩。生产中可根据土壤养分和土壤质地情况，确定实际的氮、磷、钾肥和钙、硼、锌等中微量元素肥料的用量。

2. 施肥时期

基肥在秋季果实采收后施入，基肥以有机肥为主，选择充分腐熟的畜禽粪肥或者堆肥，用量 15～20 千克/株，严禁施用半腐熟有机肥甚至生粪。将 20％氮肥、20％磷肥和 10％钾肥与有机肥混合作基肥施入地下。缺少微肥的地块，可每亩基施硫酸锌 1～1.5 千克、硼砂 0.5～1.0 千克。追肥 3 次，第一次在次年 4 月中旬（葡萄出土上架后）进行，以氮、磷为主，施用 30％氮肥、30％磷肥、20％钾肥，每亩施 30～50 千克硝酸钙；第二次在次年 6 月初果实套袋前后进行，根据留果情况适当增减肥料用量，一般施用 40％氮肥、30％磷肥、20％钾肥；第三次在次年 7 月下旬到 8 月中旬，施用 10％氮肥、20％磷肥、50％钾肥。

3. 施肥方法

基肥可沟施或条施，深度 40 厘米左右，施肥时将肥料与土充分混合，然后填入施肥沟内。隔年在葡萄树另一面开沟施肥。施肥后及时浇水，以充分发挥肥效。在雨水多的季节，追肥可分几次开浅沟（10～15 厘米）施入，施后立即覆土。

4. 根外追肥

花前至初花期喷施 0.3％～0.5％的优质硼砂溶液；坐果后到成熟前喷施 3～4 次 0.3％～0.5％的优质磷酸二氢钾溶液；幼果膨大期至转色前喷施 0.3％～0.5％的优质硝酸钙或者氨基酸钙肥。

五、玉米

（一）施肥量

高产田一般亩施农家肥 3～4 吨，氮肥（N）16～20 千克/亩，磷肥（P$_2$O$_5$）8～10 千克/亩，钾肥（K$_2$O）13～16 千克/亩。中产田亩施农家肥 2～3 吨，氮肥（N）14～18 千克/亩，磷肥（P$_2$O$_5$）5～6 千克/亩，钾肥（K$_2$O）11～13 千克/亩。低产田亩施农家肥 1～2 吨，施氮肥（N）12～16 千克/亩，磷肥（P$_2$O$_5$）4～5 千克/亩，钾肥（K$_2$O）8～10 千克/亩。微量元素因缺补缺，硫酸锌、硼砂等微量元素肥 1～2 千克/亩。

（二）施肥时期及方法

基肥主要是有机肥和部分化肥配合施用。基肥每亩施有机肥和硫酸锌、硼砂等微量元素肥 1～2 千克，氮肥施总量的 1/3，全部磷、钾肥混合深施。基肥应采用机械施肥或采用具有分层施肥功能的播种机在播种时深施。

追肥分三次施用，一是于拔节前后施追苗肥，用量约为氮素追肥总量的 30％；二是于小喇叭口期到大喇叭口期之间施穗肥，用量约为氮素追肥总量的 50％～60％；三是于玉米灌浆期追施粒肥，用量约为氮素追肥总量的 10％～20％。施用时可结合浇水或趁降雨前追施，要距植株 15 厘米左右处开沟，深度为 10～20 厘米，并覆土盖严，提高肥效。

（三）根外施肥

缺锌、硼的地块，如追肥未施锌和硼肥，可叶面喷施 0.1％～0.2％硫酸锌或硼砂水溶液 30～60 千克/亩，育苗期和拔节期喷施效果较好，可防止玉米白苗花叶病的发生。拔节期喷施 0.2％～0.3％的磷酸二氢钾 2～3 次，可壮秆抗倒抗旱，稳健生长。

附录 2　胶东丘陵区水肥一体化技术及灌溉施肥方案

一、技术概述

(一) 技术基本情况

山东省水资源短缺，人均水资源不足全国平均水平的 1/10，亩均水资源只有 292 米³，仅比以色列高 10 米³，且农业用水量大，占全省总供水量的 60％以上，干旱已严重影响了农业生产的稳定性。加之农村劳动力缺乏，从业者年龄偏大，妇女偏多，劳动力价格偏高已成为制约农业生产发展的重要因素。2002 年农业部在烟台率先进行水肥一体化试点工作，先后在蓬莱区、栖霞市、牟平区、龙口市、招远市、福山区等多地实施水肥一体化项目，通过多年的试验示范总结出了绿色高效水肥一体化技术，解决了果树传统灌水多采用地面灌溉、灌水定额大、利用效率低、用工多等问题。多年来，累计获得专利 3 项，制定山东省地方标准和技术规程 3 项，发表文章 10 余篇。

(二) 技术示范推广情况

在烟台市建立水肥一体化技术示范基地 100 多个，累计建设核心示范区 50 多万亩，2003 年、2007 年、2011 年多次举办全国水肥一体化技术观摩交流培训，来自全国 600 多人现场观摩了水肥一体技术示范园，累计带动技术推广应用面积 150 多万亩，受益农户 4 万多户。

(三) 提质增效情况

水肥一体化技术，具有"三节""两省""两增"的优势，即节水、节肥、节药，省工、省地，增产、增收。亩节水 80～120 米³，节肥（纯养分）8～15 千克，节药 3～8 千克；省工 6～8 个，省地 3％～5％；果园增产 15％～24％，果园亩增收 800～1 000 元，经济效益、生态效益、社会效益显著。

二、技术要点

(一) 水肥一体化系统选择

一套完整的水肥一体化系统由水源工程、首部枢纽和管网系统等部分组成。河流、水库、机井、池塘等均可作为灌溉水源；首部枢纽包括水泵、过滤器、施肥器、控制设备和仪表等。过滤器根据水源水质选择，地表水宜选择砂石过滤器、叠片过滤器和介质过滤器，地下水宜选用筛网过滤器或叠片过滤器，若含有泥沙，宜增加离心过滤器；管网系统包括给水管、输配管和灌水器，宜选择均匀性、抗堵性、经济耐用性好的管道，滴灌管出水口向上。

(二) 肥料选择

水肥一体化使用的肥料要求杂质少、易溶于水、相互混合产生沉淀极少。特别注意，不同种类的肥料混合时，有可能发生肥料的兼容性问题，比如硝酸钙和硫酸钾不能同时使用，但是可以在不同的灌溉时间分开单独使用。

（三）灌溉施肥制度

根据胶东不同的地形类型、地下水状况、种植的作物类型及生产管理情况，建立了蔬菜单井单棚小功率滴灌施肥、蔬菜单井多棚并联分压式滴灌施肥、果园小功率微灌施肥和果园轮灌微灌施肥四种技术模式。根据作物理论营养数据和经验数据，结合当地生产实践，拟定小麦、苹果、葡萄、烟台大樱桃、桃、日光温室油桃、日光温室越冬黄瓜、日光温室越冬西红柿等灌溉施肥方案9个，基本覆盖胶东丘陵区主要农作物。

附表1　小麦灌溉施肥方案（500千克/亩）

生育期	灌溉次数	灌水定额 [米³/(亩·次)]	每次施肥的纯养分量（千克/亩）				灌溉方式
			N	P_2O_5	K_2O	小计	
播种前	1	0～20（视墒情）	2.6	4.8	3.2	10.6	沟灌
越冬	1	0～20（视墒情）	0.0	0.0	0.0	0.0	微灌
返青—拔节期	1	40	2.0	0.0	0.0	2.0	微灌
孕穗—扬花期	2	50	2.0	0.0	0.0	2.0	微灌
灌浆期	1	20	0.0	0.0	0.0	0.0	微灌
合计	6	110～150	6.6	4.8	3.2	14.6	

附表2　新植苹果灌溉施肥方案（1 500千克/亩）

生育期	灌溉次数	灌水定额 [米³/(亩·次)]	每次施肥的纯养分量（千克/亩）				灌溉方式
			N	P_2O_5	K_2O	小计	
收获后	1	30	6.0	4.0	7.1	17.1	沟灌
花前	1	15	2.0	0.5	1.1	3.6	微灌
初花期	1	20	1.5	0.5	1.1	3.1	微灌
花后	1	20	1.0	0.5	1.1	2.6	微灌
初果	1	20	2.0	0.5	2.2	4.7	微灌
果实膨大前期	1	15	1.0	0.5	2.2	3.7	微灌
果实膨大后期	1	15	1.0	0.5	3.2	4.7	微灌
合计	7	135	14.5	7.0	18.0	39.5	

附表3　苹果灌溉施肥方案（4 000千克/亩）

生育期	灌溉次数	灌水定额 [米³/(亩·次)]	每次施肥的纯养分量（千克/亩）				灌溉方式
			N	P_2O_5	K_2O	小计	
收获后	1	30	10.5	8.0	8.75	27.25	沟灌
花前	1	15	5.3	1.18	3.3	9.78	微灌
初花期	1	15	5.3	1.17	3.3	9.77	微灌
花后	1	20	3.15	2.9	4.75	10.8	微灌
初果	1	20	3.15	2.9	4.75	10.8	微灌

（续）

生育期	灌溉次数	灌水定额 ［米³/（亩·次）］	每次施肥的纯养分量（千克/亩）				灌溉方式
			N	P₂O₅	K₂O	小计	
果实膨大前期	1	20	3.0	1.6	6.15	10.75	微灌
果实膨大后期	1	20	3.0	1.6	6.15	10.75	微灌
月子肥	1	15	4.5	1.43	3.1	9.03	微灌
合计	8	155	37.9	20.78	40.25	98.93	

附表4 葡萄灌溉施肥方案（2 000 千克/亩）

生育期	灌溉次数	灌水定额 ［米³/（亩·次）］	每次施肥的纯养分量（千克/亩）				灌溉方式
			N	P₂O₅	K₂O	小计	
收获后	1	25	5	5	5	15	沟灌
休眠期	1	15	0	0	0	0	微灌
萌芽	1	12	4	2	3	9	微灌
开花初期	1	10	4	2	3	9	微灌
坐果初期	1	12	2	1	3	6	微灌
幼果至硬核期	1	12	2	1	3	6	微灌
浆果上色前期	1	12	1	1	3	5	微灌
浆果上色后期	1	12	0	1	1	2	微灌
合计	8	110	18	13	21	52	

附表5 烟台大樱桃灌溉施肥方案（1 000 千克/亩）

生育期	灌溉次数	灌水定额 ［米³/（亩·次）］	每次施肥的纯养分量（千克/亩）				灌溉方式
			N	P₂O₅	K₂O	小计	
收获后	1	30	13.2	4.2	6.6	24.0	沟灌
休眠期	1	20	0.0	0.0	0.0	0.0	微灌
萌芽期	1	10	2.6	0.83	1.3	4.73	微灌
开花期	1	10	2.6	0.83	1.3	4.73	微灌
硬核期	1	10	1.8	0.6	3.6	6.0	微灌
采收前	1	10	2.7	0.9	5.4	9.0	微灌
月子肥	1	25	3.6	1.15	1.8	6.55	微灌
合计	7	115	26.5	8.51	20	55.01	

附表 6　桃树灌溉施肥方案（2 000 千克/亩）

生育期	灌溉次数	灌水定额 [米³/（亩·次）]	每次施肥的纯养分量（千克/亩）				灌溉方式
			N	P₂O₅	K₂O	小计	
秋季	1	30	6	6	6	18	沟灌
萌芽	1	20	5	5	5	15	微灌
花后	1	15	3	2	4	9	微灌
硬核期	1	15	3	2	4	9	微灌
果实膨大期	1	15	3	2	4	9	微灌
收获后	1	20	0	0	0	0	微灌
合计	6	115	20	17	23	60	

附表 7　日光温室油桃灌溉施肥方案（3 000 千克/亩）

生育期	灌溉次数	灌水定额 [米³/（亩·次）]	每次施肥的纯养分量（千克/亩）				灌溉方式
			N	P₂O₅	K₂O	小计	
秋季落叶前	1	30	7.5	7.5	7.5	22.5	微灌
萌芽前	1	16	4.6	0.0	0.0	4.6	微灌
盛花期	1	14	4.0	3.2	3.6	10.8	微灌
硬核期	1	14	4.0	3.2	2.6	9.8	微灌
果实膨大期	1	16	2.9	1.4	6.1	10.4	微灌
采收前	1	16	2.1	1.5	4.2	7.8	微灌
采收后	1	18	4.0	4.0	2.0	10.0	微灌
修剪整枝后	1	18	3.0	3.0	3.0	9.0	微灌
合计	8	142	32.1	23.8	29.0	84.9	

附表 8　日光温室越冬黄瓜灌溉施肥方案（20 000 千克/亩）

生育期	灌溉次数	灌水定额 [米³/（亩·次）]	每次施肥的纯养分量（千克/亩）				灌溉方式
			N	P₂O₅	K₂O	小计	
定植	1	30	18.0	15.0	32.0	65.0	沟灌
初花前期	1	12	0.0	0.0	0.0	0.0	微灌
初花中后期	1	12	2.8	2.8	4.5	10.1	微灌
结瓜初期	5	9	2.4	2.9	3.9	9.2	微灌
结瓜中前期	8	10	2.4	1.9	3.5	7.8	微灌
结瓜中后期	8	11	2.0	1.5	2.0	5.5	微灌
结瓜末期	7	12	2.8	0.0	0.0	2.8	微灌
合计	31	96	30.4	24.1	45.9	100.4	

附表 9　日光温室越冬番茄灌溉施肥方案（10 000 千克/亩）

生育期	灌溉次数	灌水定额 $[米^3/(亩·次)]$	每次施肥的纯养分量（千克/亩）				灌溉方式
			N	P_2O_5	K_2O	小计	
定植	1	20	10.0	12.0	13.0	35.0	沟灌
苗期	2	8	0.0	0.0	0.0	0.0	微灌
开花期	1	12	3.6	2.3	3.6	9.5	微灌
结果初期	3	12	3.0	1.5	6.0	10.5	微灌
采收前期	3	15	3.0	1.0	4.8	8.8	微灌
采收盛期	5	12	2.0	0.5	3.3	5.8	微灌
采收末期	3	14	2.5	0.0	0.0	2.5	微灌
合计	18	93	24.1	17.3	30.7	72.1	

图书在版编目（CIP）数据

烟台耕地地力评价与应用 / 张培苹，孙强生，姜振
萃主编. -- 北京：中国农业出版社，2025.3.
ISBN 978-7-109-32823-5

Ⅰ. S159. 252.3；S158

中国国家版本馆 CIP 数据核字第 202443ZK93 号

烟台耕地地力评价与应用
YANTAI GENGDI DILI PINGJIA YU YINGYONG

中国农业出版社出版
地址：北京市朝阳区麦子店街 18 号楼
邮编：100125
责任编辑：任安琦　郭晨茜
版式设计：王　晨　责任校对：张雯婷
印刷：中农印务有限公司
版次：2025 年 3 月第 1 版
印次：2025 年 3 月北京第 1 次印刷
发行：新华书店北京发行所
开本：787mm×1092mm　1/16
印张：13.5
字数：320 千字
定价：70.00 元